高等职业教育系列教材

建筑施工方案编制

陈建兰 主 编
徐滨 张飞燕 副主编
金振 主 审

中国建筑工业出版社

图书在版编目（CIP）数据

建筑施工方案编制 / 陈建兰主编；徐滨，张飞燕副主编. — 北京：中国建筑工业出版社，2022.11（2024.12重印）
高等职业教育系列教材
ISBN 978-7-112-28008-7

Ⅰ. ①建… Ⅱ. ①陈… ②徐… ③张… Ⅲ. ①建筑施工-方案制定-高等职业教育-教材 Ⅳ. ①TU74

中国版本图书馆 CIP 数据核字（2022）第 178739 号

本教材采用校企合作编写方式，本着突出高等职业教育的针对性和实用性特点，使学生实现零距离上岗的目标，即针对房屋建筑工程建设及管理中必含的“施工方案”这一技术文件编制为目标，并以国家现行的建设工程标准、规范、规程为依据，依据编者多年工程实践经验和教学经验编写而成。内容主要包含了施工方案编制概述、基坑工程、塔式起重机基础、脚手架工程、模板工程、钢筋工程、混凝土工程、砌筑工程、装配式工程施工方案编制以及施工安全计算及软件介绍。同时为更直观学习建筑施工方案的编制，本教材配有大量真实施工方案案例作为附录。

为方便教学和学习，本书配有图片、视频、方案案例及图纸等丰富的数字资源，扫描二维码或按下方课件索取方式获取。

本教材除可作为高等职业院校专科、本科层次建筑工程、工程管理、土木工程等专业的学习用书之外，还可以作为工程一线技术人员的参考用书，旨在快速学会建筑施工方案编制。

为方便教学，作者自制课件索取方式为：1. 邮箱：jckj@cabp.com.cn；2. 电话：（010）58337285；3. 建工书院：http://edu.cabplink.com。

责任编辑：王予芊
责任校对：姜小莲

高等职业教育系列教材
建筑施工方案编制
陈建兰　主　编
徐滨　张飞燕　副主编
金振　主　审
*
中国建筑工业出版社出版、发行（北京海淀三里河路9号）
各地新华书店、建筑书店经销
北京鸿文瀚海文化传媒有限公司制版
建工社（河北）印刷有限公司印刷
*
开本：787毫米×1092毫米　1/16　印张：16　字数：395千字
2023年5月第一版　2024年12月第二次印刷
定价：**45.00**元（赠教师课件）
ISBN 978-7-112-28008-7
（40021）

版权所有　翻印必究
如有印装质量问题，可寄本社图书出版中心退换
（邮政编码　100037）

前言

建筑施工方案编制是建筑工程施工项目技术负责人的核心能力，也是施工现场管理人员赖以实施组织管理和生产的必备技术基础，是实现工程项目进度、质量、安全及成本目标的有力保障。因此，在学校开展建筑施工方案编制是各课程知识、技能进行综合运用和实战演练的有效载体，通过本教材实训活动的开展将有力促进培养目标的达成，并为毕业生的职业岗位上岗奠定基础。

本教材可作为高等职业教育本科层次建筑工程、土木工程、工程管理、工程造价等土木建筑大类专业的教学用书；也可作为高等职业教育专科的建筑工程技术、工程造价、建设工程管理、建设工程监理等专业的教学用书；同时可供现场施工人员及管理人员学习参考。本教材填补了方案编制入门阶段的工程技术用书空白，一定程度上解决了入门级项目技术人员快速进行方案编制问题。

本教材在编写过程中，以习近平新时代中国特色社会主义思想为理论指导，坚持以培养土木建筑大类专业高层次技术技能人才为目标，以“新技术、信息化”为引领，展现了“新形态”的丰富资源和“思政融入”，与国内外同类教材的相比，还有以下特点：

1. 落地教育部 2022 年职业教育专业标准，紧跟职教步伐

具有建筑施工方案编制能力是教育部 2022 年新修订的职业教育专业标准对高职专科建筑工程技术、智能建造技术专业以及高职本科建筑工程、智能建造工程等专业提出的能力要求，并在实习实训环节予以明确。教材的基本设计思想将岗位技能标准通过任务布置环节强化学生的任务导向，在方案编制指引环节强化学生对技术知识的理解和工作过程的体验，在评价环节强化学生运用知识分析问题和解决问题的能力。从教师角度，本教材可以作为任务驱动教学模式、项目教学法践行的一本便捷教材，从学生角度，通过对教材的使用，学生可以获得直接经验。

2. 校企合作共同编写，教材实用性高

本教材由中天建设集团有限公司、广宏建设集团有限公司、杭州品茗安控信息技术股份有限公司等企业专家参与教材编写，浙江省一建建设集团有限公司教授级高级工程师担任主审，行业企业专家全程参与教材思路设计、教学内容选取及内容编写，教材的工程实例、实训案例内容来自企业一线真实任务，便于学生理论与实践结合学习，提高了教材的实用性。

3. 对接行业规范与标准，教材时代性强

本教材紧密对接国家或行业现行规范与标准，更新教学内容，把建筑相关的国家、行业标准规范和图集等融入教材，强化标准与规范意识，使学习与工作结合，进一步缩短学习与岗位实践的距离，提高学生的岗位适应能力，建立遵照标准、遵守规范、按图施工的理念；同时体现建筑行业装配式新技术、新材料的应用，提高了教材的时代性。

本书由义乌工商职业技术学院陈建兰主编，绍兴职业技术学院徐滨、浙江广厦职业技术大学张飞燕担任副主编，中天建设集团有限公司第一建设有限公司总工程师马超群、广宏建设集团有限公司总工助理蒋锦洋、杭州品茗安控信息技术股份有限公司技术总监宋昂参编，并由浙江省一建建设集团有限公司教授级高级工程师金振主审。

本书在编写和修改过程中引用了大量相关的专业文献和资料，未在书中一一注明出处，在此对各位同行及资料的提供者深表谢意。由于编者水平有限，时间仓促，书中难免存在不妥之处，欢迎读者对本教材批评指正并提出宝贵意见。

目 录

教学单元1

Chapter 01

施工方案编制概述

1. 知识目标

（1）了解全国建筑市场和工程质量安全监督执法检查的有关内容与形势；了解住房和城乡建设部有关危险性较大的分部分项工程文件规定。

（2）理解专项施工方案编制是危险性较大分部分项工程管理的核心之一，也是遏制重大事故隐患的重要抓手。

（3）掌握施工组织设计、施工方案及技术交底三者的关系；理解三者的异同点及一体化理念。

（4）掌握施工方案编制原则。

2. 能力目标

（1）具备查阅、理解并运用国家或地方主管部门相关规章制度的能力。

（2）具有区分超过一定规模的危大工程、危险性较大与一般分部分项工程的能力。

（3）具有项目管理统筹思维。

3. 素质目标

（1）培养遵守国家和地方行政主管部门有关行业规定的意识。

（2）培养运筹帷幄、高瞻远瞩的思维。

（3）树立安全第一、质量强国的重要理念。

建筑业是我们国家的支柱产业，这些年，国家基本建设和城镇化推进不断加快，各地高楼不断涌现。但在建设过程中也时常会出现各类诸如安全或质量方面的负面新闻报道，安全问题影响着施工人员的生命安危，工程质量问题影响着使用品质。因此，国家主管部门不断加大力度加强行业监管，分析统计问题存在的原因，各类指导工作不断规范化和细化。

1.1 形势与政策背景

住房和城乡建设部组织开展全国建筑市场和工程质量安全监督执法检查，对发生的房屋市政工程较大及以上生产安全事故和重大质量事故下发查处督办通知书，从近几年统计数据可以看出，“危大事故”是建筑业较大及以上事故起数及伤亡人数最多的事故类型。对其事故间接原因分析，建筑业较大及以上事故起因半数以上与专项施工方案相关。

以 2018 年为例，住房和城乡建设部办公厅关于《2018 年房屋市政工程生产安全事故和建筑施工安全专项治理行动情况》的通报（建办质函〔2019〕188 号）通报中，检查工程共计 320155 项，查处违法行为共计 11302 起，其中，未编制或论证专项施工方案 1430 起、未按专项施工方案施工 4367 起，处罚企业共计 8161 个，处罚人员共计 4675 名，累计罚款约 1.02 亿元，共对 56 个企业实施暂扣安全生产许可证处罚。这体现了行业主管部门对专项施工方案检查越来越重视，处罚力度不断加强。

1.2 住房和城乡建设部有关危险性较大的分部分项工程文件规定

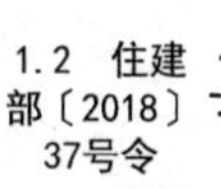

1.《危险性较大的分部分项工程安全管理规定》

2018 年 3 月 8 日中华人民共和国住房和城乡建设部令第 37 号公布，自 2018 年 6 月 1 日起施行。

国家首次以部长令形式发布，“专项施工方案”独立成章，出现“专项施工方案”累计 41 次，11 条处罚条文中 5 条跟专项施工方案有关。

1.3 建办质〔2018〕31号

2. 住房和城乡建设部办公厅关于实施《危险性较大的分部分项工程安全管理规定》有关问题的通知（建办质〔2018〕31 号）

3. 住房和城乡建设部办公厅关于印发《危险性较大的分部分项工程专项施工方案编制指南》的通知（建办质〔2021〕48 号）

由以上可以看出，住房和城乡建设部正在规范、细化专项施工方案编制要求，明确专项施工方案编制标准化落地的路径，整体提升行业专项施工方案编制水平。

总结如下：

(1) 专项施工方案编制是危大工程管理的核心之一，也是遏制重大事故隐患的重要抓手；

(2) 行业主管部门对专项施工方案越来越重视，要求越来越高；

(3) 专项施工方案成为“危大”管理检查的重点，是事故因素分析和定责的重要依据；

(4) 实现专项施工方案标准化路径明确。

“危大”管理，方案先行，专项施工方案是从源头上遏制危大事故发生的有效手段。

1.3 施工组织设计、施工方案及技术交底三者的关系

工程开工前一般要预先确定工程的管理目标，强调“预控入手，过程控制把关”。而这预控的重点、过程控制的重点就是施工组织设计、施工方案和技术交底。这三个层次的文件恰恰是构筑工程的技术基础。这些文件编制得好坏，直接影响整个施工过程是否能有条不紊地展开，以及工程成本、费用的高低，最终影响工程目标的实现与否。

由此可见，施工组织设计、施工方案和技术交底对指导工程施工，实现预期工程管理目标具有十分重要的意义，怎样正确认识这三者之间的关系显得更为重要。

在实际施工中，通常泛称的施工组织设计主要指单位工程施工组织设计，因此，以下重点讲解单位工程施工组织设计、施工方案及技术交底三者之间的区别及相互关系。

1.3.1 三者的层次、对象和作用

1. 施工组织设计是在施工组织总设计的指导下，以一个单位工程为对象，在施工图纸全部到位且进行设计交底之后进行编制，落实具体的施工组织、施工方案和技术、质量、安全等措施，是具有规划、组织、协调和控制作用的技术管理性文件。

施工组织设计是一个工程的战略部署，是宏观的部署，有关战略的决策性方案、方法是项目部高层管理人员要掌握的，它同时又要胸有成竹、深思熟虑地考虑好需要组织多少个“战役”来实现战略的胜利。

施工组织设计面向的对象是项目决策层，是项目部主要领导做宏观决策的技术管理性文件，由项目经理组织，项目技术负责人召集项目部相关人员编制。

施工组织设计具有宏观指导作用，对施工的全过程起战略部署和战术安排的双重作用，适用于指导组织现场施工管理。

2. 施工方案是依据施工组织设计关于某一分项工程的施工方法而编制的具体施工工艺，并对此分项工程施工所需的“人、机、料、法、环”进行详细的安排，保证质量要求和安全文明施工的要求。

施工方案是一个战役计划，是每个专业工长要考虑的细致、全面、全过程内容，而这些专业工长是指模板工长、钢筋工长、电气工长等。

施工方案面向的对象是项目中层管理人员。施工方案原则上由项目技术部负责编制。

施工方案是施工组织设计的具体化，对工程施工起实施作用，用于指导生产施工，完成工程项目。

3. 技术交底是依据施工方案对施工操作的工艺措施交底。主要针对班组长及操作工人而编写的细化的施工安排。技术交底是一个个具体的战术细节，是由作业班组长带领工人直接按要求去完成相应工作。

技术交底面向的对象是班组工人，技术交底由项目技术部门编写。

技术交底的作用是根据施工方案的要求，主要针对工序的操作和质量控制进行具体的安排，并将操作工艺、规范要求和质量标准具体化，让一线的作业人员按此要求可以具体去施工。技术交底是施工组织设计、施工方案的具体化，具有很强的可操作性。

1.3.2 三者的出发点和重点

1. 施工组织设计是从项目决策层的角度出发，通过突出“组织”两字和方案的选择确定：前者的关键是施工部署，它是施工组织设计的灵魂，后者的关键是选择，它更多反映的是方案确定的原则，是如何通过多方案比较确定施工的方法。施工组织设计是侧重决策，宏观指导。

2. 施工方案是从项目管理层的角度出发，是对施工组织设计中施工方法的细化，它反映的是如何实施、如何保证质量、如何控制安全、如何文明施工。施工方案的核心是施工方法，它侧重实施。

3. 技术交底是从班组操作层的角度出发，反映的是操作的细节，突出可操作性。具体、详细内容是它的核心，它侧重操作。

1.3.3 三者的编制内容深度和广度

1. 施工组织设计是对工程进行全面、全过程部署和方案的选择确定。编制的内容具有全局性、决策性、纲领性：全局性是指针对工程对象是整体的，文件内容是严谨全面的，发挥的作用是全方位的；决策性和纲领性是要求编制的内容简明扼要和符合原则要求，是宏观决策，是定性的描述。

比如在模板工程中对隔离剂的选择描述为“木模板采用水性隔离剂，钢模板采用油性隔离剂”，这是定性的描述，至于采用何种型号的隔离剂是具体的要求，应由施工方案来确定。

2. 施工方案是对施工组织设计中的施工方法的延续和深化，是把施工组织设计宏观决策的内容转变成微观层面的内容。施工方案比施工组织设计的内容更为详实、具体，而且具有针对性。

施工方案编制的内容要求是具体的、确定的，是定量的描述，比如在浇筑墙体混凝土时，规范要求在墙根部接浆，不能照抄、照搬规范，应写为“浇筑与原混凝土内相同成分的减石子砂浆，浇筑厚度为 5cm”，这是完整、具体、定量的描述，至于采取什么方法满足浇筑厚度 5cm 的要求，这是技术交底中要写的内容。

3. 技术交底是施工组织设计、施工方案的具体化。在技术交底中，必须突出可操作性，让一线的作业人员按此要求可具体去施工，不能生搬规范、标准原文条目，不能仍写成“符合规范要求”之类的话，而应根据分项工程的特点将操作工艺、质量标准具体化，把规范的具体要求写清楚。

4. 施工组织设计的内容严谨全面，涵盖工程从施工准备到工程竣工验收的全部过程，施工方案和技术交底一般只涉及某个分项工程的内容。例如，施工方案中的工程概况只需说明与本分项工程有关的概况，不能把施工组织设计中的工程概况全部照搬到施工方案中。

1.3.4 编制和执行的严肃性

施工组织设计、施工方案和技术交底三者之间的共性体现在编制和执行过程的严肃性上。

一是编制者要严格按规范、标准等提出要求；二是编制者要以严肃的态度结合实际编写，使执行者能够按此执行；三是编制完毕后要严格履行审核、审批和签字手续，不能代签；四是编制完毕要去监督执行；五是执行者必须严肃执行，不能随便执行或不执行，如果无法执行应提出理由。

1.3.5 “三位一体”构筑工程技术基础

“三位一体”是指施工组织设计——决策性文件；施工方案——实施性文件；技术交底——操作性文件，三者构成工程技术基础且一体化管理。施工组织设计、施工方案和技术交底都是一份完整独立的文件，但相互间存在层次顺序关系，上一层文件是下一层文件的基础，下一层文件是对上一层文件的深入和细化。

施工组织设计是编制施工方案的依据；施工方案既是施工组织设计的延伸和补充，又是技术交底的依据。三者紧密相关，贯穿于项目的全过程，服务于项目的始终，只有通过一体化管理，才能实现工程的最终目标。

1.4 施工方案编制原则

1. 必须结合工程的各项实际情况来编写。工程的各项实际情况包括但不限于：工程所处的周边环境、气候条件、勘察报告、工程图纸、与建设单位（甲方或业主）签订的合同或文件、当地的材料（含周转材料）供应情况、工程所在地建设主管部门的文件规定等。

2. 应贯彻国家工程建设的法律、法规、方针、政策、技术规范和规程。必须将现行（即没有过期）的规范标准作为编写依据，且应以当地的标准或规范或文件要求为优先。

3. 贯彻执行工程建设程序，采用合理的施工程序和施工工艺，严禁使用淘汰工艺、设备和材料。

4. 坚持企业的质量方针、安全方针、环境方针。如“追求质量卓越，信守合同承诺，保持过程受控，交付满意工程”；“安全第一，预防为主”；“建筑与绿色共生，发展和生态谐调”，做好生态环境和历史文物保护，防止建筑振动，以及噪声、粉尘和垃圾污染。

5. 优先采用先进施工技术和管理方法，推广行之有效的科技成果，科学确定施工方案，提高管理水平，提高劳动生产率，保证工程质量、缩短工期、降低成本，注意环境保护。

6. 尽可能利用原有永久性设施和组装式施工设施，减少施工设施建造量；科学规划施工平面，减少施工用地。

7. 编制内容力求：整体全面、重点突出、表述准确、取值有据、图文并茂。

1.5 《房屋建筑和市政基础设施工程危及生产安全施工工艺、设备和材料淘汰目录（第一批）》

1.4
(目录)房屋建筑和市政基础设施工程危及生产安全施工工艺、设备和材料淘汰目录(第一批)

《目录》请扫描二维码浏览。

知识与链接

1. 建筑标准是由政府授权机构所提出的建筑物安全、质量、功能等方面的最低要求，这些要求以文件的方式存在就形成了建筑标准，如防火规范、建筑空间规范、建筑模数标准等。房屋建筑工程的施工方案编写依据很多，但标准（含规程、技术标准等）是最重要的一类，也是贯彻国家、省级及地方标准的体现。

施工方案编写中用到的依据主要有设计标准、施工规范、验收规范、技术规程等，按照级别主要有国家标准（GB）、行业标准（JGJ）、省级标准（DB）及地方文件、企业标准（QB）等，其适用度和要求逐级提高。

施工标准的条文按重要性分为“一般性条文”和必须严格执行的“强制性条文”，施工质量验收规范的检查项目按重要程度分为“主控项目”和“一般项目”。在工程设计、施工和验收时均应遵守相应的工程技术标准和施工质量验收规范。随着新技术、新工艺、新材料、新设备的出现，以及施工和设计水平的提高，每隔一定时间，标准会有相应的修订。

通用标准是住建部近年来推出的强制性工程建设规范，全部条文必须严格执行。与房屋建筑施工方案编制密切相关的通用规范主要有：《工程结构通用规范》GB 55001—2021、《建筑与市政工程抗震通用规范》GB 55002—2012、《建筑与市政地基基础通用规范》GB 55003—2011、《砌体结构通用规范》GB 5007—2021、《混凝土结构通用规范》GB 55008—2021、《工程测量通用规范》GB 55018—2021、《施工脚手架通用规范》GB 55023—2021。

土木建筑大类各不同专业的规范有一定差异，使用时应注意其适用范围。由于我国幅员辽阔，地质与环境有较大差异，在使用国家和行业标准时还应结合各地的地方标准和规定。

单元总结

本单元引出了施工方案的编制和管理在工程管理中的重要性，通过住房和城乡建设部一系列文件阐述了“方案先行”的必要性。在工程技术管理的一系列文件中，说明了施工组织设计、施工方案、技术交底三者的关系及异同点，并明确了施工方案的编制原则，为体现先进性，淘汰危及生产安全施工工艺、设备和材料，住房和城乡建设部专门公告并列出了淘汰或限制使用的清单。

思考及练习

1. 单选题

（1）框架梁的跨度超过18m为超过一定规模的危大工程？（　　）

A. 对　　B. 错　　C. 难以确定

（2）施工方案面向的对象是（　　）。

A. 项目经理　　B. 操作工人

C. 项目决策层　　D. 项目中层管理人员

2. 多选题

（1）施工方案是依据施工组织设计关于某一分项工程的施工方法而编制的具体施工工艺，并对此分项工程施工所需的（　　）进行详细的安排，保证质量要求和安全文明施工的要求。

A. 人　　B. 机　　C. 料　　D. 法

E. 环　　F. 钱

（2）施工组织设计是对工程进行全面、全过程部署和方案的选择确定。编制的内容具有（　　）。

A. 全局性　　B. 决策性　　C. 纲领性　　D. 针对性

E. 严肃性

3. 思考题

哪些工程上的因素对施工方案编制内容有较大影响？

教学单元2 基坑工程施工方案编制

Chapter 02

1. 知识目标

（1）了解不同基坑支护类型及适用范围。

（2）理解土方开挖的基本原则和流程。

（3）掌握超过一定规模的危险性较大基坑工程的判定条件。

（4）掌握常规支护形式的基坑土方开挖方法。

（5）掌握基坑开挖监测及周边环境保护的相关知识。

（6）掌握基坑工程检查、验收相关要求。

2. 能力目标

（1）具备能主动查阅、学习相关规范，解决简单基坑工程技术问题的能力。

（2）具备编制浅基础土方开挖及常规支护形式的深基坑土方开挖施工方案的能力。

（3）具备施工现场常规基坑工程验收及安全管控的能力。

3. 素质目标

（1）始终坚持以相关法规、规范、标准为引领，树立“科学管理、规范施工”的意识。

（2）树立强烈的安全意识、责任意识。

（3）培养“精益求精”的工匠精神。

2.1 教学单元2思维导图

2.2 基坑工程施工方案编制

引文

基坑工程包括基坑支护、土方开挖及降排水施工（图 2-1）。基坑工程出现质量问题，会影响后续基础结构的施工，甚至会导致基坑坍塌，造成坑内作业人员伤亡，或引发坑边道路、建筑物开裂、沉陷甚至倒塌，带来巨大经济损失及社会不良影响。基坑工程的设计应准确、合理，基坑工程的施工必须严格按照施工方案和施工图执行。

图 2-1　基坑工程施工

2.1 基坑工程施工方案编制范围界定

住房和城乡建设部关于基坑工程施工方案编制范围的界定如下：

2.1.1　危险性较大的基坑工程

1. 开挖深度超过 3m（含 3m）的基坑（槽）的土方开挖、支护、降水工程。

2. 开挖深度虽未超过 3m，但地质条件、周围环境和地下管线复杂或影响毗邻建（构）筑物安全的基坑（槽）的土方开挖、支护、降水工程。

2.1.2　超过一定规模的危险性较大的基坑工程

1. 开挖深度超过 5m（含 5m）的基坑（槽）的土方开挖、支护、降水工程。

2. 在编制施工方案时还应根据当地建设行政主管部门的文件进行界定，如浙江省温州市规定开挖深度超过 4m（含 4m）的基坑，以及深度虽未达到 4m，但存在厚回填土、流砂等复杂地质条件或基坑开挖深度 3 倍范围内有重要建（构）筑物、住宅，需严加保护的城市道路、地下管线的基坑为深基坑，即为超过一定规模的危险性较大的基坑工程。

2.2 基坑工程施工方案编制指南

2.2.1 工程概况

1. 基坑工程概况和特点

(1) 工程基本情况：基坑周长、面积、开挖深度、基坑支护设计安全等级、基坑设计使用年限等。

(2) 工程地质情况：地形地貌、地层岩性、不良地质作用和地质灾害、特殊性岩土等情况。

(3) 工程水文地质情况：地表水、地下水、地层渗透性与地下水补给排泄等情况。

(4) 施工地的气候特征和季节性天气。

(5) 主要工程量清单。

2. 周边环境条件

(1) 邻近建（构）筑物、道路及地下管线与基坑工程的位置关系。

(2) 邻近建（构）筑物的工程重要性、层数、结构形式、基础形式、基础埋深、桩基础或复合地基增强体的平面布置、桩长等设计参数、建设及竣工时间、结构完好情况及使用状况。

(3) 邻近道路的重要性、道路特征、使用情况。

(4) 地下管线（包括供水、排水、燃气、热力、供电、通信、消防等）的重要性、规格、埋置深度、使用情况以及废弃的供、排水管线情况。

(5) 环境平面图应标注与工程之间的平面关系及尺寸，条件复杂时，还应画剖面图并标注剖切线及剖面号，剖面图应标注邻近建（构）筑物的埋深、地下管线的用途、材质、管径尺寸、埋深等。

(6) 临近河、湖、管渠、水坝等位置，应查阅历史资料，明确汛期水位高度，并分析对基坑可能产生的影响。

(7) 相邻区域内正在施工或使用的基坑工程状况。

(8) 邻近高压线铁塔、信号塔等构筑物及其对施工作业设备限高、限接距离等情况。

3. 基坑支护、地下水控制及土方开挖设计（包括基坑支护平面、剖面布置，施工降水、帷幕隔水，土方开挖方式及布置，土方开挖与加撑的关系）。

4. 施工平面布置：基坑围护结构施工及土方开挖阶段的施工总平面布置（含临水、临电、安全文明施工现场要求及危大工程标识等）及说明，基坑周边使用条件。

5. 施工要求：明确质量安全目标要求，工期要求（本工程开工日期、计划竣工日期），基坑工程计划开工日期、计划完工日期。

6. 风险辨识与分级：风险因素辨识及基坑安全风险分级。

7. 参建各方责任主体单位。

2.2.2　编制依据

1. 法律依据：基坑工程所依据的相关法律、法规、规范性文件、标准、规范等。

2. 项目文件：施工合同（施工承包模式）、勘察文件、基坑设计施工图纸、现状地形及影响范围管线探测或查询资料、相关设计文件、地质灾害危险性评价报告、业主相关规定、管线图等。

3. 施工组织设计等。

2.2.3　施工计划

1. 施工进度计划：基坑工程的施工进度安排，具体到各分项工程的进度安排。

2. 材料与设备计划等：机械设备配置，主要材料及周转材料需求计划，主要材料投入计划、力学性能要求及取样复试详细要求，试验计划。

3. 劳动力计划。

2.2.4　施工工艺技术

1. 技术参数：支护结构施工、降水、帷幕、关键设备等工艺技术参数。

2. 工艺流程：基坑工程总的施工工艺流程和分项工程工艺流程。

3. 施工方法及操作要求：基坑工程施工前准备，地下水控制、支护施工、土方开挖等工艺流程、要点，常见问题及预防、处理措施。

4. 信息化施工：根据基坑支护体系和周边环境的监测数据动态调整基坑开挖的施工顺序和施工方法。

5. 检查要求：基坑工程所用的材料进场质量检查、抽检，基坑施工过程中各工序检验内容及检验标准。

2.2.5　施工保证措施

1. 组织保障措施：安全组织机构、安全保证体系及相应人员安全职责等。

2. 技术措施：安全保证措施、质量技术保证措施、文明施工保证措施、环境保护措施、季节性施工保证措施等。

3. 监测监控措施：监测组织机构，监测范围、监测项目、监测方法、监测频率、预警值及控制值、巡视检查、信息反馈，监测点布置图等。

2.2.6　施工管理及作业人员配备和分工

1. 施工管理人员：管理人员名单及岗位职责（如项目负责人、项目技术负责人、施工员、质量员、各班组长等）。

2. 专职安全人员：专职安全生产管理人员名单及岗位职责。

3. 特种作业人员：特种作业人员持证人员名单及岗位职责。

4. 其他作业人员：其他人员名单及岗位职责。

2.2.7 验收要求

1. 验收标准：根据施工工艺明确相关验收标准及验收条件。

2. 验收程序及人员：具体验收程序，确定验收人员组成（建设、勘察、设计、施工、监理、监测等单位相关负责人）。

3. 验收内容：基坑开挖至基底且变形相对稳定后支护结构顶部水平位移及沉降、建（构）筑物沉降、周边道路及管线沉降、锚杆（支撑）轴力控制值，坡顶（底）排水措施和基坑侧壁完整性。

2.2.8 应急处置措施

1. 应急处置领导小组组成与职责、应急救援小组组成与职责，包括抢险、安保、后勤、医救、善后、应急救援工作流程、联系方式等。

2. 应急事件（重大隐患和事故）及其应急措施。

3. 周边建（构）筑物、道路、地下管线等产权单位各方联系方式、救援医院信息（名称、电话、救援线路）。

4. 应急物资准备。

2.2.9 计算书及相关施工图纸

1. 施工设计计算书（如基坑为专业资质单位正式施工图设计，此附件略）。

2. 相关施工图纸：施工总平面布置图、基坑周边环境平面图、监测点平面图、基坑土方开挖示意图、基坑施工顺序示意图、基坑马道收尾示意图等。

1. 基坑支护类型及开挖

图 2-2 自然放坡（单级）

图 2-3　喷混凝土护面放坡（多级）

图 2-4　挂网喷射混凝土护坡

图 2-5　混凝土排桩（悬臂）

图 2-6　混凝土排桩+混凝土内支撑（一道）

图 2-7　混凝土排桩+外拉锚

图 2-8　SMW 工法桩支护

图 2-9　出土坡道的留置

图 2-10　钢板桩十钢管对撑

图 2-11　深基坑岛式开挖

2. 基坑工程常用规范

(1)《复合土钉墙基坑支护技术规范》GB 50739—2011；

(2)《建筑边坡工程技术规范》GB 50330—2013；

(3)《建筑地基基础工程施工规范》GB 5104—2015；

(4)《建筑基坑工程监测技术标准》GB 50497—2019；

(5)《建筑基坑支护技术规程》JGJ 120—2012；

(6)《岩土锚杆与喷射混凝土支护工程技术规范》GB 50086—2015；

(7)《浙江省建筑基坑工程技术规程》DB 33/T 1096—2014；

注：本教材知识链接资源索取方式与课件索取方式一致。

2.3 基坑工程施工方案编制任务书

<table>
<tr><td>任务名称</td><td colspan="6">基坑工程施工方案编制</td></tr>
<tr><td>编制对象</td><td colspan="6">××工程基坑(该项由教师根据具体图纸指定)</td></tr>
<tr><td rowspan="2">编制对象
基本概况</td><td>基坑面积(m^2)</td><td>平均开挖深度/
局部深度(m)</td><td>支护类型</td><td colspan="2">降排水方式</td><td>施工工
期(d)</td></tr>
<tr><td></td><td></td><td></td><td colspan="2"></td><td></td></tr>
<tr><td>第____组</td><td>组长</td><td></td><td>组员</td><td colspan="3"></td></tr>
<tr><td>任务流程</td><td colspan="6">1. 熟悉图纸;
2. 任务分工(结合基坑工程方案编制流程指引);
3. 收集资料(包括规范、施工工艺等);
4. 知识链接学习、参考方案学习;
5. 编制工具及相关软件准备;
6. 初稿编制;
7. 方案整合、研讨、修改、完善;
8. 方案定稿、排版;
9. 汇报交流</td></tr>
<tr><td rowspan="2">任务完成
时间</td><td colspan="6">计划时间</td></tr>
<tr><td colspan="6">完成时间</td></tr>
<tr><td rowspan="2">成果提交情况</td><td>章节文字</td><td>进度计划</td><td>计算书</td><td>施工图</td><td>排版</td><td>PPT</td></tr>
<tr><td></td><td></td><td></td><td></td><td></td><td></td></tr>
<tr><td>整体评价</td><td>综合得分</td><td></td><td>指导老师
评语</td><td colspan="3"></td></tr>
</table>

2.4 基坑工程方案编制流程指引

班级:______ 组别:第____组 组长:____
组员:(共__人)

章节序号	任务(章节名称)	要点指导	责任人分配
第1章	工程概况	1. 基坑工程的基本情况,如基坑的面积、开挖深度、设计参数、周边环境等可查阅本工程的建筑总平面图、基础结构施工图、基坑支护设计图及地质勘察报告等进行确定。 2. 参建单位名称可自拟。 3. 基坑工程的工期由教师根据工程规模指定	
第2章	编制依据	1. 根据本工程实际情况,有针对性地列出相关法规、规范、规程及标准,要注意相关文件的时效,不得采用过期、作废的文件或条款。与本工程不相关或关联性不大的文件可不列出。 2. 可查阅本工程的基坑支护设计资料,参照引用里面相关的规范、规程及标准	
第3章	施工计划	1. 工期由指导教师指定,施工过程需要具体到分项工程。进度计划采用 project 或 cad 进行绘制。 2. 采用表格的形式列举基坑工程施工主要机械设备及材料的需求计划。 3. 与基坑工程施工直接相关的材料一般包括以下内容: (1)围护桩及混凝土支撑体系所需的混凝土、钢筋、模板等。 (2)采用钢结构支撑体系所需的钢构件,以及坑中坑加固所需的型钢等。 (3)基坑周边围护用的钢管、扣件等。 (4)砖胎模。 (5)当基坑分块开挖并分块施工基础筏板时,基础筏板的施工若为基坑开挖支撑提供条件的,基础筏板施工所需的钢筋、混凝土等材料也应列入	
第4章	施工工艺技术	基坑工程的施工工艺应涵盖以下内容(根据工程实际情况可能有缺项或增加): (1)支护方案,包含围护桩、止水桩在内的支护系统的施工工艺。 (2)降排水方案,包括降水排水方式的选择及降排水设备、设施的安装、施工等。 (3)土方开挖方案,包括出土口位置的确定及出土口加固措施;开挖方式、开挖方向、出土路线的确定及出土坡道的留置;开挖分块、分区及分层厚度的确定;包括塔式起重机基础在内的坑中坑的支护、开挖;工程桩的保护措施;割桩头等插入工作的施工;临时支撑系统的拆除及换撑;坑边管线、建筑、道路的保护措施等	

续表

章节序号	任务（章节名称）	要点指导	责任人分配
第 5 章	施工保证措施	1. 结合框架图的形式说明安全组织机构、保证体系及岗位职责等。 2. 安全、质量、文明施工、环境保护、季节性施工等保证措施要有针对性，简明扼要。 3. 基坑监测措施按照基坑支护设计的要求进行编制	
第 6 章	施工管理及作业人员配备和分工	1. 确定基坑工程配置的管理人员、技术人员、专职安全人员、特种作业人员名单及岗位职责，人员名单可以使用班级同学姓名。 2. 从施工总承包角度考虑，基坑工程涉及的特种工包括：建筑起重信号司索工、建筑塔式起重机安装拆卸工、建筑塔式起重机司机、建筑电工、建筑焊工	
第 7 章	验收要求	该部分内容可合并至第 4 章、第 5 章进行编制	
第 8 章	应急处置措施	1. 应急领导小组名单可使用班级同学姓名，要明确每个人的姓名、联系方式及职责、分工。 2. 应急事件包括基坑渗水、灌水、基坑支护失效、基坑坍塌、周边环境破坏、作业人员触电、机械伤害、坑边坠落、中暑等隐患或事故	
第 9 章	计算书及相关施工图	1. 基坑支护设计一般由具备专业资质的单位进行专项设计并论证，基坑工程方案中可不提供计算书。 2. 基坑工程的施工图可以利用建筑总平面图及基坑支护设计中的相关图纸为底图，结合第 4 章相关内容进行绘制，其中平面图能够清晰表达出基坑周边环境以及分区、分块、分阶段开挖的相关内容，剖面图及节点图能清晰表达出竖向分层开挖的相关内容。施工图要求重点凸出，图面线条有层次，布局合理美观	
方案文档排版			
汇报环节	PPT 制作	PPT 文字大小适中，排版布局合理、美观有特色；图文并茂，能够较全面地阐述成果内容并体现组内分工合作探讨的过程	
	汇报	1. 仪表仪态大方、得体，有汇报礼仪。 2. 汇报语言流利、条理清晰	
	答辩	组内人员随机提问	

2.5 基坑工程施工方案案例

1. 基坑工程施工方案（钢抛撑形式）（见附录 1）
2. 基坑工程施工方案（水泥土重力式挡土墙支护，局部排桩内支撑）

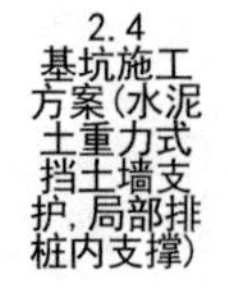

2.5
方案施工图(水泥土重力式挡土墙支护,局部排桩内支撑

单元总结

本单元根据《危险性较大的分部分项工程安全管理规定》（建质〔2021〕31号文），明确了基坑工程中“危险性较大”及“超过一定规模的危险性较大”的分类界定条件，结合住房和城乡建设部办公厅印发的《危险性较大的分部分项工程施工方案编制指南》，阐述了基坑工程施工方案的编制内容和具体要求，以“编制流程指引”的方式指导学生分组合作完成基坑工程施工方案的编制。

思考及练习

1. 单选题

（1）以下基坑工程属于超过一定规模的危险性较大分部分项工程的是（　　）。

A. 开挖深度2.5m的基坑

B. 开挖深度超过3m的基坑

C. 开挖深度虽未超过3m，但地质条件、周围环境和地下管线复杂的基坑

D. 开挖深度超过5m的基坑

（2）以下关于基坑工程施工说法错误的是（　　）。

A. 基坑开挖可结合地下室后浇带的设计位置为界限，分区、分段开挖

B. 基坑开挖必须一次性开挖到底

C. 基坑开挖超过5m需要组织专家对施工方案进行论证

D. 基坑开挖方式的选择跟基坑支护的类型有关

2. 多选题

以下关于基坑开挖的说法正确的是（　　）。

A. 先撑后挖

B. 先降水再开挖

C. 严禁超挖

D. 分段、分区开挖

E. 分层开挖

3. 思考题

查阅相关资料，归纳总结后，简述“排桩＋混凝内支撑”“土钉墙支护”“钢抛撑支护”的基坑土方开挖基本流程，分析“岛式开挖”和“盆式开挖”以及“抽条开挖”的适用对象和情况。

教学单元3 塔式起重机基础施工方案编制

Chapter 03

教学目标

1. 知识目标

(1) 了解不同塔式起重机基础类型及适用范围。

(2) 了解地质勘察报告。

(3) 理解塔式起重机基础设计的基本原则和流程。

(4) 掌握塔式起重机基础施工监测及周边环境保护的相关知识。

(5) 掌握塔式起重机基础检查、验收相关要求。

(6) 掌握塔式起重机基础设计的相关计算。

2. 能力目标

(1) 具备能主动查阅、学习相关规范，解决简单塔式起重机基础设计及施工技术问题的能力。

(2) 具备查阅地质勘察报告和合理使用工程设计参数的能力。

(3) 具备选择合适的塔式起重机基础、地基和桩端持力层的能力。

(4) 具备编制塔式起重机基础施工方案的能力。

(5) 具备施工现场塔式起重机基础验收及安全管控的能力。

主要针对塔式起重机基础施工，立足施工总承包的角色，主要致力于培养技术员、项目技术负责人（也称项目总工）岗位技能的培养。

3. 素质目标

(1) 始终坚持以相关法规、规范、标准为引领，树立“科学管理、规范施工”的意识。

(2) 树立强烈的安全意识、责任意识。

(3) 培养“实事求是，求真务实，开拓创新”的理性精神。

3.1
教学单元3
思维导图

3.2
塔式起重机基础施工方案编制

工程主体施工中，塔式起重机是重要的物料垂直运输工具，塔式起重机安装前需对塔式起重机基础进行施工（图 3-1）。塔式起重机基础是塔式起重机的重要组成部分，承担着塔式起重机工作荷载、抗倾覆、自重等作用，是确定塔机三维立体工作空间的决定因素。塔式起重机基础对塔式起重机的安全使用影响很大，严重的甚至导致整机倾倒，造成重大安全事故。塔式起重机基础的设计应准确、合理，塔式起重机基础的施工必须严格按照专项施工方案执行。

图 3-1　塔式起重机基础示意图

3.1　塔式起重机基础施工方案编制范围界定

目前，塔式起重机基础普遍直接利用天然地基或加固后的地基基础上布置钢筋混凝土基础；在一些地质条件复杂且承载力较低的地方，塔式起重机基础一般选用桩基础。本教学单元塔式起重机基础施工方案编制以板式基础和桩基础为主。

3.2　塔式起重机基础施工方案编制指南

3.2.1　工程概况

1. 塔式起重机工程概况和特点：

（1）工程基本情况：工程名称、工程地点、结构类型等。

（2）地质条件：结合工程地质勘察报告，明确基坑开挖影响范围内的土层分布情况、各土层物理力学性质指标及相关岩土参数。

（3）周边环境：临近建（构）筑物、道路、高压线及地下管线的现状。

（4）施工地的气候特征和季节性天气。

2. 施工总体平面布置：内容包含临时施工道路及材料堆场布置，施工、办公、生活区域布置，临时用电、用水、排水、消防布置，塔式起重机机械配置、安装拆卸场地等。塔式起重机平面布置过程中应注意塔式起重机基础避开地梁、结构主梁、后浇带、内支撑梁、人防口部房间、地库出入口、一层的主要出入口。如需附墙时尽可能与上部结构保持合适的附墙距离。

3. 施工要求：明确质量安全目标要求，工期要求（本工程开工日期和计划竣工日期），塔式起重机基础计划开工日期、计划完工日期。

4. 风险辨识与分级：塔式起重机基础施工过程中的风险因素辨识。

5. 参建各方责任主体单位。

3.2.2　编制依据

1. 法律依据：塔式起重机基础施工所依据的相关法律、法规、规范性文件、标准、规范等。

2. 项目文件：施工图设计文件，安装塔式起重机的说明书，施工合同等。

3. 施工组织设计等。

3.2.3　施工计划

1. 施工进度计划：塔式起重机基础施工进度计划，具体到各分项工程的进度计划。

2. 材料与设备计划：塔式起重机基础施工选用的材料、机械设备的进出场明细表。

3. 劳动力计划。

3.2.4　施工工艺技术

1. 技术参数

（1）塔式起重机选型：明确选用塔式起重机厂家、型号、性能、安装附着架前塔式起重机最大工作高度等信息。依据选用的塔式起重机型号说明书，明确塔式起重机基础荷载，包括工作状态和非工作状态的垂直荷载、水平荷载、倾覆力矩、扭矩以及非工作状态的基本风压。

（2）塔式起重机布置：各塔式起重机基础的平面布置信息、标高信息等，塔式起重机基础采用的承台形式，塔式起重机最大臂长、初装高度、最终高度。

(3)塔式起重机基础参数

1)天然基础参数:尺寸、混凝土强度、配筋、持力层承载力等信息。

2)桩基础参数:桩基类型、桩数量、桩径、桩长、配筋、混凝土强度、桩端持力层及承台尺寸、桩混凝土强度、配筋等信息。

2. 工艺流程:塔式起重机基础施工流程。

3. 施工方法:根据选用的承台、桩类型确定施工方法,基础土方开挖、验槽、钢筋绑扎、混凝土浇筑等施工方法,塔式起重机防雷接地施工方法等。

4. 操作要求:塔式起重机基础承台、桩施工过程中应有相应的施工工艺、操作具体要求以及质量保证措施。

5. 安全检查要求:地基土、基础、桩基等安全质量检查内容等。

3.2.5 施工保证体系

1. 组织措施:组织机构、安全保证体系及人员职责等。

2. 技术措施:安全技术保证措施,质量保证措施,文明施工保证措施,环境保护措施,季节性及防台风施工保证措施。

3. 监测监控措施:监测点的设置,监测仪器、设备和人员的配备,监测方式、方法、频率、信息反馈等。

3.2.6 施工管理及作业人员配备和分工

1. 施工管理人员:管理人员名单及岗位职责(如项目负责人、项目技术负责人、施工员、质量员、各班组长等)。

2. 专职安全人员:专职安全生产管理人员名单及岗位职责。

3. 特种作业人员:特种作业人员持证人员名单及岗位职责。

4. 其他作业人员:其他辅助人员名单及岗位职责。

3.2.7 验收要求

1. 验收标准:塔式起重机基础、桩基施工过程中各工序、节点的验收标准和验收条件。

2. 验收程序及验收人员:塔式起重机基础工程前期验收,过程监控(测)措施验收等流程(可用图、表表示);确定验收人员组成(建设、设计、施工、监理、监测等单位相关负责人)。

3. 验收内容:基础、地基土、桩基等检查验收相关内容。

3.2.8 应急处置措施

1. 应急处置领导小组组成与职责、应急救援小组组成与职责,包括抢险、安保、后勤、医救、善后、应急救援工作流程、联系方式等。

2. 应急事件（重大隐患和事故）及其应急措施。

3. 周边建（构）筑物、道路、地下管线等产权单位各方联系方式、救援医院信息（名称、电话、救援线路）。

4. 应急物资准备。

3.2.9　计算书及相关施工图纸

1. 计算书。

2. 相关施工图纸：塔式起重机基础（桩、承台等）作法图纸、节点详图；施工总平面布置图（明确各塔式起重机的位置）；各塔式起重机桩位、基础具体位置图（应标注与轴线的尺寸）；塔式起重机基础与支护结构、塔式起重机基础与地下室结构的相互关系图；勘探孔平面布置图、各塔式起重机基础对应的勘探孔剖面图等。

1. 常见塔式起重机基础形式（图 3-2～图 3-7）

图 3-2　板式基础

图 3-3　桩基础

图 3-4　（组合式基础）格构式钢平台

图 3-5　十字形基础

图 3-6　装配式基础

图 3-7　爬升式基础

2. 塔式起重机基础施工常用规范资源

3.3 JGJ/T187—2019塔式起重机混凝土基础工程技术标准

3.4 JGJ196—2010建筑施工塔式起重机安装、使用、拆卸安全技术规程

(1)《建筑地基基础设计规范》GB 50007—2011；
(2)《建筑结构荷载规范》GB 50009—2012；
(3)《混凝土结构设计规范》GB 50010—2010；
(4)《塔式起重机设计规范》GB/T 13752—2017；
(5)《钢结构设计标准》GB 50017—2017；
(6)《建筑施工塔式起重机安装、使用、拆卸安全技术规程》JGJ 196—2010；
(7)《钢结构工程施工质量验收标准》GB 50205—2020；
(8)《混凝土结构工程施工规范》GB 50666—2011；
(9)《建筑桩基技术规范》JGJ 94—2008；
(10)《塔式起重机混凝土基础工程技术标准》JGJ/T 187—2019；
(11)《建筑施工安全检查标准》JGJ 59—2011；
(12)《建筑施工高处作业安全技术规范》JGJ 80—2016；
注：知识链接中的资源获取方式与课件获取方式一致。

3.3 塔式起重机基础施工方案编制任务书

<table>
<tr><td>任务名称</td><td colspan="5">塔式起重机基础施工方案编制</td></tr>
<tr><td>编制对象</td><td colspan="5">××工程塔式起重机基础(该项由教师根据具体图纸指定)</td></tr>
<tr><td rowspan="2">编制对象基本概况</td><td>塔式起重机基础类型</td><td>塔式起重机基础承台底绝对标高(m)</td><td>塔式起重机型号</td><td>塔式起重机基础邻近勘探孔号</td><td>桩基类型</td></tr>
<tr><td></td><td></td><td></td><td></td><td></td></tr>
</table>

续表

<table>
<tr><td>第____组</td><td>组长</td><td colspan="2"></td><td colspan="2">组员</td><td></td></tr>
<tr><td>任务流程</td><td colspan="6">1. 熟悉图纸；
2. 任务分工(结合3.4塔式起重机基础施工方案编制流程指引及分工)；
3. 收集资料(包括规范、施工工艺等)；
4. 知识链接学习、参考方案学习；
5. 编制工具及相关软件准备；
6. 初稿编制；
7. 方案整合、研讨、修改、完善；
8. 方案定稿、排版；
9. 汇报交流</td></tr>
<tr><td rowspan="2">任务完成时间</td><td colspan="6">计划时间</td></tr>
<tr><td colspan="6">完成时间</td></tr>
<tr><td rowspan="2">成果提交情况</td><td>章节文字</td><td>进度计划</td><td>计算书</td><td>施工图</td><td>排版</td><td>PPT</td></tr>
<tr><td></td><td></td><td></td><td></td><td></td><td></td></tr>
<tr><td>整体评价</td><td>综合得分</td><td></td><td>指导老师评语</td><td colspan="3"></td></tr>
</table>

3.4 塔式起重机基础施工方案编制流程指引

<table>
<tr><td colspan="4">班级：____________ 组别：第_____组 组长：_____
组员：(共____人)____</td></tr>
<tr><td>章节序号</td><td>任务(章节名称)</td><td>要点指导</td><td>责任人分配</td></tr>
<tr><td>第1章</td><td>工程概况</td><td>1. 工程概况包括工程名称、工程地点、地质条件等由教师制定。
2. 参建单位名称可自拟</td><td></td></tr>
<tr><td>第2章</td><td>编制依据</td><td>根据本工程实际情况，有针对性地列出相关法规、规范、规程及标准，要注意相关文件的时效，不得采用过期、作废的文件或条款。与本工程不相关或关联性不大的文件可不列出</td><td></td></tr>
<tr><td>第3章</td><td>施工计划</td><td>1. 工期由指导教师指定，施工过程需要具体到分项工程。进度计划采用project或CAD进行绘制。
2. 采用表格的形式列举塔式起重机基础施工主要机械设备及材料的需求计划。
3. 与塔式起重机基础施工直接相关的材料、机械一般包括以下内容：钢筋、混凝土、木方、模板、挖掘机、起重机、打桩机、振捣棒、电焊机等</td><td></td></tr>
</table>

续表

章节 序号	任务 （章节名称）	要点指导	责任人 分配
第4章	施工工艺技术	塔式起重机基础的施工工艺应涵盖以下内容（根据工程实际情况可能有缺项或增加）： 1. 塔式起重机选型与布置情况由教师指定。 2. 桩参数应包含桩基类型、桩数量、桩径、桩长、配筋、混凝土强度及桩端持力层等信息。 3. 承台参数应包含尺寸、混凝土强度、配筋、持力层承载力等信息。 4. 施工方法：根据选用的承台、桩类型确定施工方法，基础土方开挖、验槽、钢筋绑扎、混凝土浇筑等施工方法，塔式起重机防雷接地施工方法等	
第5章	施工保证措施	1. 结合框架图的形式说明安全组织机构、保证体系及岗位职责等。 2. 安全、质量、文明施工、环境保护、季节性施工等保证措施要有针对性，简明扼要	
第6章	施工管理及 作业人员 配备和分工	确定塔式起重机基础施工配置的管理人员、技术人员、专职安全人员、特种作业人员名单及岗位职责，人员名单可以使用班级同学姓名	
第7章	验收要求	1. 结合选用的承台类型和桩基类型，对施工过程中各工序和节点进行验收标准、验收条件、验收内容描述。 2. 验收人员按建设、设计、施工、监理、监测等单位相关负责人，可以使用班级同学姓名	
第8章	应急处置措施	1. 应急领导小组名单可使用班级同学姓名，要明确每个人的姓名、联系方式及职责、分工。 2. 应急事件包括基坑坍塌、周边环境破坏、作业人员触电、机械伤害、坑边坠落、车辆伤害、中暑等隐患或事故	
第9章	计算书及相关施工图	1. 塔式起重机基础计算书应采用最新版本的品茗安全计算软件进行计算。 2. 相关施工图纸应包括塔式起重机基础（桩、承台等）做法图纸、节点详图；施工总平面布置图（明确各塔式起重机的位置）；各塔式起重机桩位、基础具体位置图（应标注与轴线的尺寸）；勘探孔平面布置图、塔式起重机基础对应的勘探孔剖面图等。 3. 施工总平面布置图；各塔式起重机桩位、基础具体位置图；勘探孔平面布置图；塔式起重机基础对应的勘探孔剖面图由教师指定	
方案文档排版			
汇报 环节	PPT制作	PPT文字大小适中，排版布局合理、美观有特色；图文并茂，能够较全面地阐述成果内容并体现组内分工合作探讨的过程	
	汇报	1. 仪表仪态大方、得体，有汇报礼仪。 2. 汇报语言流利、条理清晰	
	答辩	组内人员随机提问	

3.5 塔式起重机基础施工方案案例

1. 塔式起重机基础施工方案（板式基础）
2. 塔式起重机基础施工方案（桩基础）

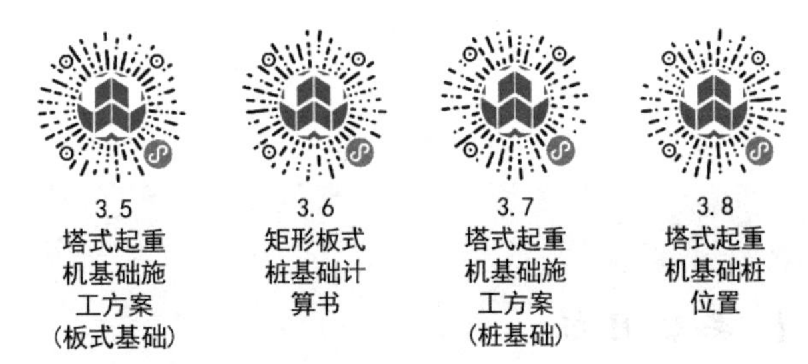

3.5 塔式起重机基础施工方案（板式基础）　3.6 矩形板式桩基础计算书　3.7 塔式起重机基础施工方案（桩基础）　3.8 塔式起重机基础桩位置

单元总结

本单元根据《建筑施工塔式起重机安装、使用、拆卸安全技术规程》JGJ 196—2010以及《塔式起重机混凝土基础工程技术标准》JGJ/T 187—2019等规范阐述了塔式起重机基础施工方案的编制内容和具体要求，以“塔式起重机基础施工方案编制流程指引”的方式指导学生分组合作完成塔式起重机基础施工方案的编制。

思考及练习

1. 单选题

（1）塔式起重机基础的混凝土强度等级不应低于（　　），垫层混凝土强度等级不应低于（　　），混凝土垫层厚度不应小于（　　）。

A. C30，C20，100mm

B. C25，C25，50mm

C. C30，C25，100mm

D. C25，C20，50mm

（2）塔式起重机基础设计的结构重要性系数应取（　　）。

A. 1.5　　B. 1.0　　C. 0.5　　D. 0.8

2. 多选题

塔式起重机的固定式混凝土基础形式有（　　）。

A. 板式　　B. 十字形　　C. 桩基

D. 组合式　　E. 方形

3. 思考题

查阅相关资料，归纳总结后，简述塔式起重机桩基础施工基本流程。

教学单元4

Chapter 04

脚手架工程施工方案编制

1. 知识目标

（1）了解不同类型的脚手架体系及其适用范围。

（2）理解脚手架承受的荷载类型及传力途径。

（3）理解超过一定规模的危险性较大脚手架工程的判定方法。

（4）理解附着式升降脚手架的基本构造。

（5）掌握落地式及悬挑式脚手架的基本构造。

（6）掌握脚手架搭设、拆除的施工工艺及检查、验收、使用要求。

2. 能力目标

（1）具备主动查阅、学习相关规范，解决简单脚手架工程技术问题的能力。

（2）具备编制常规脚手架工程施工方案的能力。

（3）具备施工现场常规脚手架工程验收及安全管控的能力。

3. 素质目标

（1）始终坚持以相关法规、规范、标准为引领，树立“科学管理、规范施工”的意识。

（2）树立强烈的安全意识、责任意识。

（3）培养“精益求精”的工匠精神。

（4）培养满足安全条件下的经济意识、方案最优意识。

4.1 教学单元4思维导图

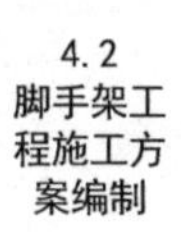

本单元脚手架工程主要是指用于装饰装修及施工围护的外架。

脚手架在搭设、拆除及使用过程中因设计不合理、操作不当或超载使用等原因，均可能引起失稳甚至整体倒塌，造成人员伤亡并产生巨大经济损失。脚手架结构的设计应准确、合理，架体的搭设、使用和拆除必须严格按照施工方案执行。

脚手架搭设示意图如图 4-1 所示。

图 4-1　脚手架搭设示意图

4.1 脚手架工程施工方案编制范围界定

4.1.1 危险性较大的脚手架工程

1. 搭设高度 24m 及以上的落地式钢管脚手架工程（包括采光井、电梯井脚手架）。
2. 附着式升降脚手架工程。
3. 悬挑式脚手架工程。
4. 高处作业吊篮。
5. 卸料平台、操作平台工程。
6. 异形脚手架工程。

4.1.2 超过一定规模的危险性较大的脚手架工程

1. 搭设高度 50m 及以上的落地式钢管脚手架工程。
2. 提升高度在 150m 及以上的附着式升降脚手架工程或附着式升降操作平台工程。
3. 分段架体搭设高度 20m 及以上的悬挑式脚手架工程。

4.2 脚手架工程施工方案编制指南

4.2.1 工程概况

1. 脚手架工程概况和特点：本工程及脚手架工程概况，脚手架的类型、搭设区域及高度等。

2. 施工平面及立面布置：本工程施工总体平面布置图及使用脚手架区域的结构平面、立（剖）面图，塔机及施工升降机布置图等。

3. 施工要求：明确质量安全目标要求，工期要求（开工日期、计划竣工日期），脚手架工程搭设日期及拆除日期。

4. 施工地的气候特征和季节性天气。

5. 风险辨识与分级：风险辨识及脚手架体系安全风险分级。

6. 参建各方责任主体单位。

4.2.2 编制依据

1. 法律依据：脚手架工程所依据的相关法律、法规、规范性文件、标准、规范等。
2. 项目文件：施工合同（施工承包模式）、勘察文件、施工图纸等。
3. 施工组织设计等。

4.2.3 施工计划

1. 施工进度计划：总体施工方案及各工序施工方案，施工总体流程、施工顺序及进度。

2. 材料与设备计划：脚手架选用材料的规格型号、设备、数量及进场和退场时间计划安排。

3. 劳动力计划。

4.2.4　施工工艺技术

1. 技术参数：脚手架类型、搭设参数的选择，脚手架基础、架体、附墙支座及连墙件设计等技术参数，动力设备的选择与设计参数，稳定承载计算等技术参数。

2. 工艺流程：脚手架搭设和安装、使用、升降及拆除工艺流程。

3. 施工方法及操作要求：脚手架搭设、构造措施（剪刀撑、周边拉结、基础设置及排水措施等），附着式升降脚手架的安全装置（如防倾覆、防坠落、安全锁等）设置，安全防护设置，脚手架安装、使用、升降及拆除等。

4. 检查要求：脚手架主要材料进场质量检查，阶段检查项目及内容。

4.2.5　施工保证措施

1. 组织保障措施：安全组织机构、安全保证体系及相应人员安全职责等。

2. 技术措施：安全保证措施、质量技术保证措施、文明施工保证措施、环境保护措施、季节性施工保证措施等。

3. 监测监控措施：监测组织机构，监测范围、监测项目、监测方法、监测频率、预警值及控制值、巡视检查、信息反馈，监测点布置图等。

4.2.6　施工管理及作业人员配备和分工

1. 施工管理人员：管理人员名单及岗位职责（如项目负责人、项目技术负责人、施工员、质量员、各班组长等）。

2. 专职安全人员：专职安全生产管理人员名单及岗位职责。

3. 特种作业人员：脚手架搭设、安装及拆除人员持证人员名单及岗位职责。

4. 其他作业人员：其他人员名单及岗位职责（与脚手架安装、拆除、管理有关的人员）。

4.2.7　验收要求

1. 验收标准：根据脚手架类型确定验收标准及验收条件。

2. 验收程序：根据脚手架类型确定脚手架验收阶段、验收项目及验收人员（建设、施工、监理、监测等单位相关负责人）。

3. 验收内容：进场材料及构配件规格型号，构造要求，组装质量，连墙件及附着支撑结构，防倾覆、防坠落、荷载控制系统及动力系统等装置。

4.2.8　应急处置措施

1. 应急处置领导小组组成与职责、应急救援小组组成与职责，包括抢险、安保、后勤、医救、善后、应急救援工作流程、联系方式等。

2. 应急事件（重大隐患和事故）及其应急措施。

3. 救援医院信息（名称、电话、救援线路）。

4. 应急物资准备。

4.2.9 计算书及相关图纸

1. 脚手架计算书

(1) 落地脚手架和悬挑式脚手架计算书：受弯构件的强度和连接扣件的抗滑移、立杆稳定性、连墙件的强度、稳定性和连接强度；落地架立杆地基承载力；悬挑架钢梁挠度和钢梁抱箍承载力。

(2) 附着式脚手架计算书：架体结构的稳定计算（厂家提供）、支撑结构穿墙螺栓及螺栓孔混凝土局部承压计算、连接节点计算。

(3) 吊篮计算：吊篮基础支撑结构承载力核算、抗倾覆验算、加高支架稳定性验算。

2. 相关图纸

(1) 脚手架平面布置、立（剖）面图（含剪刀撑布置），脚手架基础节点图，连墙件布置图及节点详图，塔机、施工升降机及其他特殊部位布置及构造图等。

(2) 吊篮平面布置、全剖面图，非标吊篮节点图（包括非标支腿、支腿固定稳定措施、钢丝绳非正常固定措施），施工升降机及其他特殊部位（电梯间、高低跨、流水段）布置及构造图等。

1. 脚手架类型及相关构造

图 4-2 落地式脚手架远景

图 4-3 落地式脚手架基础做法

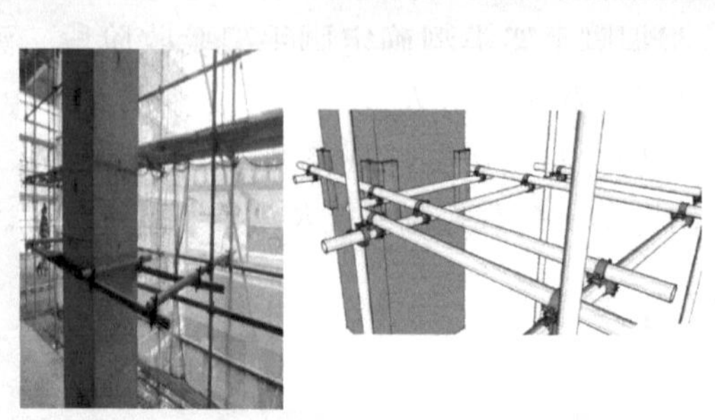

图 4-4 脚手架连墙件（与柱抱拉做法）

图 4-5　脚手架连墙件（预埋短钢管做法）

图 4-6　悬挑脚手架远景

图 4-7　悬挑脚手架（采用三角架支撑）

图 4-8　悬挑式脚手架（悬挑脚手架锚固在结构侧面）

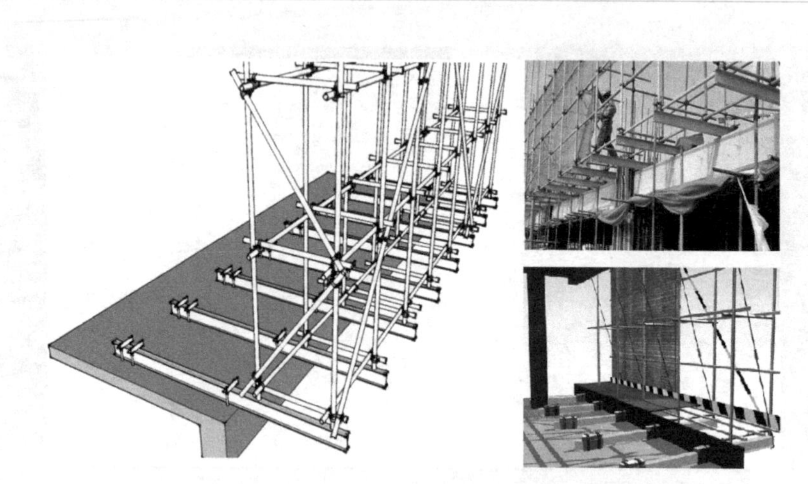

图 4-9　悬挑式脚手架（悬挑型钢锚固在楼层内）

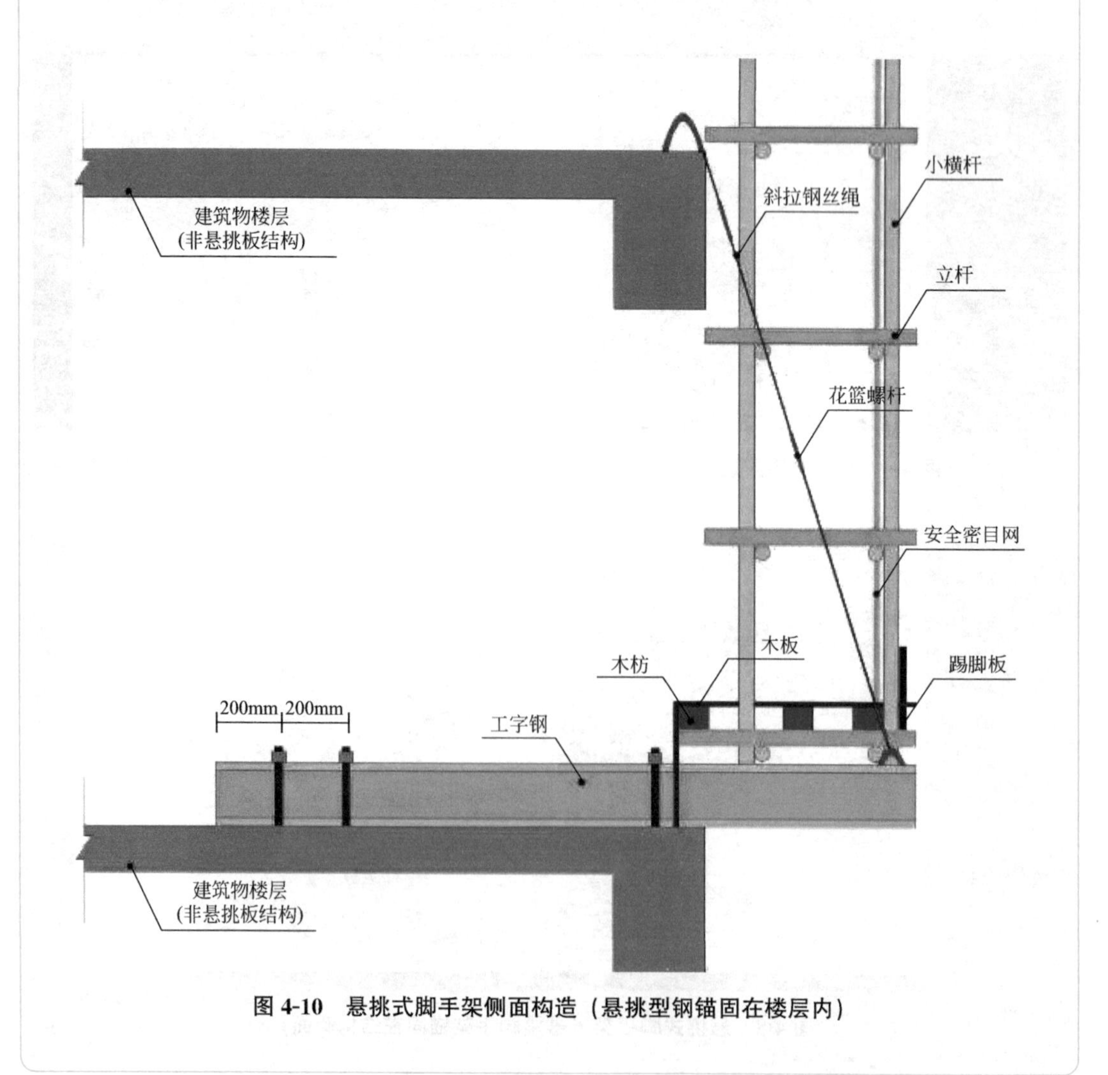

图 4-10　悬挑式脚手架侧面构造（悬挑型钢锚固在楼层内）

图 4-11　盘扣式脚手架及盘扣结点构造

2. 脚手架工程常用标准规范资源

(1)《混凝土结构工程施工规范》GB 50666—2011;

(2)《建筑施工安全技术统一规范》GB 50870—2013;

(3)《建筑施工脚手架安全技术统一标准》GB 51210—2016;

(4)《建筑施工扣件式钢管脚手架安全技术规范》JGJ 130—2011;

(5)《建筑施工扣件式钢管模板支架技术规程》DB33/T 1035—2018;

(6)《建筑施工模板安全技术规范》JGJ 162—2008;

(7)《建筑施工碗扣式钢管脚手架安全技术规范》JGJ 166—2016;

(8)《建筑施工承插型盘扣式钢管脚手架安全技术标准》JGJ/T 231—2021;

(9)《施工脚手架通用规范》GB 55023—2022。

注：知识链接中的资源获取方式与课件获取方式一致。

4.4 JGJ/T231—2021建筑施工承插型盘扣式钢管脚手架安全技术标准

4.5 GB 55023—2022施工脚手架通用规范

4.3 脚手架工程施工方案编制任务书

<table>
<tr><td>任务名称</td><td colspan="6">脚手架工程施工方案编制</td></tr>
<tr><td>编制对象</td><td colspan="6">×××工程×号楼脚手架
（该项由教师根据具体图纸指定）</td></tr>
<tr><td rowspan="2">基本参数</td><td>建筑层数/高度</td><td>结构类型</td><td>外墙装饰类型</td><td>脚手架搭设高度</td><td>脚手架结构类型</td><td>脚手架搭设类型</td></tr>
<tr><td></td><td></td><td></td><td></td><td></td><td></td></tr>
</table>

续表

<table>
<tr><td>第__组</td><td colspan="2">组长</td><td colspan="2"></td><td>组员</td><td></td></tr>
<tr><td>任务流程</td><td colspan="6">1. 熟悉图纸；
2. 任务分工(结合脚手架工程施工方案编制流程指引)；
3. 收集资料(包括规范、施工工艺等)；
4. 知识链接学习、参考方案学习；
5. 编制工具及相关软件准备；
6. 初稿编制；
7. 方案整合、研讨、修改、完善；
8. 方案定稿、排版；
9. 汇报交流</td></tr>
<tr><td rowspan="2">任务完成时间</td><td colspan="6">计划时间</td></tr>
<tr><td colspan="6">完成时间</td></tr>
<tr><td rowspan="2">成果提交情况</td><td>章节文字</td><td>进度计划</td><td>计算书</td><td>施工图</td><td>排版</td><td>PPT</td></tr>
<tr><td></td><td></td><td></td><td></td><td></td><td></td></tr>
<tr><td>整体评价</td><td>综合得分</td><td></td><td>指导老师评语</td><td colspan="3"></td></tr>
</table>

4.4 脚手架工程施工方案编制流程指引

<table>
<tr><td colspan="4">班级：__________ 组别：第_____组 组长：_____
组员：(共__人)</td></tr>
<tr><td>章节序号</td><td>任务
(章节名称)</td><td>要点指导</td><td>责任人分配</td></tr>
<tr><td>第 1 章</td><td>工程概况</td><td>1. 着重介绍与脚手架工程相关的概况，如建筑物结构类型、层高、总高、搭设区域及面积等，可查阅对应的设计说明、建筑平面图、立面图、剖面图等。
2. 应明确脚手架类型。
3. 落地架的地基基础可按碎石土回填考虑，自定义表面是否硬化。
4. 脚手架工程施工工期由教师根据任务规模指定。
5. 风险辨识主要是指通过参数的计算分析，判断编制对象是否属于超过一定规模的危险性较大脚手架工程(可借助软件判定)。
6. 参建责任主体单位名称可自拟</td><td></td></tr>
</table>

续表

章节序号	任务（章节名称）	要点指导	责任人分配
第 2 章	编制依据	根据本工程实际情况，有针对性地列出相关法规、规范、规程及标准，要注意相关文件的时效，不得采用过期、作废的文件或条款。与本工程不相关或关联性不大的文件可不列出	
第 3 章	施工计划	1. 工期由指导教师指定，在编制进度计划时，施工过程可按脚手架搭设及拆除的工艺、工序进行划分。进度计划采用 project 或 cad 进行绘制。 2. 采用表格的形式列举脚手架工程施工主要材料的需求计划。 3. 与脚手架工程施工直接相关的材料一般包括钢管、连接件、脚手板、安全网，以及悬挑脚手架的悬挑型钢等。 4. 脚手架工程的劳动力一般是架子工，可结合进度计划表，以劳动力动态曲线的形式表达	
第 4 章	施工工艺技术	1. 可在教师指导下确定脚手架选型及构配件规格，荷载参数根据行业规范及地方规范要求选用，构造参数可先按常规参数输入软件后试算，调整至符合要求为止。 2. 施工方案应包括脚手架搭设及拆除的相关内容。 3. 应明确脚手架在使用过程中的检查、验收及安全管控措施	
第 5 章	施工保证措施	1. 结合框架图的形式说明安全组织机构、保证体系及岗位职责等。 2. 安全、质量、文明施工、环境保护、季节性施工等保证措施要有针对性，简明扼要。 3. 若为常规脚手架工程，可不专门编制监测方案	
第 6 章	施工管理及作业人员配备和分工	1. 确定脚手架工程配置的管理人员、技术人员、专职安全人员、特种作业人员名单及岗位职责，人员名单可以使用班级同学姓名。 2. 脚手架工程涉及的特种工主要为建筑架子工，要注意每一名架子工均应持证上岗	
第 7 章	验收要求	该部分内容可与第 5 章合并进行编制	
第 8 章	应急处置措施	1. 应急领导小组名单可使用班级同学姓名，要明确每个人的姓名、联系方式及职责、分工。 2. 应急事件包括架体沉降或变形过大、架体倒塌、作业人员触电、机械伤害、高处坠落、中暑等隐患或事故	
第 9 章	计算书及相关施工图	1. 脚手架工程的计算采用软件完成。 2. 计算书中的参数表可复制至第 4 章，作为脚手架搭设参数的一览表或交底清单，方便检查和使用。 3. 脚手架工程的施工图可以利用相应的建筑平面图及建筑剖面图为底图，结合第 4 章相关内容进行绘制，其中脚手架的平面图、剖面图能够清晰表达出立杆、水平杆、竖向斜撑（剪刀撑）的布置及相关参数，节点图能够清晰表达脚手架细部构造及相关参数。施工图要求重点突出，图面线条有层次，布局合理美观	
方案文档排版			
汇报环节	PPT 制作	PPT 文字大小适中，排版布局合理、美观有特色；图文并茂，能够较全面地阐述成果内容并体现组内分工合作探讨的过程	
	汇报	1. 仪表仪态大方、得体，有汇报礼仪。 2. 汇报语言流利、条理清晰	
	答辩	组内人员随机提问	

4.5 脚手架工程施工方案案例

1. 脚手架工程施工方案（悬挑脚手架）（见附录 2）
2. 脚手架工程施工方案（落地+悬挑脚手架）

单元总结

本单元根据住房和城乡建设部 2018 年 31 号文《危险性较大的分部分项工程安全管理规定》，明确了脚手架工程中“危险性较大”及“超过一定规模的危险性较大”的分类界定条件，结合住房和城乡建设部办公厅印发的《危险性较大的分部分项工程施工方案编制指南》，阐述了脚手架工程施工方案的编制内容和具体要求，以“脚手架工程施工方案编制流程指引”的方式指导学生分组合作完成脚手架工程施工方案的编制。

思考及练习

1. 单选题

（1）搭设高度（　　）m 及以上的落地式钢管脚手架工程可被认定为超过一定规模的危险性较大的分部分项工程。

A. 20　　B. 24　　C. 100　　D. 50

（2）分段架体搭设高度（　　）m 及以上的悬挑式脚手架工程可被认定为超过一定规模的危险性较大的分部分项工程。

A. 8　　B. 10　　C. 24　　D. 20

（3）扣件式钢管脚手架钢管宜选用规格为（　　）。

A. 48mm×3.0mm　　B. 48mm×3.5mm

C. 48.3mm×3.6mm　　D. 48.3mm×3.0mm

（4）当采用竹笆片做脚手板时，操作层大横杆与小横杆的关系为（　　）。

A. 大横杆在上，小横杆在下　　B. 小横杆在上，大横杆在下

C. 都可以　　D. 所有大横杆与立杆均不扣接

（5）对于常规钢管扣件式脚手架工程，其立杆步距常用参数为（　　）m。

A. 1.0　　B. 2.5　　C. 1.3　　D. 1.8

2. 多选题

（1）在脚手架工程中，以下说法正确的是（　　）。

A. 扣件拧紧力矩达到 60N·m 时不应破坏

B. 可调托撑受压承载力设计值不小于 40kN

C. 悬挑脚手架一次悬挑高度不宜超过 24m

D. 悬挑脚手架的悬挑型钢宜采用双轴对称截面

E. 扫地杆均应直接扣接在立杆上

（2）关于脚手架作业层栏杆和挡脚板说法错误的是（　　）。

A. 栏杆和挡脚板应设置在内立杆内侧

B. 上栏杆上皮高度应为 1.0m

C. 挡脚板高度不小于 180mm

D. 中栏杆居中设置

E. 挡脚板高度不小于 120mm

（3）下列关于连墙件的说法错误的是（　　）。

A. 连墙件可以采用钢筋代替

B. 连墙件偏离主节点距离不应大于 300mm

C. 连墙件应从底层第一步纵向水平杆处开始设置

D. 连墙件可以采用菱形或矩形方式布置

E. 连墙件为受拉构件

（4）下列关于扣件式钢管脚手架剪刀撑的说法错误的是（　　）。

A. 高度 24m 及以上的双排脚手架应在外侧全立面连续设置

B. 高度 24m 以下的双排脚手架仅需在外侧两端及转角处设置剪刀撑

C. 剪刀撑固定点距离主节点距离不大于 150mm

D. 剪刀撑与地面倾角为 45°～60°

E. 剪刀撑可以提高操作层水平杆的抗弯承载力

（5）以下关于悬挑扣件式钢管脚手架说法错误的是（　　）。

A. 架体的立杆、水平杆、连墙件的构造要求与落地架相同

B. 架体外侧整个立面均需连续设置的剪刀撑

C. 钢丝绳不参与受力计算

D. 悬挑型钢固定段长度不应小于悬挑段长度的 1.25 倍

E. 架体立杆纵向间距必须与悬挑型钢布置间距相同

教学单元5

模板工程施工方案编制

1. 知识目标

（1）了解不同类型的模板工程及其适用范围。

（2）理解模板工程承受的荷载类型及传力途径。

（3）理解超过一定规模的危险性较大模板工程的判定方法。

（4）掌握梁、板、柱、墙现浇构件支撑体系的基本构造（木模）。

（5）掌握模板工程搭设、拆除的施工工艺及检查、验收、使用要求。

2. 能力目标

（1）具备主动查阅、学习相关规范，解决简单模板工程技术问题的能力。

（2）具备编制常规模板工程施工方案的能力。

（3）具备施工现场常规模板工程验收及安全管控的能力。

3. 素质目标

（1）始终坚持以相关法规、规范、标准为引领，树立“科学管理、规范施工”的意识。

（2）树立强烈的安全意识、责任意识。

（3）培养“精益求精”的工匠精神。

（4）培养“隐患即事故”的安全发展观。

5.1
教学单元5
思维导图

5.2
模板工程
施工方案
编制

引文

本单元模板工程（也指模板支撑体系）是指与现浇混凝土构件直接接触的木模面板、方木及其支撑杆件、连接件、固定件的统称。

模板工程在搭设、拆除及使用过程中因设计不合理、操作不当或超载使用等原因，均可能引起失稳甚至整体倒塌，造成人员伤亡并产生巨大经济损失。模板工程的设计应准确、合理，支撑体系的搭设、使用和拆除必须严格按照施工方案执行（图 5-1）。

图 5-1　模板工程示意图

5.1 模板工程施工方案编制范围界定

5.1.1 危险性较大的模板工程

1. 各类工具式模板工程：包括滑模、爬模、飞模、隧道模等工程。

2. 混凝土模板支撑工程：搭设高度 5m 及以上，或搭设跨度 10m 及以上，或施工总荷载（荷载效应基本组合的设计值，以下简称设计值）10kN/m^2 及以上，或集中线荷载（设计值）15kN/m 及以上，或高度大于支撑水平投影宽度且相对独立无联系构件的混凝土模板支撑工程。

3. 承重支撑体系：用于钢结构安装等满堂支撑体系。

5.1.2 超过一定规模的危险性较大的模板工程

1. 各类工具式模板工程：包括滑模、爬模、飞模、隧道模等工程。

2. 混凝土模板支撑工程：搭设高度 8m 及以上，或搭设跨度 18m 及以上，或施工总荷载（设计值）15kN/m^2 及以上，或集中线荷载（设计值）20kN/m 及以上。

3. 承重支撑体系：用于钢结构安装等满堂支撑体系，承受单点集中荷载 7kN 及以上。

5.2 模板工程施工方案编制指南

5.2.1 工程概况

1. 模板工程概况和特点：本工程及模板工程概况，具体明确模板工程的区域及梁板结构概况，模板工程的地基基础情况等。

2. 施工平面及立面布置：本工程施工总体平面布置情况、支撑体系区域的结构平面图及剖面图。

3. 施工要求：明确质量安全目标要求，工期要求（本工程开工日期、计划竣工日期），模板工程搭设日期及拆除日期。

4. 风险辨识与分级：风险辨识及模板工程安全风险分级。

5. 施工地的气候特征和季节性天气。

6. 参建各方责任主体单位。

5.2.2 编制依据

1. 法律依据：模板工程工程所依据的相关法律、法规、规范性文件、标准、规范等。

2. 项目文件：施工合同（施工承包模式）、勘察文件、施工图纸等。

3. 施工组织设计等。

5.2.3 施工计划

1. 施工进度计划：模板工程施工进度安排，具体到各分项工程的进度安排。

2. 材料与设备计划：模板工程选用的材料和设备进出场明细表。

3. 劳动力计划。

5.2.4　施工工艺技术

1. 技术参数：模板工程的所用材料选型、规格及品质要求，模架体系设计、构造措施等技术参数。

2. 工艺流程：支撑体系搭设、使用及拆除工艺流程支架预压方案。

3. 施工方法及操作要求：模板工程搭设前施工准备、基础处理、模板工程搭设方法、构造措施（剪刀撑、周边拉结、后浇带支撑设计等）、模板支撑体系拆除方法等。

4. 支撑架使用要求：混凝土浇筑方式、顺序、模架使用安全要求等。

5. 检查要求：模板工程主要材料进场质量检查，模板支撑体系施工过程中对照施工方案有关检查内容等。

5.2.5　施工保证措施

1. 组织保障措施：安全组织机构、安全保证体系及相应人员安全职责等。

2. 技术措施：安全保证措施、质量技术保证措施、文明施工保证措施、环境保护措施、季节性施工保证措施等。

3. 监测监控措施：监测点的设置、监测仪器设备和人员的配备、监测方式方法、信息反馈、预警值计算等。

5.2.6　施工管理及作业人员配备和分工

1. 施工管理人员：管理人员名单及岗位职责（如项目负责人、项目技术负责人、施工员、质量员、各班组长等）。

2. 专职安全人员：专职安全生产管理人员名单及岗位职责。

3. 特种作业人员：模板支撑体系搭设持证人员名单及岗位职责。

4. 其他作业人员：其他人员名单及岗位职责。

5.2.7　验收要求

1. 验收标准：根据施工工艺明确相关验收标准及验收条件。

2. 验收程序及人员：依据具体验收程序，确定验收人员组成（建设、设计、施工、监理、监测等单位相关负责人）。

3. 验收内容：材料构配件及质量、搭设场地及支撑结构的稳定性、阶段搭设质量、支撑体系的构造措施等。

5.2.8　应急处置措施

1. 应急处置领导小组组成与职责、应急救援小组组成与职责，包括抢险、安保、后勤、医救、善后、应急救援工作流程、联系方式等。

2. 应急事件（重大隐患和事故）及其应急措施。

3. 救援医院信息（名称、电话、救援线路）。

4. 应急物资准备。

5.2.9 计算书及相关图纸

（1）计算书：梁、板、墙、柱等构件支撑架构配件的力学特性及几何参数，荷载组合包括永久荷载、施工荷载、风荷载，模板支撑体系的强度、刚度及稳定性的计算，支撑体系基础承载力、变形计算等。

（2）相关图纸：支撑体系平面布置、立（剖）面图（含剪刀撑布置），梁模板支撑节点详图与结构拉结节点图，支撑体系监测平面布置图等。

模板工程各类支撑体系及相关构造

5.3
知识链接
数字资源

图 5-2 板底模板支撑（钢管扣件式支撑体系）

图 5-3 梁模板支撑体系

图 5-4 满堂架与柱模板支撑拉结扣件式支撑体系

图 5-5　盘扣式支撑体系

图 5-6　墙体模板支撑体系（方木次楞、双钢管主楞）

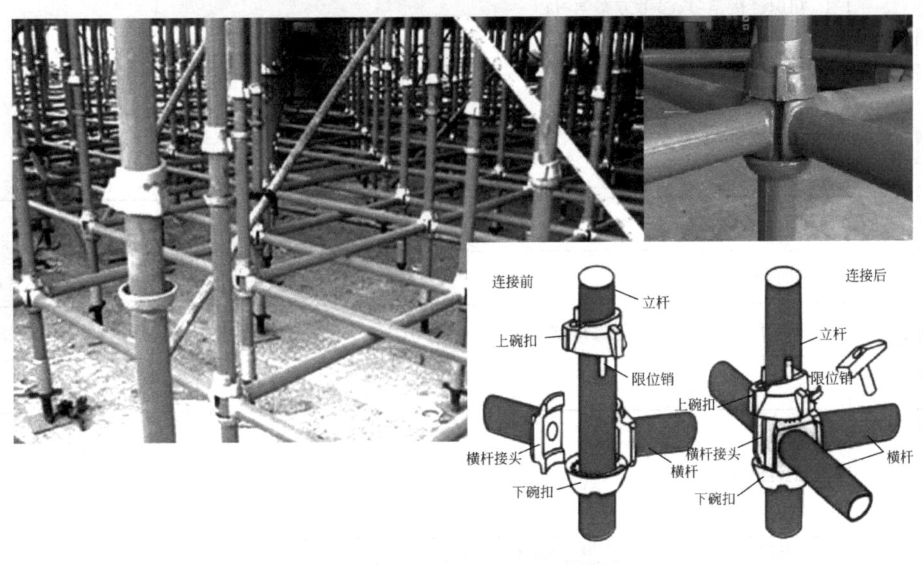

图 5-7　碗扣式支撑体系

5.3 模板工程施工方案编制任务书

<table>
<tr><td>任务名称</td><td colspan="6">模板工程施工方案编制</td></tr>
<tr><td>编制对象</td><td colspan="6">×××工程×号楼×层(×轴～×轴间)梁板、墙(柱)模板支撑
(该项由教师根据具体图纸指定)</td></tr>
<tr><td rowspan="10">基本参数</td><td>构件类型</td><td>构件最大截面尺寸(mm)</td><td>支撑高度(m)</td><td colspan="3">支架类型选型</td></tr>
<tr><td>梁□</td><td>梁：</td><td>梁底：</td><td colspan="2" rowspan="4">钢管扣件□</td><td rowspan="4">承插型盘扣式□</td></tr>
<tr><td>板□</td><td>板：</td><td>板底：</td></tr>
<tr><td>柱□</td><td>柱：</td><td>柱：</td></tr>
<tr><td>墙□</td><td>墙：</td><td>墙：</td></tr>
<tr><td>模板类型及参数(mm)</td><td>方木尺寸参数(mm)</td><td>地面粗糙度</td><td colspan="2">梁侧次楞布置方式</td><td>立柱共用关系</td></tr>
<tr><td>木模板□</td><td>截面宽：</td><td>□A类</td><td colspan="2">□水平布置</td><td>□梁板共用</td></tr>
<tr><td>胶合板□</td><td>截面高：</td><td>□B类</td><td colspan="2">□垂直布置</td><td>□梁板不共用</td></tr>
<tr><td>模板厚度：</td><td>弹性模量：</td><td>□C类</td><td colspan="2"></td><td></td></tr>
<tr><td>弹性模量：</td><td></td><td>□D类</td><td colspan="2"></td><td></td></tr>
<tr><td>第__组</td><td>组长</td><td></td><td>组员</td><td colspan="3"></td></tr>
<tr><td>任务流程</td><td colspan="6">1. 熟悉图纸；
2. 任务分工(结合模板工程施工方案编制流程指引)；
3. 收集资料(包括规范、施工工艺等)；
4. 知识链接学习、参考方案学习；
5. 编制工具及相关软件准备；
6. 初稿编制；
7. 方案整合、研讨、修改、完善；
8. 方案定稿、排版；
9. 汇报交流</td></tr>
<tr><td rowspan="2">任务完成时间</td><td colspan="6">计划时间</td></tr>
<tr><td colspan="6">完成时间</td></tr>
<tr><td rowspan="2">成果提交情况</td><td>章节文字</td><td>进度计划</td><td>计算书</td><td>施工图</td><td>排版</td><td>PPT</td></tr>
<tr><td></td><td></td><td></td><td></td><td></td><td></td></tr>
<tr><td>整体评价</td><td>综合得分</td><td></td><td>指导老师评语</td><td colspan="3"></td></tr>
</table>

5.4 模板工程施工方案编制流程指引

班级：______________　组别：第______组　组长：______

组员：(共__人)

章节序号	任务(章节名称)	要点指导	责任人分配
第 1 章	工程概况	1. 着重介绍与模板工程相关的概况，如支撑区域所在层的层高、总高以及支撑对象的几何参数等，可查阅对应的设计说明、建筑剖面图及结构平面图等。 2. 应明确模板工程的类型。 3. 首层模板支架的地基基础可按碎石土回填考虑。 4. 模板工程施工工期由教师根据任务规模指定。 5. 风险辨识主要是指通过参数的计算分析，判断编制对象是否属于超过一定规模的危险性较大模板工程。可借助软件判定。 6. 参建责任主体单位名称可自拟	
第 2 章	编制依据	根据本工程实际情况，有针对性地列出相关法规、规范、规程及标准、施工图等，要注意相关文件的时效，不得采用过期、作废的文件或条款。与本工程不相关或关联性不大的文件可不列出	
第 3 章	施工计划	1. 工期由指导教师指定，由于模板工程就是一个分项工程，故在编制进度计划时，施工过程可按模板工程搭设及拆除的工艺、工序进行划分。进度计划采用 project 或 CAD 进行绘制。 2. 采用表格的形式列举模板工程施工主要材料的需求计划。 3. 与模板工程施工直接相关的材料一般包括模板面板、方木、钢管、连接件、对拉螺栓等加固件。 4. 模板工程的劳动力一般是木工和架子工，可结合进度计划表，以劳动力动态曲线的形式表达	
第 4 章	施工工艺技术	1. 可在教师指导下确定材料选型及规格，荷载参数根据行业规范及地方规范(如《建筑施工扣件式钢管模板支架技术规程》DB 33/T 1035—2018)要求选用，构造参数可先按照常规参数输入软件后试算，调整至符合要求为止。 2. 确定模板支撑架搭设的技术参数(如搭设高度、立杆步距、纵距、横距、木方间距等)。 3. 确定支撑架施工工艺流程。 4. 施工方案应包括模板工程搭设及拆除的相关内容。 5. 很多模板支撑倒塌事故都是发生在混凝土浇筑阶段，故方案中应制定合理的混凝土浇筑措施，明确浇筑顺序及相关要求。 6. 应明确模板体系在使用过程中的检查、验收及安全管控措施	

续表

章节序号	任务（章节名称）	要点指导	责任人分配
第 5 章	施工保证措施	1. 结合框架图的形式说明安全组织机构、保证体系及岗位职责等。 2. 安全、质量、文明施工、环境保护、季节性施工等保证措施要有针对性，简明扼要。 3. 若为常规模板支撑体系，可不专门编制监测方案	
第 6 章	施工管理及作业人员配备和分工	1. 确定模板工程配置的管理人员、技术人员、专职安全人员、特种作业人员名单及岗位职责，人员名单可以使用班级同学姓名。 2. 模板工程涉及特种工主要为建筑架子工，要注意每一名架子工均应持证上岗	
第 7 章	验收要求	该部分内容可与第 4 章合并进行编制	
第 8 章	应急处置措施	1. 应急领导小组名单可使用班级同学姓名，要明确每个人的姓名、联系方式及职责、分工。 2. 应急事件包括架体沉降或变形过大、架体倒塌、作业人员触电、机械伤害、高处坠落、中暑等隐患或事故	
第 9 章	计算书及相关施工图	1. 模板工程的计算采用软件完成。 2. 计算书中的参数表可复制至第 4 章，作为模板支架搭设参数的一览表或交底清单，方便检查和使用。 3. 模板工程的施工图可以利用相应的结构平面图及建筑剖面图为底图，结合第 4 章相关内容进行绘制，其中平面图、剖面图能够清晰表达出立杆、水平杆、水平斜撑、竖向斜撑(剪刀撑)的布置及相关参数，节点图能够清晰表达模板及支撑的细部构造及相关参数。施工图要求重点突出，图面线条有层次，布局合理美观	
方案文档排版			
汇报环节	PPT 制作	PPT 文字大小适中，排版布局合理、美观有特色；图文并茂，能够较全面地阐述成果内容并体现组内分工合作探讨的过程	
	汇报	1. 仪表仪态大方、得体，有汇报礼仪。 2. 汇报语言流利、条理清晰	
	答辩	组内人员随机提问	

5.5 模板工程施工方案案例

5.4 施工方案-模板工程（盘扣式，超高支模）

5.5 方案施工图-模板工程（盘扣式，超高支模）

1. 模板工程施工方案（钢管扣件式，超高支模架）（见附录 3）
2. 模板工程施工方案（盘扣式，超高支模）

单元总结

本单元阐述了模板工程施工方案的编制内容和具体要求，以“模板工程施工方案编制流程指引”的方式指导学生分组合作完成模板工程施工方案的编制。

思考及练习

1. 单选题

(1) 混凝土模板支撑工程，搭设跨度（　　）m 及以上可被认定为超过一定规模的危险性较大的分部分项工程。

A. 8　　B. 10　　C. 15　　D. 18

(2) 混凝土模板支撑工程，施工总荷载（设计值）（　　）kN/m^2 及以上可被认定为超过一定规模的危险性较大的分部分项工程。

A. 8　　B. 10　　C. 15　　D. 18

(3) 超过一定规模危险性较大的模板支撑体系，其立杆间距不应大于（　　）m。

A. 1.0　　B. 0.8　　C. 0.9　　D. 1.2

(4) 对于常规模板工程，其立杆间距常用参数为（　　）m。

A. 1.0　　B. 2.0　　C. 1.5　　D. 1.8

(5) 对于常规模板工程，其立杆步距常用参数为（　　）m。

A. 1.0　　B. 2.5　　C. 1.3　　D. 1.8

2. 多选题

(1) 在模板工程中，以下不参与受力计算的构件为（　　）。

A. 立杆　　B. 梁下小横杆　　C. 扣件　　D. 水平剪刀撑

E. 竖向剪刀撑

(2) 以下类型的模板工程中，立杆可简化为轴心受压的是（　　）。

A. 钢管扣件式　　B. 盘扣式　　C. 轮扣式　　D. 碗扣式

E. 门式架

(3) 扣件外观出现（　　）情况的，严禁使用。

A. 裂缝　　B. 变形　　C. 螺栓滑丝　　D. 掉漆

E. 有锈迹

(4) 在模板工程计算中，以下属于永久荷载的是（　　）。

A. 支架自重　　B. 施工人员自重　　C. 混凝土自重　　D. 钢筋自重

E. 混凝土振捣器自重

(5) 在模板工程中，直接或间接承受竖向荷载的构件有（　　）。

A. 立杆　　B. 板底水平杆　　C. 梁底小横杆　　D. 扫地杆

E. 扣件

3. 思考题

模板支架主要承受哪些荷载？在模板支架使用期限内，哪些属于永久荷载？哪些属于可变荷载？

教学单元6

钢筋工程施工方案编制

教学目标

1. 知识目标

（1）了解工程中钢筋的种类及进场验收等知识。

（2）理解钢筋保护层的定义及现场技术措施。

（3）掌握钢筋的加工、连接及安装方法。

（4）掌握钢筋混凝土平法识图及相关知识。

（5）掌握钢筋工程检查、验收相关要求。

2. 能力目标

（1）具备能主动查阅、学习相关规范，解决一般工程钢筋技术问题的能力。

（2）具备编制一般工程钢筋施工方案的能力。

（3）具备施工现场钢筋工程验收及质量管控的能力。

3. 素质目标

（1）始终坚持以相关法规、规范、标准为引领，树立“科学管理、规范施工”的意识。

（2）树立抗震设防意识、质量意识、结构意识。

（3）培养“坚守质量底线、建设质量强国”的理念。

引文

在目前房屋建筑中，大多为钢筋混凝土结构，其构件有基础、梁、板、柱、剪力墙等，由这些构件组成房屋骨架，形成框架结构或剪力墙结构，承载房屋所有的荷载，需要具备足够的强度、刚度和稳定性，所以组成这些构件的钢筋和混凝土材料性能和质量就尤为重要。钢筋作为主要受力材料堪称骨架中的骨架，其原材料的质量重要性不言而喻，其连接及安装方法正确才能让结构正确受力，发挥应有的作用。钢筋连接示意图如图 6-1 所示。因此，钢筋工程方案编制应在正确识读图纸的基础上，借助平法图集，实现精准施工，高标准验收才能为优质结构打下良好基础。

图 6-1　钢筋连接示意图

6.1 钢筋工程施工方案编制范围界定

本钢筋工程界定为一般钢筋混凝土工程用钢，即热轧光圆钢筋和热轧带肋钢筋，不包含预应力工程中的预应力钢筋等张拉用钢。

另外，随着建筑发展，国家对抗震设防标准的提高，将会在工程项目的结构设计中有所体现，实际施工中应注意抗震钢筋的选用和施工验收标准的区别。

6.2 钢筋工程施工方案编制指南

6.2.1 工程概况

1. 设计概况：内容包括地上和地下建筑面积、层数层高、结构形式、结构断面尺寸、混凝土强度等级等。

2. 钢筋工程概况：抗震设防及抗震等级，主要部位的钢筋型号（列表），焊条规格等。

6.2.2 编制依据

1. 法律依据：钢筋工程所依据的相关法律、法规、规范性文件、标准、规范等。

2. 项目文件：施工图纸、施工组织设计等。

6.2.3 施工计划

1. 施工进度计划：钢筋工程的施工进度安排，具体到各分项工程的进度安排。

2. 材料与设备计划等：机械设备配置，主要材料及周转材料需求计划，主要材料投入计划、力学性能要求及取样复试详细要求以及试验计划。

3. 劳动力计划。

6.2.4 施工准备

1. 技术准备：审查图纸、钢筋下料、施工现场钢筋堆场及加工场地规划等。

2. 机具准备：包括切断机、调直机、弯曲机、切割机、电焊机、套丝机等。

3. 材料准备：选定的主要钢筋生产商及供应商名录，所需钢筋的型号、规格及数量，钢筋原材外观质量要求，进场重量偏差检验要求，力学性能试验要求，化学成分要求，钢筋进场的其他要求，机械连接套筒准备等。

6.2.5 施工工艺技术

1. 技术参数：钢筋锚固、搭接长度、钢筋放样等工艺技术参数。

2. 工艺流程：钢筋工程施工工艺流程，含调直、除锈、切断、弯曲、成型、连接、绑扎等流程。

3. 钢筋保护层厚度及控制措施。钢筋焊接、直螺纹连接等工艺要求。

4. 检查要求：钢筋工程所用的材料进场质量检查、抽检，钢筋施工过程中各工序检验内容及检验标准。

6.2.6　质量标准及保证措施

1. 质量验收标准：钢筋验收检验工具、原材检查与验收、绑扎检查与验收、钢筋工程安装允许偏差及检查方法。钢筋连接件的检测。

2. 质量保证措施：从制度、人员、流程等角度说明措施。

6.2.7　成品保护措施

1. 钢筋原材及半成品保护。

2. 钢筋完成绑扎后的成品保护。

3. 其他注意事项：如楼板钢筋上应支设直径 $\phi \geqslant 20$ 的钢筋凳，上铺 5cm 厚木脚手板通行或敷设泵管等。

6.2.8　安全保证措施

1. 钢筋机械的使用安全，钢筋加工机械作业的安全。

2. 钢筋运输的安全。钢筋焊接的安全。

3. 墙、柱、梁钢筋绑扎的安全。

4. 其他安全措施：如准备充足消防器材并按规定放置等。

6.2.9　绿色文明施工与环境保护措施

1. 绿色文明施工：如坚持谁施工，谁清理，做到工完场清等。

2. 环境保护措施：如现场在进行钢筋加工及成型时，要控制各种机械的噪声等。

6.2.10　季节性施工措施

1. 冬期施工：如钢筋上部须覆盖，防止积雪等。

2. 雨期施工：如对露天的钢筋采用塑料布加以覆盖，防止生锈等。

钢筋工程常用标准规范资源：

(1)《混凝土结构设计规范》GB 50010—2010；

(2)《混凝土结构工程施工质量验收规范》GB 50204—2015；

(3)《建筑工程施工质量验收统一标准》GB 50300—2013；

(4)《钢筋混凝土用钢 第1部分：热轧光圆钢筋》GB/T 1499.1—2017；
(5)《钢筋混凝土用钢 第2部分：热轧带肋钢筋》GB/T 1499.2—2018
(6)《钢筋焊接及验收规程》JGJ 18—2012
(7)《混凝土结构工程施工规范》GB 50666—2011
(8)《冷轧带肋钢筋混凝土结构技术规程》JGJ 95—2011
(9)《钢筋机械连接技术规程》JGJ 107—2016
(10)《钢筋焊接网混凝土结构技术规程》JGJ 114—2014
(11)《混凝土中钢筋检测技术规程》JGJ/T 152—2008
(12)《钢筋焊接接头试验方法标准》JGJ/T 27—2014
注：知识链接中资源索取方式与课件索取方式一致。

6.3 钢筋工程施工方案编制任务书

<table>
<tr><td>任务名称</td><td colspan="5">钢筋工程施工方案编制</td></tr>
<tr><td>编制对象</td><td colspan="5">×××工程（该项由教师根据具体图纸指定）</td></tr>
<tr><td rowspan="2">编制对象基本概况</td><td>抗震设防及抗震等级</td><td colspan="3">主要部位的钢筋型号（建议列表）</td><td>焊条规格等</td></tr>
<tr><td></td><td colspan="3"></td><td></td></tr>
<tr><td>第____组</td><td>组长</td><td></td><td>组员</td><td colspan="2"></td></tr>
<tr><td>任务流程</td><td colspan="5">1. 熟悉图纸；
2. 任务分工（结合6.4 钢筋工程方案编制流程指引）；
3. 收集资料（包括规范、施工工艺等）；
4. 知识链接学习、参考方案学习；
5. 编制工具及相关软件准备；
6. 初稿编制；
7. 方案整合、研讨、修改、完善；
8. 方案定稿、排版；
9. 汇报交流</td></tr>
<tr><td rowspan="2">任务完成时间</td><td colspan="5">计划时间</td></tr>
<tr><td colspan="5">完成时间</td></tr>
<tr><td rowspan="2">成果提交情况</td><td>章节文字</td><td>关键内容</td><td>计算书（非必须）</td><td>排版</td><td>PPT</td></tr>
<tr><td></td><td></td><td></td><td></td><td></td></tr>
<tr><td>整体评价</td><td>综合得分</td><td></td><td>指导老师评语</td><td colspan="2"></td></tr>
</table>

6.4 钢筋工程方案编制流程指引

班级：____________　组别：第_____组　组长：____________

组员：(共____人)____________________________________

章节序号	任务(章节名称)	要点指导	责任人分配
第 1 章	工程概况	1. 各参建单位名称可以自行取名。 2. 工程概况可以按本工程图纸的建筑设计说明编制。 3. 钢筋工程概况按本工程进行阐述。重点看：结构图纸说明中“钢筋”板块内容。 4. 说明：本工程即你所要编制方案的工程	
第 2 章	编制依据	按现行的规范或规程进行排查，不可有淘汰或过期的标准	
第 3 章	施工计划	1.“施工进度计划”可以根据图纸要求，具体到各分项工程进度安排。 2.“材料与设备计划”的按图纸要求，数量根据工程规模大小估计。 3.“劳动力安排”根据工程规模大小估计	
第 4 章	施工准备	1.“技术准备”可以参考案例。 2.“机具准备”按工程实际选择。 3.“材料准备”按工程实际及图纸要求进行编制	
第 5 章	施工工艺技术	1.“技术参数”注意钢筋连接和锚固长度要求应与图纸的结构设计说明一致。 2.“工艺流程”按图纸要求及工程实际编制；注意关键部位钢筋绑扎的先后顺序(如上部结构主次梁、基坑钢筋混凝土支撑主次梁等)。 3.“保护层厚度及控制措施”按图纸要求进行编制。 4.“检查要求”根据工程实际及图纸要求进行编制	
第 6 章	质量保证措施及质量要求	1.“质量控制及要求”按现行规范验收和复试要求进行。 2. 其他可以参考方案案例	
第 7 章	成品保护措施	该部分内容可以参考方案案例，也可以进一步细化和补充	
第 8 章	安全保证措施		
第 9 章	季节性施工措施		
方案文档排版			
汇报环节	PPT 制作	1. PPT 设计优美、有特色，图文并茂，文字清爽大方；内容丰富齐全。 2. 有同学合作探讨的过程体现	
	汇报	汇报要求： 1. 仪表仪态大方，有汇报礼仪。 2. 汇报语言流利、条理清楚	
	答辩	组内人员随机提问	

6.5 钢筋工程施工方案案例

1. 钢筋工程施工方案一（有钢筋支架计算书）（见附录 4）
2. 钢筋工程施工方案二

单元总结

本单元的钢筋工程对于一般工程来说，管理主要集中于质量控制，要求在运用平法图集及现场施工时有精益求精的思维，将优质工程管理落到实处，但在大体积混凝土中，钢筋工程存在钢筋支架（或称立柱）等危险性较大分部分项工程隐患。因此，一般在大体积混凝土中，其钢筋工程需要进行安全计算，建议借助品茗按安全计算软件复核，确保钢筋工程安全施工。本单元“钢筋工程方案编制流程指引”的方式指导学生分组合作完成钢筋工程施工方案的编制。

思考及练习

1. 单选题

(1) 量度差值是指（　　）。

A. 外包尺寸与内包尺寸间差值　　B. 外包尺寸与轴线间差值
C. 轴线与内包尺寸间差值　　D. 下料长度与轴线间差值

(2) 现浇钢筋混凝土框架柱的纵向钢筋的焊接应采用（　　）。

A. 闪光对焊　　B. 坡口立焊　　C. 电弧焊　　D. 电渣压力焊

2. 多选题

钢筋工程中常见的三种钢筋连接方式有（　　）。

A. 绑扎连接　　B. 焊接连接　　C. 机械连接　　D. 锚固连接
E. 螺纹连接

3. 思考题

大体积混凝土工程中钢筋工程部分的技术要点有哪些？

教学单元7

Chapter 07

混凝土工程施工方案编制

1. 知识目标

（1）掌握混凝土的原材料特性及施工配比。

（2）掌握混凝土的和易性成型、强度及养护。

（3）掌握混凝土的质量检查与验收方法。

（4）掌握混凝土一般质量通病的处理方法。

2. 能力目标

（1）具备能主动查阅、学习相关规范，解决一般工程混凝土施工问题的能力。

（2）具备编制一般工程混凝土施工方案的能力。

（3）具备施工现场混凝土工程质量管控及质量通病处理的能力。

3. 素质目标

（1）建立“绿色建筑”概念：在建筑的全寿命周期内，最大限度地节约资源，包括节能、节地、节水、节材等，保护环境和减少污染，为人们提供健康、舒适和高效的使用空间，与自然和谐共生的建筑物。

（2）树立绿色发展、资源节约意识。

（3）培养“敬业、精益、专注、创新”的工匠精神。

混凝土，是指由胶凝材料将集料胶结成整体的工程复合材料的统称。通常讲的混凝土一词是指用水泥作胶凝材料，砂、石作集料；与水（加或不加外加剂和掺合料）按一定比例配合，经搅拌、成型、养护而得的水泥混凝土，也称普通混凝土。在钢筋混凝土结构的房屋建筑工程中，混凝土起着抗压的作用，与钢筋共同形成房屋骨架，它成型后的强度对房屋的耐久性影响较大。因为胶凝材料的原因，施工时间短，对现场管理水平及技术工人的团队协作要求较高。混凝土工程施工现场如图 7-1 所示。

图 7-1 混凝土工程施工现场

7.1 混凝土工程施工方案编制范围界定

本单元所指的混凝土工程界定为一般的混凝土工程，非大体积混凝土或超高强度（C60 以上）或超高性能混凝土工程。若实际工程中有最小截面尺寸大于 1m 的结构构件（如基础底板），则需要根据《大体积混凝土施工标准》GB 50496—2018 规范另行编制大体积混凝土施工方案，其他非常规的混凝土也需要根据相应的行业标准、团体标准或者根据试验结果编制施工方案。

7.2 混凝土工程施工方案编制指南

7.2.1 工程概况

1. 设计概况：包括地上和地下建筑面积、基底面积、层数层高、结构形式、结构断面尺寸、混凝土强度等级等。

2. 施工重难点及对策：如同时施工面积大、一次浇筑混凝土方量大、交通繁忙、冬夏季施工如何保证混凝土施工质量等。

7.2.2 编制依据

1. 法律依据：混凝土工程所依据的相关法律、法规、规范性文件、标准、规范等。

2. 项目文件：施工图纸、施工组织设计等。

7.2.3 施工计划

1. 施工进度计划：混凝土工程的施工进度安排，具体到各分项工程的进度安排。

2. 混凝土供应方式：根据混凝土用量选择供应商、明确混凝土运输路线、要求供应商按要求提供同一配合比混凝土的出厂合格证等。

3. 对搅拌站技术交底相关内容：对水泥、砂石、外加剂、碱集料、配合比等要求。

4. 混凝土浇筑能力计算。

5. 劳动组织及职责分工。

7.2.4 施工准备

1. 技术准备：审查图纸、技术交底、设置标养室、明确试块留置要求等。

2. 机具准备：包括混凝土泵、布料机、小型空压机、振捣棒、铁抹子、手把灯、刮杆、水平尺、磨光机、汽车泵、地磅等。

3. 材料准备：选定所需混凝土和易性、缓凝时间、坍落度、强度、抗渗等级的要求。

4. 现场准备：满足混凝土浇筑作业条件、混凝土浇筑前的工作准备等。

7.2.5 主要施工方法及措施

1. 流水段的划分：基础施工阶段施工区域流水段划分、地下结构流水段划分、地上结构流水段划分等。

2. 混凝土运输：混凝土场外运输、混凝土场内运输、预拌混凝土运输车台数确定。

3. 混凝土输送：泵车位置与泵管布置、泵送工艺及措施、泵送施工注意事项、混凝土泵送施工现场平面布置图。

4. 混凝土浇筑：混凝土浇筑的一般要求、施工缝留设处理措施、基础底板混凝土浇筑措施、地下室剪力墙混凝土浇筑、柱混凝土的浇筑、梁板混凝土浇筑、楼梯混凝土浇筑、后浇带浇筑、振捣棒振捣应符合的规定。

5. 混凝土养护：地下室部位混凝土养护、墙柱部位混凝土养护、楼板混凝土养护等。

6. 混凝土强度及结构实体检验：如混凝土抗压强度、混凝土现浇板厚、钢筋保护层厚度等。

7. 混凝土拆模要求：保证表面棱角不受损坏、混凝土强度达到规范要求后方可拆除模板、混凝土拆模实行申请制度等。

7.2.6 季节性施工要求

1. 雨期施工要求：浇筑前掌握天气预报、如浇筑中遇到大雨时应立即停止浇筑并留设施工缝、浇筑中遇到小雨时及时振捣抹压和覆盖混凝土。

2. 冬期施工要求：选用适合的混凝土配合比、合理组织混凝土运输减少装卸次数、采用综合蓄热法进行养护。

3. 高温季节措施：选用适合的混凝土配合比、采取遮阳防晒的措施、混凝土运输措施、浇筑前对模板钢筋采取降温措施、浇筑后及时覆膜养护。

7.2.7 质量要求及管理措施

1. 混凝土结构工程质量达到规范和设计规定的要求。

2. 验收方法：由监理单位组织施工单位实施并见证实施过程，留设好混凝土试块，结构实体检验由具有相应资质的检测机构完成。

3. 质量保证措施：做好施工过程管控和拆模后的实体质量检查，混凝土浇筑后的养护。

4. 成品保护：浇筑前钢筋绑扎的成品保护、浇筑前模板铺设的成品保护、拆模前后混凝土的成品保护、后浇带部位成品保护等。

7.2.8 安全文明施工、环保措施

1. 安全文明施工保证措施：设置安全生产管理机构、严格要求持证上岗等。

2. 安全文明施工注意事项：泵送混凝土安全要求、墙柱梁板混凝土浇筑安全要求、塔式起重机使用安全措施、洞口安全防护措施等。

3. 环保措施：噪声的控制、水的循环利用、混凝土外加剂对环境的影响。

1. 技术交底内容及签字示例图片

2. 混凝土工程常用规范

(1)《混凝土结构设计规范》GB 50010—2010；

(2)《混凝土结构工程施工质量验收规范》GB 50204—2015；

(3)《建筑工程施工质量验收统一标准》GB 50300—2013；

(4)《混凝土结构工程施工规范》GB 50666—2011；

(5)《混凝土质量控制标准》GB 50164—2011；

(6)《混凝土泵送施工技术规程》JGJ/T 10—2011；

(7)《建筑工程冬期施工规程》JGJ 104—2011；

(8)《混凝土用水标准》JGJ 63—2006；

(9)《海砂混凝土应用技术规范》JGJ 206—2010；

7.3 混凝土工程施工方案编制任务书

任务名称	混凝土工程施工方案编制				
编制对象	×××工程(该项由教师根据具体图纸指定)				
编制对象 基本概况	工程设计基本概况，如结构类型、基础类型、层数、层高等		列表分别说明各楼栋、地上与地下结构与混凝土工程相关的设计参数，如各楼层中构件对应的混凝土强度等级等		混凝土工程 重难点
第____组	组长		组员		
任务流程	1. 熟悉图纸； 2. 任务分工(结合7.4　钢筋工程方案编制流程指引)； 3. 收集资料(包括规范、施工工艺等)； 4. 知识链接学习、参考方案学习； 5. 编制工具及相关软件准备； 6. 初稿编制； 7. 方案整合、研讨、修改、完善； 8. 方案定稿、排版； 9. 汇报交流				
任务完成 时间	计划时间				
	完成时间				
成果提交 情况	章节文字	重难点把控	计算书 (非必须)	排版	PPT
整体评价	综合得分		指导老师评语		

7.4 混凝土工程方案编制流程指引

班级:______________ 组别:第______组 组长:____________
组员:(共____人)____

章节序号	任务(章节名称)	要点指导	责任人分配
第1章	编制依据	按现行的规范或规程进行排查,不可有淘汰或过期的标准。	
第2章	工程概况	1. 各参建单位名称可以自行取名。 2. 工程概况可以按本工程图纸的建筑和结构设计说明编制。 3. 分项工程概况按本工程进行阐述。重点看结构图纸说明中"混凝土"板块内容。 4. 施工重难点:如商品混凝土供应商供应是否能跟上、交通是否拥堵、是否需经历冬夏季等	
第3章	施工安排	1. 施工部位及工期要求分地上地下及施工段来确定。 2. 对商品混凝土供应商的供应方式、对搅拌站的技术交底等相关内容可参考案例来写,混凝土浇筑能力计算方案中也可忽略。 3. 劳动组织及职责分工可参考案例方案写。 4."劳动力安排"根据工程规模大小估计	
第4章	施工准备	1."技术准备及施工机具"可以参考案例写,大型机械设备结合工期和混凝土方量来估算。 2."材料准备"根据气候、路途等要素选定所需混凝土和易性、缓凝时间、坍落度的要求。 3."现场准备"可以参考案例写	
第5章	主要施工方法及措施	1. 以"施工段划分—运输—输送—浇筑—养护—检验—拆模"顺序来写。 2. 施工段的划分一般参照本工程施工组织设计文件中明确的来写。 3. 地泵泵管固定的方法最好作图说明。 4. 施工缝、后浇带的处理务必要交代	
第6章	季节性施工要求	该部分可以参考方案案例	
第7章	质量要求与管理措施	本部分含成品保护按现行规范验收要求进行阐述。可以图文并茂的方式增加实测实量的内容,丰富方案	
第8章	安全文明施工、环保措施	该部分可以参考方案案例	

续表

章节序号	任务（章节名称）	要点指导	责任人分配
方案文档排版			
汇报环节	PPT制作	1. PPT设计优美、有特色，图文并茂，文字清爽大方；内容丰富齐全。 2. 有同学合作探讨的过程体现	
	汇报	汇报要求： 1. 仪表仪态大方，有汇报礼仪。 2. 汇报语言流利、条理清楚	
	答辩	组内人员随机提问	

7.5 混凝土工程施工方案案例

1. 混凝土工程施工方案一（见附录5）
2. 混凝土工程施工方案二（扫描二维码在线浏览）

单元总结

本单元的混凝土工程包含梁、板、剪力墙、柱、基础等结构构件，设计中会有后浇带、伸缩缝等要素，施工中会遇上因施工段划分形成的施工缝、不同支模拆模方法、振捣是否密实等对混凝土成型造成不同的影响，甚至于混凝土原材料、运输方式、养护方法是否妥当等施工环节也都影响着混凝土质量。炸模、流浆是混凝土施工过程会出现的问题，蜂窝、孔洞、麻面、露筋是混凝土工程质量通病，混凝土强度不足则是混凝土质量的硬伤，工程实际处理中要根据实际不足情况进行有针对性的处理。模板工程坍塌事故发生在混凝土浇筑期间，因为此时混凝土施工机械多、震动荷载比较大。

本单元的方案编制内容创新性不多，根据项目部技术策划进行落地执行，学生可以根据“混凝土工程方案编制流程指引”分组合作完成混凝土工程施工方案的编制。

思考及练习

1. 单选题

(1) 当室外日平均气温连续5d降到（　　）以下时，混凝土工程必须采取冬期施工技术措施。

A. 0℃　　B. −2℃　　C. 5℃　　D. 10℃

(2) 后浇带混凝土选用强度等级高于两侧混凝土（　　）等级的补偿收缩混凝土。

A. 一个　　B. 二个　　C. 同　　D. 三个

2. 多选题

会增加混凝土泵送阻力的因素是（　　）。

A. 水泥含量少　　B. 坍落度低　　C. 碎石粒径较大

D. 砂率低　　E. 粗骨料中卵石多

3. 思考题

规范为什么要对混凝土的拆模时间作要求?

Chapter 08

教学单元8

砌筑工程施工方案编制

1. 知识目标

(1) 了解常用砌体材料的要求及适用范围。

(2) 理解砖墙的组砌形式。

(3) 掌握砌筑施工工艺流程及操作要求。

(4) 掌握影响砌筑工程质量的因素与防治措施。

(5) 掌握安全文明施工、成品保护、季节施工等相关措施。

(6) 掌握砌筑工程检查、验收相关要求。

2. 能力目标

(1) 具备能主动查阅、学习相关规范，解决简单砌筑工程技术问题的能力。

(2) 具备编制砌筑工程施工专项方案的能力。

(3) 具备施工现场砌筑工程验收能力。

3. 素质目标

(1) 始终坚持以相关法规、规范、标准为引领，树立“科学管理、规范施工”的意识。

(2) 树立强烈的安全意识、责任意识。

(3) 培养“精益求精”的工匠精神。

砌筑工程又叫砌体工程，是指在建筑工程中使用砌砖、砌块、石材及轻质墙板等材料进行砌筑的工程，包括砌筑材料的要求，组砌形式、砌筑工艺，质量要求以及质量通病的防治措施。在建筑施工过程中，砌筑工程作为建筑当中十分重要的一个环节在高层建筑工程当中也占据着举重若轻的地位，优秀的砌筑工程对于整个建筑来说都是能够极大程度提升建筑的使用寿命和质量的关键步骤。做好砌筑工程相关工作，不仅可以使建筑的工程质量获得提升，同时也可以更好地保障广大人民群众的生命和财产安全，充分地发挥他们的主观能动性，以创造性思维来推动我国社会主义建设，砌筑工程的施工必须严格按照施工方案执行。

砌筑工程现场如图 8-1 所示。

图 8-1　砌筑工程现场

8.1 砌筑工程施工方案编制指南

8.1.1　工程概况

1. 工程建设简介：工程名称、建设单位、勘察单位、设计单位、监理单位、质量监督站、施工总承包单位、创优目标等。

2. 工程设计简介：建筑功能、建筑分区、建筑面积、建筑层数、建筑层高、建筑高度、建筑平面、建筑防火、建筑年限、结构抗震设计、结构形式等方面。

3. 砌筑结构设计情况：砌块、砂浆、砌筑墙身厚度、构造柱、抱框立柱、圈梁、过梁等内容。

4. 砌筑工程施工条件：包括气候条件（气象条件、工程地质条件及水文条件）、作业环境条件（地形条件、作业面条件、运输条件、周边环境要求条件）以及资源供应条件等。

8.1.2 编制依据

1. 法律依据：砌筑工程所依据的相关法律法规、有关规范、规程、图集、质量验收标准、主管部门文件等。

2. 项目文件：建设工程施工合同（施工承包模式）、施工图纸、图纸会审纪要、户型图及设计变更联系单、业主相关规定等。

3. 施工组织设计等。

8.1.3 施工部署

1. 砌筑工程施工目标：质量目标、进度目标、成本目标、职业健康安全管理目标、文明施工目标、环境目标。

2. 施工流水段的划分：根据工程设计特点按单位工程、楼层、变形缝、后浇带或膨胀带等进行施工区段的划分。

3. 施工组织：工程建立以施工现场项目经理为首的工程项目部，配备项目部专职施工管理人员，由项目经理统一指挥和调度的施工管理组织机构；施工人员组织安排各区段具有综合施工能力，成建制的、专业配套的劳动队伍。

4. 施工准备：施工技术准备、施工材料准备、施工设施准备、劳动力准备、作业条件准备等工作。

8.1.4 施工计划

1. 施工进度计划：砌筑工程的施工进度安排，具体到主要施工部位节点完成时间，并备注说明与之衔接的其他工程的进度要求，根据需要可用图表或文字说明。

2. 材料与设备计划等：机械设备配置，主要材料及周转材料需求计划，主要材料投入计划、力学性能要求及取样复试详细要求，试验计划。

3. 劳动力计划。

8.1.5 砌筑施工方法

1. 施工工艺流程：施工准备→确定组砌方法→排版→画皮数杆→安装拉墙筋→选砖→拌制砂浆→排砖撂地→砌筑（砌砖墙）等施工工艺流程，也可以附图附表直观说明。

2. 施工操作要求：砌筑工程施工前准备，拌制砂浆、确定组砌方法、选砖、排砖撂地、砌筑、构造柱设置等工艺流程、要点，常见问题及预防、处理措施。

3. 检查要求：砌筑工程所用的材料进场质量检查、抽检，砌筑施工过程中各工序检验内容及检验标准。

8.1.6 质量控制标准

1. 保证项目：砖的品种及强度等级、砂浆品种及强度必须符合设计要求，砌体砂浆必须密实饱满，外墙转角处严禁留直槎，砌体临时间断处留槎做法必须符合规定。

2. 基本项目：砌体上下错缝，砖砌体接槎处灰浆密实，预埋拉结筋的数量、长度均符合设计要求和施工规范规定，构造柱留置位置正确，清水墙组砌正确、墙面清洁美观等。

3. 允许偏差项目：主控项目和一般项目的允许偏差，包括轴线位置偏差、垂直度、标高、表面平整度、门窗洞口高宽（后塞口）、窗口偏移、水平灰缝平直度等规定项目。

8.1.7 安全文明施工措施

1. 安全施工措施：根据"安全第一、预防为主、综合治理"的安全管理方针制定砌筑工程安全措施。

2. 文明施工措施：文明施工是施工现场综合管理水平的体现，涉及项目每个施工人员的生产、生活及工作环境，并以此为原则进行文明施工措施的编制与管理。

8.1.8 季节施工措施

1. 雨期施工措施：砌体的整体稳定性多取决于砂浆等粘合剂以及砌体材料的含水量，这两项都会在雨期施工时受到较大影响，因此，雨期施工应注意干湿砖块合理搭配、雨期遇大雨必须停工、稳定性较差的窗间墙、独立砖柱加设临时支撑或及时浇筑圈梁、内外墙要尽量同时砌筑等雨期施工措施。

2. 冬期施工措施：普通砖、灰砂砖、加气混凝土砌块等砌体材料在砌筑前，应清除表面污物、冰雪等，不得使用遭水浸和受冻后的砖或砌块；砌筑砂浆宜采用普通硅酸盐水泥配制；采用外加剂法配制砂浆时，可采用氯盐或亚硝酸盐等外加剂。根据设计要求和规范制定冬期施工措施。

8.1.9 成品保护措施

砌块在装卸、运输过程中，要轻缓放置严防碰撞。在往操作层运输时，计算好每个房间的砌筑材料用量，按量运送。内脚手架搭设和拆除时或其他工种操作时应避免碰撞已砌墙体和门窗角。根据规范要求合理制定成品保护措施。

8.1.10 质量通病及预防

砌体粘结不牢、第一皮砌块底铺砂浆厚度不均匀、拉结钢筋或压砌钢筋网片不符合设计要求、砌体错缝不符合设计和规范的规定、砌体灰缝厚度超出规定、砌筑砂浆必须及时使用等方面进行质量通病及预防内容的编制。

8.1.11　应急处置措施

1. 应急处置领导小组组成与职责、应急救援小组组成与职责，包括抢险、安保、后勤、医救、善后、应急救援工作流程、联系方式等。

2. 应急事件（重大隐患和事故）及其应急措施。

3. 周边建（构）筑物、道路、地下管线等产权单位各方联系方式、救援医院信息（名称、电话、救援线路）。

4. 应急物资准备。

8.1.12　相关施工图纸

建筑施工平面图、方案中附样式排版图，实施过程中全部进行排版图绘制再进行现场施工。

知识链接

在建筑产业化不断发展、环保政策日趋严格的大背景下，一种新型墙材 ALC 板的生产和应用技术得到空前的重视，板材产量和应用量快速扩大。蒸压轻质加气混凝土隔墙板，简称 ALC（Autoclaved Lightweight Concrete）板，是以粉煤灰（或硅砂）、水泥、石灰等为主原料，经过高压蒸汽养护而成的多气孔混凝土成型板材（内部经钢筋增强处理）。ALC 轻质隔墙板是一种性能优越的新型建材，具有容重轻、隔声保温效果好、造价低廉、安装工艺简单、工期要求较低、生产工业化、标准化、安装产业化等优点，目前在高层框架建筑以及工业厂房的内外墙体获得了广泛的应用。新型墙材 ALC 板如图 8-2 所示。

图 8-2　新型墙材 ALC 板

8.3 GB 50924—2014《砌体结构工程施工规范》

砌筑工程常用规范

(1)《砌体结构设计规范》GB 50003—2011；

(2)《砌体结构工程施工质量验收规范》GB 50203—2011；

(3)《砌体工程现场检测技术标准》GB/T 50315—2011；

(4)《砌体结构工程施工规范》GB 50924—2014；

(5)《砌体结构加固设计规范》GB 50702—2011。

注：知识链接中资源的获取方式与课件获取方式一致。

8.2 砌筑工程施工方案编制任务书

<table>
<tr><td>任务名称</td><td colspan="6">砌筑工程施工方案编制</td></tr>
<tr><td>编制对象</td><td colspan="6">×××工程砌筑(该项由教师根据具体图纸指定)</td></tr>
<tr><td rowspan="2">编制对象
基本概况</td><td>建筑面积(m^2)</td><td>建筑层数/建筑
层高/建筑高度(m)</td><td>砌筑材料</td><td>砌筑墙身厚度</td><td colspan="2">施工工期</td></tr>
<tr><td></td><td></td><td></td><td></td><td colspan="2"></td></tr>
<tr><td>第____组</td><td>组长</td><td></td><td>组员</td><td colspan="3"></td></tr>
<tr><td>任务流程</td><td colspan="6">1. 熟悉图纸;
2. 任务分工(结合8.3砌筑工程方案编制流程指引);
3. 收集资料(包括规范、施工工艺等);
4. 知识链接学习、参考方案学习;
5. 编制工具及相关软件准备;
6. 初稿编制;
7. 方案整合、研讨、修改、完善;
8. 方案定稿、排版;
9. 汇报交流</td></tr>
<tr><td rowspan="2">任务完成
时间</td><td colspan="6">计划时间</td></tr>
<tr><td colspan="6">完成时间</td></tr>
<tr><td rowspan="2">成果提交
情况</td><td>章节文字</td><td>进度计划</td><td>计算书</td><td>施工图</td><td>排版</td><td>PPT</td></tr>
<tr><td></td><td></td><td></td><td></td><td></td><td></td></tr>
<tr><td>整体评价</td><td>综合得分</td><td></td><td>指导老师
评语</td><td colspan="3"></td></tr>
</table>

8.3 砌筑工程方案编制流程指引

班级：______________　组别：第______组　组长：____

组员：（共____人）____

章节序号	任务（章节名称）	要点指导	责任人分配
第 1 章	工程概况	1. 工程建设简介中的参建单位名称可自拟。 2. 砌筑工程的基本情况，如建筑面积、建筑层数、建筑层高、建筑高度、砌筑材料、砌筑墙身厚度、构造柱截面、抱框立柱截面、圈梁截面、过梁截面等可查阅本工程的建筑总平面图、建筑施工图、结构施工图及设计变更联系单等进行确定。 3. 砌筑工程施工条件，如气候条件、作业环境条件、资源供应条件等由教师根据实际情况指定	
第 2 章	编制依据	1. 根据本工程实际情况，有针对性地列出相关法规、规范、规程及标准，要注意相关文件的时效，不得采用过期、作废的文件或条款。与本工程不相关或关联性不大的文件可不列出。 2. 可查阅本工程的砌筑结构设计资料，参照引用里面相关的规范、规程及标准	
第 3 章	施工部署	砌筑工程施工部署应涵盖以下内容（根据工程实际情况可能有缺项或增加）： 1. 砌筑工程施工目标，包括质量目标、进度目标、成本目标、文明施工目标、环境目标等。 2. 施工组织，包括施工管理组织机构、施工人员组织。 3. 施工准备，包括施工技术准备、施工材料准备、施工设施准备、劳动力准备、作业条件准备等工作	
第 4 章	施工计划	1. 施工工期由指导教师指定，砌筑工程的施工进度安排应具体到主要施工部位节点完成时间，并备注说明与之衔接的其他工程的进度要求，根据需要可用 CAD 或图表或文字说明。 2. 采用表格的形式列举砌筑工程施工主要机械设备、材料、劳动力的需求计划	
第 5 章	砌筑施工方法	砌筑工程的施工工艺应涵盖以下内容（根据工程实际情况可能有缺项或增加）： 1. 施工工艺流程，包括施工准备、确定组砌方法、排砖撂地、砌筑等施工工艺流程，也可以附图附表直观说明。 2. 施工操作要求，包括砌筑工程施工前准备、组砌方法、选砖、排砖撂地、砌筑、构造柱设置等操作要点，常见问题及预防、处理措施。 3. 采用 CAD 或 BIM 技术进行砌体排版	

续表

章节序号	任务（章节名称）	要点指导	责任人分配
第6章	质量控制标准	1. 保证项目，包括砌筑材料的品种、强度、外墙转角处严禁留直槎、砌体临时间断处留槎做法等项目符合规定。 2. 基本项目，包括砌体错缝、预埋拉结筋的数量、构造柱留置位置等。 3. 允许偏差项目，包括轴线位置偏差、垂直度、标高、表面平整度、门窗洞口高宽（后塞口）、窗口偏移、水平灰缝平直度等规定项目。也可以附图附表直观说明	
第7章	安全文明施工措施	分别对安全施工措施、文明施工措施进行编制，且保证措施要有针对性，简明扼要	
第8章	季节施工措施	根据设计要求和规范分别编制雨期施工措施、冬期施工措施	
第9章	成品保护措施	根据工程实际情况合理编制成品保护措施	
第10章	质量通病及预防	质量通病及预防，包括砌体粘结不牢、第一皮砌块底铺砂浆厚度不均匀、拉结钢筋或压砌钢筋网片不符合设计要求、砌体错缝不符合设计等方面进行编制	
第11章	应急处置措施	1. 应急领导小组名单可使用班级同学姓名，要明确每个人的姓名、联系方式及职责、分工。 2. 应急事件包括周边环境破坏、作业人员触电、机械伤害、中暑等隐患或事故	
第12章	相关施工图纸	建筑施工平面图、墙面排砖图，施工图要求重点突出，图面线条有层次，布局合理美观	
方案文档排版			
汇报环节	PPT制作	PPT文字大小适中，排版布局合理、美观有特色；图文并茂，能够较全面地阐述成果内容并体现组内分工合作探讨的过程	
	汇报	1. 仪表仪态大方、得体，有汇报礼仪。 2. 汇报语言流利、条理清晰	
	答辩	组内人员随机提问	

8.4 砌筑工程施工专项方案案例

1. 砌筑工程施工方案（页岩烧结砖）（见附录6）
2. 砌筑工程施工方案（蒸压加气块）

单元总结

本单元根据中华人民共和国住房和城乡建设部发布的《砌体结构工程施工质量验收规范》GB 50203—2011、《砌体工程现场检测技术标准》GB 50315—2011、《砌体结构工程施工规范》GB 50924—2014 等规范阐述了砌筑工程施工方案的编制内容和具体要求，以“砌筑工程方案编制流程指引”的方式指导学生分组合作完成砌筑工程施工方案的编制。

思考及练习

1. 单选题

(1) 砖墙水平灰缝的砂浆饱满度至少达到（　　）以上。

A. 90%　　B. 80%　　C. 75%　　D. 70%

(2) 砌砖墙留斜搓时，斜搓长度不应小于高度的（　　）。

A. 1/2　　B. 1/3　　C. 2/3　　D. 1/4

(3) 砖砌体留直搓时应加设拉结筋，拉结筋沿墙高每（　　）设一层。

A. 300mm　　B. 500mm　　C. 700mm　　D. 1000mm

(4) 砖墙的水平灰缝厚度和竖缝宽度，一般应为（　　）左右。

A. 3mm　　B. 7mm　　C. 10mm　　D. 15mm

(5) 砌体工程按冬期施工规定进行的条件是 5d 室外平均气温低于（　　）。

A. 0℃　　B. +5℃　　C. −3℃　　D. +3℃

2. 多选题

(1) 砌筑工程质量的基本要求是（　　）。

A. 横平竖直　　B. 砂浆饱满　　C. 上下错缝　　D. 内外搭接

E. 砖强度高

(2) 影响砌筑砂浆饱满度的因素有（　　）。

A. 砖的含水量　　B. 铺灰方法　　C. 砂浆强度等级　　D. 砂浆和易性

E. 水泥种类

(3) 砌体工程冬期施工的具体方法有（　　）。

A. 掺盐砂浆法　　B. 加热法　　C. 红外线法　　D. 暖棚法

E. 冻结法

(4) 为了避免砌块墙体开裂，预防措施包括（　　）。

A. 清除砌块表面隔离剂及粉尘　　B. 采用和易性好的砂浆

C. 控制铺灰长度和灰缝厚度　　D. 设置芯柱、圈梁、伸缩缝

E. 砌块出池后立即砌筑

3. 思考题

(1) 查阅相关资料，归纳总结后，简述砌筑“马牙槎”“直槎”时的基本要求。

(2) 进行加气块排版时，应注意哪些问题？

教学单元9

装配式工程施工方案编制

教学目标

1. 知识目标

（1）了解常见装配式构件的类型及适用范围。

（2）理解装配式建筑拆分深化和装配率的计算规则。

（3）掌握装配式构件施工前期策划、技术措施深化和计算。

（4）掌握装配式构件施工工艺流程及操作要求。

（5）掌握安全文明施工、成品保护、质量管控点等相关措施。

（6）掌握装配式建筑验收相关资料与检测要求。

2. 能力目标

（1）具备能主动查阅、学习相关规范、图集和书籍，熟悉装配式建筑深化、技术措施计算和质量控制要点。

（2）具备编制装配式工程施工专项方案的能力。

（3）具备施工现场指导施工、解决一般性技术问题和掌握验收要点的能力。

3. 素质目标

（1）认同国家双碳目标，理解国家推行装配式建筑的目的与意义。

（2）理解建筑工业化将管理现场延伸至预制工厂。

（3）培养装配式工程施工的信息化管理思维。

装配式建筑是指把传统建造方式中的大量现场作业工作转移到工厂进行，在工厂加工制作好建筑用构件和配件（如楼板、墙板、楼梯、阳台等），运输到建筑施工现场，通过可靠的连接方式在现场装配安装而成的建筑（图 9-1～图 9-4）。

装配式建筑主要包括预制装配式混凝土结构、钢结构、现代木结构建筑等，因为采用标准化设计、工厂化生产、装配化施工、信息化管理、智能化应用，是现代工业化生产方式的代表。

随着现代工业技术的发展，建造房屋可以像机器生产那样，成批成套地制造。只要把预制好的房屋构件，运到工地装配起来就成了。

装配式建筑的施工方案属危大工程，在支撑体系、吊装施工、连接节点等存在较大的安全和质量控制要点，施工方案必须严谨，各项内容齐全，并包含图纸深化、安全验算等。

图 9-1　柱、叠合梁、叠合板堆放场地

图 9-2　叠合主梁和叠合次梁连接节点

图 9-3 柱和叠合主梁连接及支撑体系

图 9-4 密拼式叠合板与叠合梁的连接节点

9.1 装配式工程施工方案编制范围界定

本单元所指的装配式工程界定为一般居住和公共建筑装配式混凝土结构建筑，非装配式钢结构建筑、装配式木结构建筑、预应力装配式建筑、装饰装配式建筑，及超高层建筑。

根据《住房和城乡建设部办公厅关于实施〈危险性较大的分部分项工程安全管理规定〉有关问题的通知》（建办质〔2018〕31 号）文件对应的条款界定如下：

9.1.1 危险性较大的装配式工程

1. 装配式建筑混凝土预制构件安装工程。

2. 采用新技术、新工艺、新材料、新设备可能影响工程施工安全，尚无国家、行业及地方技术标准的分部分项工程。

9.1.2 超过一定规模的危险性较大的装配式工程

1. 采用非常规起重设备、方法，且单件起吊重量在 100kN 及以上的起重吊装工程。

2. 采用新技术、新工艺、新材料、新设备可能影响工程施工安全，尚无国家、行业及地方技术标准的分部分项工程。

预制竖向构件施工相比水平构件施工方案编制所包含内容更多更复杂。装配率每年逐步提升，先从水平构件向竖向构件推进。因当前大部分项目还是以水平构件使用为主，所以在方案编制方面先学习只有水平构件的方案，再学习有竖向构件的方案。

9.2 装配式工程水平结构施工方案编制指南

9.2.1 工程概况

内容包括工程组成、总建筑面积、层高、各建筑物特征参数，各参建单位信息，拟建装配式建筑的设计概况、部位及工程量。

9.2.2 产业化概况

1. 总体产业化概况：项目业态、楼栋、层数、层高、模板体系、脚手架体系、支撑体系。

2. 产业化具体应用情况：装配式建筑范围、标准层范围、预制率、装配率、预制构件类型。

3. 预制构件数量：分布平面图、数量表、构件重量。

4. 产业化施工重难点分析及解决措施：深化设计、工期、加工产能、机械配置、技术管理等方面分析等，工程的重难点及应对措施。

9.2.3 编制依据

1. 法律依据：装配式工程所依据的相关法律、法规、规范性文件、标准、规范等。

2. 项目文件：施工合同（施工承包模式）、拆分和构件深化图、施工图纸等。

3. 施工组织设计等。

9.2.4 施工准备及工艺流程

1. 堆场：描述构件现场堆放场地的布置。

2. 塔式起重机起吊半径分析：重点描述塔式起重机等垂直提升机械的选型及选型依据，考虑塔式起重机覆盖范围内最大构件的重量是否在塔式起重机在该部位的起重量的范围之内。

3. 重点描述施工吊装顺序，如何组织施工。

4. 技术工作流程：描述装配式结构工艺流程及标准层施工节点进度。

5. 施工准备与交底：从现场准备、人员准备、材料机械准备、技术准备及交底等。

6. 定位测量与标高控制、预制外墙板斜撑预埋件定位、装配式混凝土结构安装与调整。

9.2.5 质量安全控制措施

1. 从质量管理体系、管理制度、质量问题及预防措施等方面描述质量管控措施，重点描述预制构件与现浇结构的连接部位的处理措施和防水构造的做法及淋水试验。

2. 各构件安装检查表。

9.2.6 质量安全控制措施

包括平面布置图、进度计划图等。

9.3 装配式工程竖向构件施工方案编制指南

9.3.1 工程概况

1. 参建各方责任主体单位。

2. 建筑概况：主要叙述工程组成、建筑面积、层高等相关信息。

3. 结构概况：主要叙述结构形式、混凝土强度、各楼号 PC 构件使用情况（运用点、构件重量、构件数量等）、吊装设备选用情况等。

4. 工程特点及重难点分析：重点叙述本工程预制构件吊装施工过程将会遇到的技术重难点，如施工场地限制、大型机械的选型、关键节点的处理等。

9.3.2 编制依据

1. 法律依据：装配式建筑设计、施工规范，图集，起重吊装所依据的相关法律、法规、规范性文件、标准、规范等。

2. 项目文件：施工图设计文件，当地管理规定，拆分和深化图，施工合同等。

3. 施工组织设计等。

9.3.3　施工部署

1. 总体部署介绍、人员组织构架图、各岗位职能分工。

2. 施工进度计划：附各楼号施工进度计划表，PC 构件储备、吊装时间计划以及 PC 构件生产计划表。

9.3.4　施工准备与资源配置计划

1. 技术准备：吊装人员培训、预制构件安装人员培训、吊装验收规范学习、编制施工方案、施工方案交底、吊装路线规划等。

2. 现场准备：现场平面布置图中构件堆放，塔式起重机，堆放架数量，预制构件吊具，标出吊装顺序号，施工道路出入口、回车点。

3. 预制构件吊装资源配置计划：劳动力组织计划，主要材料计划，主要机械计划、吊装机械选用，主要仪器设备计划。

4. 预制构件生产进度计划，应有详细生产计算表，并报给预制构件厂排生产计划。

9.3.5　主要的施工方法

1. 按整体的施工工艺顺序，逐项叙述各种类型 PC 构件吊装施工方法、注意事项，质量保证措施、质量检查标准等。

2. 应说明所采用的吊装机械设备，应进行机械设备吊装能力和功效效能分析。

9.3.6　安全技术措施

主要包括吊装的一般规定，起重机械和索具设备使用规定，应急预案中救援医院信息（名称、电话、救援线路）等。

9.3.7　成品保护措施

包括堆场上、吊装过程和安装后的成品保护。

9.3.8　环境保护、文明施工措施等

文明施工保证措施、环境保护措施、季节性施工保证措施等。

9.3.9　施工验算、附图

预制构件在脱模、吊运、运输、安装等环节进行施工验算，包括预制飘窗、梁式楼

梯、空调板、阳台、隔墙等的脱模、吊运、存放、运输、安装过程。

装配整体叠合结构（SPCS）体系是由空腔预制墙（图 9-5）、空腔预制柱（图 9-6）与叠合梁、叠合楼板等多种构件组装而成，其中墙、柱构件空腔内设置连接钢筋，构件现场就位后在空腔内浇筑混凝土，使预制构件与现浇混凝土形成整体，共同承受竖向及水平作用。

图 9-5　混凝土装配式 SPCS 体系中的墙

图 9-6　混凝土装配式 SPCS 体系中的柱

装配式工程常用规范、图集、教材

(1)《装配式混凝土建筑技术标准》GB/T 51231—2016；

(2)《装配式混凝土结构技术规程》JGJ 1—2014；

(3)《装配式建筑评价标准》DB33/T 1165—2019；

(4)《桁架钢筋混凝土叠合板（60mm 厚底板）》15G366—1；

(5)《预制钢筋混凝土板式楼梯》15G367-1；

(6)《预制钢筋混凝土阳台板、空调板及女儿墙》15G368—1；

(7)《预制混凝土剪力墙内墙板》15G365—2；

(8)《预制混凝土外墙挂板》16G333 16J110—2；

(9)《预制混凝土剪力墙外墙板》15G365—1；

(10)《装配式混凝土连接节点构造》15G310—1；

(11)《装配式混凝土连接节点构造》15G310—2；

(12)《装配式混凝土结构住宅建筑设计示例（剪力墙结构）》15J939—1；

(13)《装配式混凝土结构表示方法及示例（剪力墙结构）》15G107—1；

(14) 装配式建筑混凝土预制构件生产与管理（第二版），中国建筑工业出版社。

注：知识链接中的资源获取方式与课件获取方式一致。

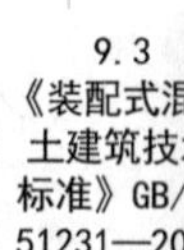

9.4 装配式工程施工方案编制任务书

<table>
<tr><td>任务名称</td><td colspan="6">装配式工程施工方案编制</td></tr>
<tr><td>编制对象</td><td colspan="6">×××工程装配式(该项由教师根据具体图纸指定)</td></tr>
<tr><td rowspan="2">编制对象
基本概况</td><td>建筑面积、
建筑层数/
建筑层高/
建筑高度(m)</td><td>装配式建筑
的设计概况、
部位及工程量</td><td colspan="2">支撑深化设计、
工期、加工
产能、机械
配置、吊装</td><td>前期策划、
各构件施工
工艺</td><td>施工推演
(进度、人工、
材料等资源配备)</td></tr>
<tr><td></td><td></td><td colspan="2"></td><td></td><td></td></tr>
<tr><td>第___组</td><td>组长</td><td></td><td colspan="2">组员</td><td colspan="2"></td></tr>
<tr><td>任务流程</td><td colspan="6">1. 熟悉图纸;
2. 任务分工(结合 9.5 装配式工程方案编制流程指引);
3. 收集资料(包括规范、施工工艺等);
4. 知识链接学习、参考方案学习;
5. Word 及 CAD、BeePc、Revit、安全计算软件准备;
6. 初稿编制;
7. 方案整合、研讨、修改、完善;
8. 方案定稿、排版;
9. 汇报交流</td></tr>
<tr><td rowspan="2">任务完成
时间</td><td colspan="6">计划时间</td></tr>
<tr><td colspan="6">完成时间</td></tr>
<tr><td rowspan="2">成果提交
情况</td><td>章节文字</td><td>进度计划</td><td>计算书</td><td>施工图</td><td>排版</td><td>PPT</td></tr>
<tr><td></td><td></td><td></td><td></td><td></td><td></td></tr>
<tr><td>整体评价</td><td>综合得分</td><td></td><td>指导老师
评语</td><td colspan="3"></td></tr>
</table>

9.5 装配式工程施工方案编制流程指引

<table>
<tr><td colspan="4">班级:______________　组别:第_____组　组长:____
组员:(共___人)____</td></tr>
<tr><td>章节
序号</td><td>任务
(章节名称)</td><td>要点指导</td><td>责任人
分配</td></tr>
<tr><td>第 1 章</td><td>工程概况</td><td>1. 参建各方责任主体单位。
2. 建筑概况:主要叙述工程组成、建筑面积、层高等相关信息。
3. 结构概况:主要叙述结构形式、混凝土强度、各楼号 PC 构件使用情况(运用点、构件重量、构件数量等)、吊装设备选用情况等。
4. 工程特点及重难点分析:重点叙述本工程预制构件吊装施工过程将会遇到的技术重难点,如施工场地限制、大型机械的选型、关键节点的处理等</td><td></td></tr>
</table>

续表

章节序号	任务（章节名称）	要点指导	责任人分配
第 2 章	编制依据	1. 法律依据：装配式建筑设计、施工规范，图集，起重吊装所依据的相关法律、法规、规范性文件、标准、规范等。 2. 项目文件：施工图设计文件，当地管理规定，拆分和深化图，施工合同等 3. 施工组织设计等	
第 3 章	施工部署	1. 总体部署介绍，人员组织构架图，各岗位职能分工。 2. 施工进度计划：附各楼号施工进度计划表，PC 构件储备、吊装时间计划、PC 构件生产计划表	
第 4 章	施工准备与资源配置计划	1. 技术准备：吊装人员培训、预制构件安装人员培训、吊装验收规范学习、编制施工方案、方案交底、吊装路线规划等。 2. 现场准备：现场平面布置图中构件堆放，塔式起重机，堆放架数量，预制构件吊具，标出吊装顺序号，施工道路出入口、回车点。 3. 预制构件吊装资源配置计划：劳动力组织计划，主要材料计划，主要机械计划、吊装机械选用，主要仪器设备计划。 4. 预制构件生产进度计划，应有详细生产计算表，并报给预制构件厂排生产计划	
第 5 章	主要的施工方法	1. 按整体的施工工艺顺序，逐项叙述各种类型 PC 构件吊装施工方法、注意事项，质量保证措施、质量检查标准等。 2. 应说明所采用的吊装机械设备，应进行机械设备吊装能力和功效效能分析	
第 6 章	安全技术措施	主要包括吊装的一般规定，起重机械和索具设备使用规定，应急预案中救援医院信息（名称、电话、救援线路）	
第 7 章	成品保护措施	包括堆场上、吊装过程和安装后的成品保护	
第 8 章	环境保护、文明施工措施	文明施工保证措施、环境保护措施、季节性施工保证措施等	
第 9 章	施工验算	预制构件在脱模、吊运、运输、安装等环节进行施工验算，包括预制飘窗、梁式楼梯、空调板、阳台、隔墙等的脱模、吊运、存放、运输、安装过程	
第 12 章	附图	1. 施工平面布置图，标识进出口位置、塔式起重机位置、构件堆放场地、吊装分析、道路运输路线分析、临时回顶加固位置、吊装安全风险区等。 2. 进度计划网络图或横道图	
方案文档排版			
汇报环节	PPT 制作	PPT 文字大小适中，排版布局合理、美观有特色；图文并茂，能够较全面地阐述成果内容并体现组内分工合作探讨的过程	
	汇报	1. 仪表仪态大方、得体，有汇报礼仪。 2. 汇报语言流利、条理清晰	
	答辩	组内人员随机提问	

9.6 装配式工程施工方案案例

1. 装配式工程水平构件施工方案
2. 装配式工程竖向构件施工方案（一般竖向结构）
3. 装配式工程竖向构件施工方案（侧重吊装）

9.4 装配式工程水平构件专项施工方案

9.5 方案施工图-装配式工程水平构件施工方案-堆场平面布置图

9.6 装配式工程竖向构件专项施工方案（一般竖向构件）

9.7 装配式工程竖向构件专项施工方案（侧重吊装）

9.8 方案施工图-装配式工程竖向构件施工方案-吊装线路布置图

单元总结

本单元根据规范、图集阐述了装配式工程施工方案的编制内容和具体要求，以“装配式工程构件吊装施工方案编制流程指引”的方式指导学生分组合作完成装配式工程施工方案的编制。

思考及练习

1. 单选题

(1) 施工前期进行的物资准备不包括（　　）。

A. 预制构件准备　　B. 吊装设备准备

C. 加工工具、吊装材料准备　　D. 施工方案准备

(2) 预制构件平放时，应使吊环标识（　　），便于查找与吊运。

A. 向上　向里　　B. 向下　向外

C. 向上　向外　　D. 向下　向里

(3) 下列关于叠合板吊装说法错误的是（　　）。

A. 吊装前与装配厂沟通好叠合楼板的供应，确保吊装顺利进行

B. 楼板吊装完成后清理支座基础面及楼板底面

C. 吊装时先吊铺边缘窄板，然后按照顺序吊装剩下来的板

D. 每块楼板起吊用 4 个吊点，吊点位置为格构梁上弦与腹筋交接处

(4) 下列关于预制构件预埋件的允许偏差的说法错误的是（　　）。

A. 预留孔的允许偏差值为 5mm　　B. 预埋件的允许偏差为 10mm

C. 预留钢筋数量允许偏差为 5mm　D. 预留洞的允许偏差为 15mm

(5) 针对成本问题提出的前期控制的对策不包括（　）。

A. 装配率　B. PC 方案　C. 构件厂商　D. 规模化效应

2. 多选题

(1) 以下属于装配式结构体系的是（　）。

A. 装配式框剪结构　B. 装配式木结构

C. 装配式框架结构　D. 装配式卫浴一体结构

E. 装配式钢结构

(2) 下列属于装配式预制构件吊装施工工序的有（　）。

A. 标高测设　B. 预制构件吊装　C. 构件加工　D. 独立支撑体系安装

E. 标高校核

(3) 下列属于装配式剪力墙混凝土结构类型的是（　）。

A. 整体式预制剪力墙结构　B. 装配整体式双面叠合混凝土剪力墙结构

C. 内浇外挂剪力墙结构　D. 外浇内挂剪力墙结构

E. 全预制剪力墙结构

(4) 装配式工程项目施工过程中的重难点包括（　）。

A. PC 构件道路运输困难　B. 管理水平欠缺

C. 安装精度要求高　D. 校正难度大

E. 高空临边作业多

3. 思考题

(1) 根据浙江省《装配式建筑评价标准》DB33/T1165-2019 查阅相关内容，简述装配率、全装修、集成厨房、集成卫生间的定义。

(2) 满足哪些要求时可确定为装配式建筑?

教学单元10

Chapter 10

施工安全计算及软件介绍

1. 知识目标

（1）了解工程施工过程中遇到的主要危大工程类型及其计算内容。

（2）了解安全计算软件的主要功能和计算模块。

（3）掌握借助软件对模板工程中超危工程的判定方法。

2. 能力目标

（1）具备能主动查阅、学习相关规范，了解危大工程计算范围的能力。

（2）具备借助安全计算软件出具简单危大工程计算书的能力。

（3）具备借助计算软件完成危大工程方案闭环管理的能力。

3. 素质目标

（1）始终坚持安全计算有相应的标准、规范作为依据。

（2）树立方案指导施工，方案有坚实理论依据和完备数据支撑的安全生产意识。

（3）培养施工设计“安全为主，成本为辅”的策划精神。

危大工程的安全计算，是在危大工程施工方案编制过程中，对所设计系统每一个构配件和整体性能在最不利工况下的验算，通过将计算结果与相应的规范、条文做对比，从而判断方案设计的安全性和可靠性。同时，由于近年来施工过程中涉及计算的方案类型越来越多，工期要求紧，再加上传统的手算对编制人员的技术水平要求较高，后续修改过程繁琐，故而目前主要使用专业的安全计算软件进行危大工程计算书的设计和出具，计算模块如图 10-1 所示。

图 10-1 计算模块（V1.4.2 版本）

10.1 主要危大工程施工方案计算内容

10.1.1 基坑工程

基坑工程由于其围护设计由专业资质的基坑设计单位进行设计计算，故一般情况下其围护计算书无需施工单位进行出具。但是方案中关于临时用电、临时用水的计算书，以及存在钢筋混凝土内支撑且支撑拆除时临时搭设支撑架进行回顶，其支撑架计算书由施工单位进行设计。

10.1.2　塔式起重机基础

塔式起重机基础施工方案中，根据塔式起重机基础类型的不同，计算内容也不相同。需要说明塔式起重机型号及其各项荷载标准值和倾覆力矩标准值、承台和桩的尺寸及配筋等。计算内容主要包括：

（1）塔式起重机桩承载力验算（抗压承载力、抗拔承载力、桩配筋验算）。

（2）塔式起重机格构柱验算（组合式塔式起重机）。

（3）塔式起重机承台（混凝土承台或钢平台）验算。

10.1.3　脚手架工程

脚手架工程的计算书需要说明其主要材料的结构强度、截面特征，及各项荷载设计值及荷载组合，列出计算简图和截面构造大样图，注明材料尺寸、规格、支撑间距。其计算内容包括：

（1）纵向水平杆、横向水平杆的强度和刚度验算，扣件抗滑移承载力验算。

（2）连墙件的强度、稳定性和连接强度计算。

（3）立杆稳定性验算。

（4）悬挑型钢梁的强度、刚度和整体稳定性验算。

（5）斜支撑的整体稳定性验算。

（6）吊环、拉杆或锚固螺栓的强度验算。

（7）立杆地基或支撑层承载力验算。

对于附着式整体提升脚手架，其计算书内容包括：

（1）纵向水平杆、横向水平杆的强度和刚度验算，扣件抗滑移承载力验算。

（2）连墙件的强度、稳定性和连接强度计算。

（3）立杆稳定性的计算。

（4）斜拉杆的计算。

（5）穿墙螺栓及螺栓孔混凝土局部承压的计算。

（6）托梁计算。

（7）提升系统验算。

（8）防倾覆装置验算。

（9）安装层承载力验算。

吊篮计算内容包括吊篮基础支撑结构承载力核算、抗倾覆验算、加高支架稳定性验算。

10.1.4　模板工程

模板工程计算书要求说明其支撑系统主要构件的材料强度、截面特征及各项荷载设计值及荷载组合，列出计算简图和截面构造大样图，注明材料尺寸、规格和纵横支撑间距。

计算内容包括：

(1) 梁、板模板支撑系统水平构件（底模、次楞、主楞等）强度和刚度验算。

(2) 梁板下立杆稳定性验算（整体侧向力验算）。

(3) 扣件抗滑移或可调顶托承载力验算。

(4) 立杆地基或支撑层承载力验算（转换层下支撑承载力验算）。

10.2 安全计算软件介绍

10.2.1 软件总体介绍

品茗建筑云安全计算软件包含脚手架工程、模板工程、临时工程、土石方工程、塔式起重机计算、降排水工程、起重吊装、冬期施工、混凝土工程、钢结构工程、基坑工程、垂直运输设施、施工图以及地基处理、顶管施工、临时围堰、桥梁支模架、智绘施工图等模块，300余个计算子模块。

软件经过建设部专家鉴定，15年来不断迭代升级，确保依据《危险性较大的分部分项工程安全管理规定》以及《关于实施〈危险性较大的分部分项工程安全管理规定〉有关问题的通知》等相关规定编制并及时更新，针对建设工程施工中存在危险性较大、技术性较强的分部分项工程，结合施工现场工况，快速建立计算模型，即可一键生成计算书、施工方案、技术交底以及施工图、危险源辨识、应急预案等多个成果的功能集成软件。

10.2.2 软件功能

(1) 一键生成计算书

结合现场工况填写参数，自动根据规范要求进行计算，显示详细计算过程及结果。

(2) 完整专项方案书快速生成

依据《住房和城乡建设部办公厅关于印发〈危险性较大的分部分项工程专项施工方案编制指南〉的通知》相关要求，结合计算模型，生成方案书，可灵活按需调整。

(3)“智能推荐”快速计算

基于云端智能分析、结合安全性、经济性、复用率等维度形成智能推荐算法，实现快速创建设计计算模型（图10-2）。

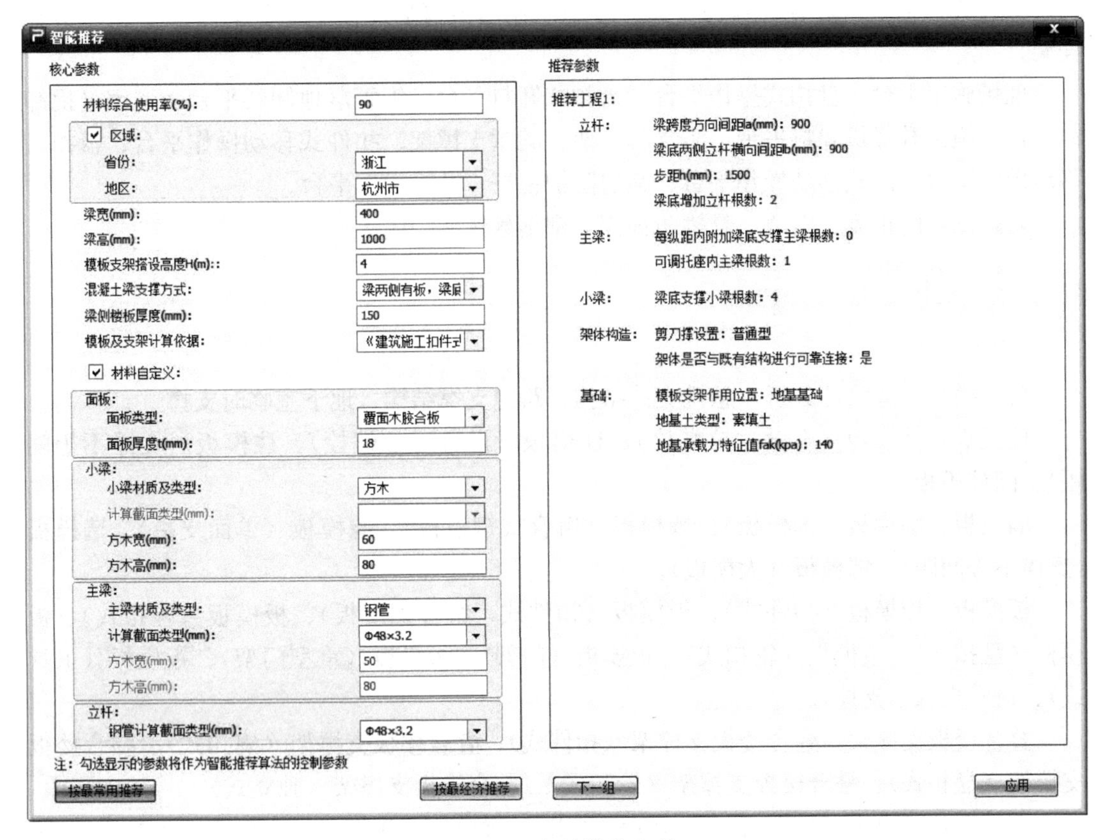

图 10-2 智能推荐参数

10.3 安全计算软件应用模块

10.3.1 脚手架工程

公共模块：连墙件计算等。

落地式脚手架：扣件式脚手架、门式脚手架、双排外竹脚手架、碗扣式脚手架、木脚手架、盘扣式脚手架、多排脚手架。

悬挑式脚手架：三角形钢管悬挑脚手架、型钢悬挑脚手架（阳角 B）、多排悬挑架主梁验算、型钢悬挑脚手架（扣件式）、型钢悬挑脚手架（碗扣式）、型钢悬挑脚手架（门式）、型钢悬挑脚手架（盘扣式）、搁置主梁验算。

花篮螺栓悬挑架：花篮螺栓悬挑架（扣件式）、花篮螺栓悬挑架（碗扣式）、花篮螺栓悬挑架（门式）、花篮螺栓悬挑架（盘扣式）、搁置主梁验算（花篮螺栓式）、多排悬挑架主梁验算（花篮螺栓式）。

工具式脚手架：附着升降脚手架、导轨式附着升降脚手架、悬挂式吊篮、三角形外挂架。

现场施工平台：盘扣式操作平台、盘扣式卸料平台、钢管落地卸料平台、型钢悬挑卸料平台、施工升降机卸料平台、满堂脚手架、满堂支撑架、扣件式移动操作平台、盘扣式移动操作平台、门式移动操作平台、临边防护栏杆、井道操作平台。

防护棚：防护棚、斜道、悬挑防护棚、型钢悬挑防护棚。

10.3.2 模板工程

公共模块：危险性分析、悬挑支撑结构、跨空支撑结构、地下室临时支撑。

柱模板：柱模板（不设对拉螺栓）、柱模板（设置对拉螺栓）、柱模板（支撑不等间距）、圆柱模板。

墙模板：墙模板（木模板）、墙模板（组合式钢模板）、墙模板（单面支撑）、墙模板（支撑不等间距）、墙模板（大模板）。

板模板：板模板（扣件式）、板模板（扣件式，组合钢模板）、板模板（碗扣式）、板模板（盘扣式）、板模板（轮扣式）、板模板（门架）、板模板（重型门架）、板模板（工具式）、板模板（木支撑）。

叠合楼板支撑架：叠合楼板支撑架（扣件式）、叠合楼板支撑架（碗扣式）、叠合楼板支撑架（盘扣式）、叠合楼板支撑架（轮扣式）、叠合楼板支撑架（独立式）。

梁模板：梁模板（扣件式，梁板立柱共用）、梁模板（扣件式，梁板立柱不共用）、梁模板（扣件式，组合钢模板）、梁模板（扣件式，斜立杆）、梁模板（碗扣式，梁板立柱共用）、梁模板（碗扣式，梁板立柱不共用）、梁模板（盘扣式，梁板立柱共用）、梁模板（盘扣式，梁板立柱不共用）、梁模板（盘扣式，设置搁置横梁）、梁模板（轮扣式，梁板立柱共用）、梁模板（轮扣式，梁板立柱不共用）、梁模板（门架）、梁模板（重型门架）、梁模板（木支撑）、主次梁交接处模板支架（扣件式）、吊模、梁侧模板。

跨越式门洞：门洞（钢管脚手架立柱）、门洞（型钢立柱）、门洞格构式立柱。

模板支架对楼盖影响：一般性楼盖验算、标准层楼盖验算。

10.3.3 塔式起重机计算

矩形基础：矩形板式基础、矩形板式桩基础、矩形格构式基础。

十字基础：十字梁式基础、十字梁式桩基础、十字格构式基础。

钢平台：格构式钢平台基础Ⅰ、格构式钢平台基础Ⅱ、格构式交叉十字钢梁塔式起重机基础。

预制塔式起重机基础：小型预制塔式起重机基础、大型预制塔式起重机基础。

附着杆计算：塔机附着验算。

其他：塔式起重机稳定性计算（移动导轨式）、边坡桩基础稳定性、单桩塔式起重机基础、三桩塔式起重机基础、群桩塔式起重机基础。

10.3.4　临时工程

施工现场临时用电组织设计、施工临时用水设计、工地材料储备、工地临时供热。

10.3.5　基坑工程

板桩支护计算、土方边坡计算、基坑和管沟支撑计算、土坡稳定性计算、土钉墙支护计算、水泥土墙计算、平面（折线）滑动法边坡稳定性计算、岩石锚喷支护设计、预应力锚杆支护设计、人工挖孔桩计算。

10.3.6　降排水工程

集水明排、截水、管井降水、井点降水计算。

10.3.7　垂直运输设施

垂直运输设施：施工升降机、格构式井架、井架防护棚、施工升降机卸料平台。

龙门架：龙门架（单柱）、龙门架（双柱）、龙门架（三柱）。

10.3.8　起重吊装

起重机智能选择：液压汽车起重机智能选择、履带式起重机智能选择、桁架臂汽车起重机智能选择。

起重机工况核算：液压汽车起重机工况核算、履带式起重机工况核算、桁架臂汽车起重机工况核算。

起重机稳定性验算：履带式起重机稳定性验算、轮胎式起重机稳定性验算、汽车式起重机稳定性验算。

构件重心计算：异构件重量及重心计算。

吊耳计算：侧壁板式吊耳计算、顶部板式吊耳计算、轴式吊耳计算。

吊装配件：吊绳、吊装工具、滑车与滑车组、卷扬机牵引力及锚固压重、锚碇。

桅杆式起重机：倾斜单桅杆吊装计算、直立单桅杆吊装计算、直立双桅杆吊装计算。

10.3.9　混凝土工程

钢筋支架、泵送混凝土施工、混凝土自约束应力、混凝土外约束拉应力、大体积混凝土浇筑体表面保温层计算、伸缩缝间距和结构位移值计算、混凝土配合比及投料量。

10.3.10 钢结构工程

钢结构强度稳定性、钢结构连接、格构柱计算、单跨梁设计、简支梁设计、拼接节点设计、柱脚锚栓设计、独立基础。

10.3.11 土石方工程

爆破工程：浅孔预裂爆破计算、深孔预裂爆破计算、隧洞光面爆破计算、爆破安全计算、控制爆破。

土性换算：土性换算。

运输机械：土方施工机械需用量综合计算、推土机运土车辆计算、挖掘机需用量及配套汽车数量计算、压路机及铲运机生产率计算。

挖填方量：边坡土方量计算、方格网法土方量计算。

10.3.12 冬期施工

混凝土加热、混凝土养护硬化温度计算、混凝土运输和浇灌成型温度计算、土壤冻结深度计算、成熟度法、红外线加热法、加热养护耗热量法、电热器法、内部通气法、暖棚法、蓄热法、综合蓄热法、蒸汽毛管模板法、电极加热法。

10.3.13 施工图

脚手架工程：扣件式脚手架、型钢悬挑脚手架（扣件式）、多排悬挑主梁验算、型钢悬挑卸料平台、钢管扣件式防护棚、工具式防护棚、搁置主梁验算、斜道、满堂脚手架、满堂支撑架。

模板工程：梁模板（扣件式）、板模板（扣件式）、圆柱模板、墙模板（单面支撑）、墙模板（支撑不等间距）、柱模板（支撑不等间距）。

塔式起重机计算：矩形板式基础、矩形板式桩基础、矩形格构式基础、十字梁式基础、十字梁式桩基础、十字格构式基础、格构式钢平台Ⅰ、格构式钢平台Ⅱ、塔式起重机附着。

钢结构工程：钢结构。

10.4 施工图软件

在几类主要危大工程方案中，高大支模架的施工图绘制是最为复杂的。随着建筑面积的增大，绘图的难度也逐渐增大。如果使用传统的CAD手动绘图，花费的时间和精力都是巨大的，借助一些专业的软件辅助可以极大地提升方案编制的效率。

10.4.1　软件介绍

品茗智绘施工图设计软件采用独创 RCAD 导入技术，快速提取图纸结构信息，可智能辨识高支模，一键输出高支模区域标识图及汇总表。软件保留 CAD 操作习惯，模拟实际方案编写思路，依据构造要求，智能排布模板支架，并一键导出平面图、剖面图、大样图等施工图。

10.4.2　软件功能

（1）高支模汇总表和区域标识图辨识

采用独创 RCAD 导入技术，快速提取图纸结构信息，并依据相关规定与要求智能辨识高支模，一键输出高支模区域标识图及汇总表（图 10-3）

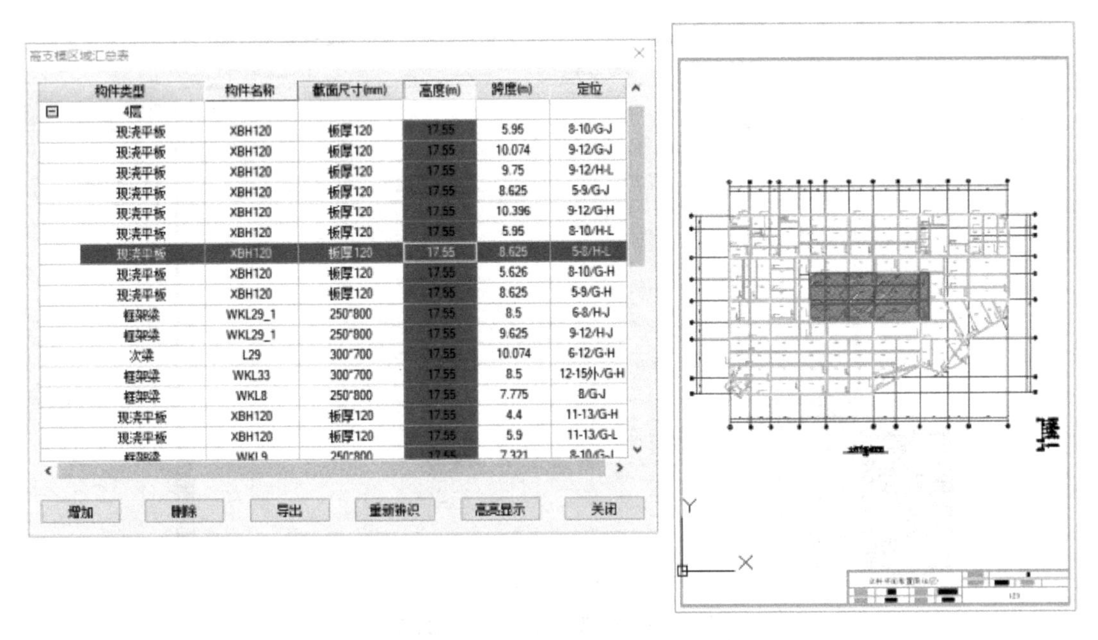

构件类型	构件名称	截面尺寸(mm)	高度(m)	跨度(m)	定位
4层					
现浇平板	XBH120	板厚120	17.55	5.95	8-10/G-J
现浇平板	XBH120	板厚120	17.55	10.074	9-12/G-J
现浇平板	XBH120	板厚120	17.55	9.75	9-12/H-L
现浇平板	XBH120	板厚120	17.55	8.625	5-9/G-J
现浇平板	XBH120	板厚120	17.55	10.396	9-12/G-H
现浇平板	XBH120	板厚120	17.55	5.95	8-10/H-L
现浇平板	XBH120	板厚120	17.55	8.625	5-8/H-L
现浇平板	XBH120	板厚120	17.55	5.626	8-10/G-H
现浇平板	XBH120	板厚120	17.55	8.625	5-9/G-H
框架梁	WKL29_1	250*800	17.55	8.5	6-8/H-J
框架梁	WKL29_1	250*800	17.55	9.625	9-12/H-J
次梁	L29	300*700	17.55	10.074	6-12/G-H
框架梁	WKL33	300*700	17.55	8.5	12-15外/G-H
框架梁	WKL8	250*800	17.55	7.775	8/G-J
现浇平板	XBH120	板厚120	17.55	4.4	11-13/G-H
现浇平板	XBH120	板厚120	17.55	5.9	11-13/G-L

图 10-3　高支模区域标识图及汇总表

（2）梁板构件信息分类汇总

一键收集梁板构件信息，按梁板宽、高、厚等不同维度快速分类汇总，同时输出典型截面梁，方便后续制图取用（图 10-4）。

（3）模架支撑杆件智能排布

将模架构造要求融会贯通，立杆、水平杆、剪刀撑、连墙件等模架支撑杆件智能排布妥帖（图 10-5）。

（4）完整施工图导出

软件支持扣件式、盘扣式、碗扣式、插槽式、轮扣式等五种常用架体，各类施工图一

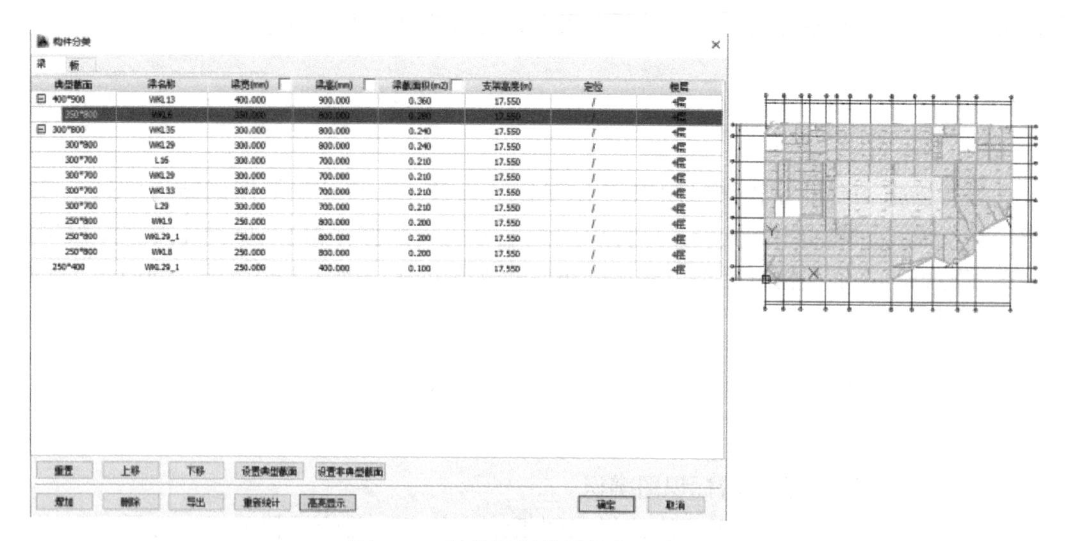

典型截面	梁名称	梁宽(mm)	梁高(mm)	梁截面积(m2)	支架高度(m)	定位	楼层
400*900	WKL13	400.000	900.000	0.360	17.550	/	4层
350*800	WKL6	350.000	800.000	0.280	17.550	/	4层
300*800	WKL35	300.000	800.000	0.240	17.550	/	4层
300*800	WKL29	300.000	800.000	0.240	17.550	/	4层
300*700	L16	300.000	700.000	0.210	17.550	/	4层
300*700	WKL29	300.000	700.000	0.210	17.550	/	4层
300*700	WKL33	300.000	700.000	0.210	17.550	/	4层
300*700	L29	300.000	700.000	0.210	17.550	/	4层
250*800	WKL9	250.000	800.000	0.200	17.550	/	4层
250*800	WKL29_1	250.000	800.000	0.200	17.550	/	4层
250*800	WKL8	250.000	800.000	0.200	17.550	/	4层
250*400	WKL29_1	250.000	400.000	0.100	17.550	/	4层

图 10-4　智能梁板构件信息分类汇总

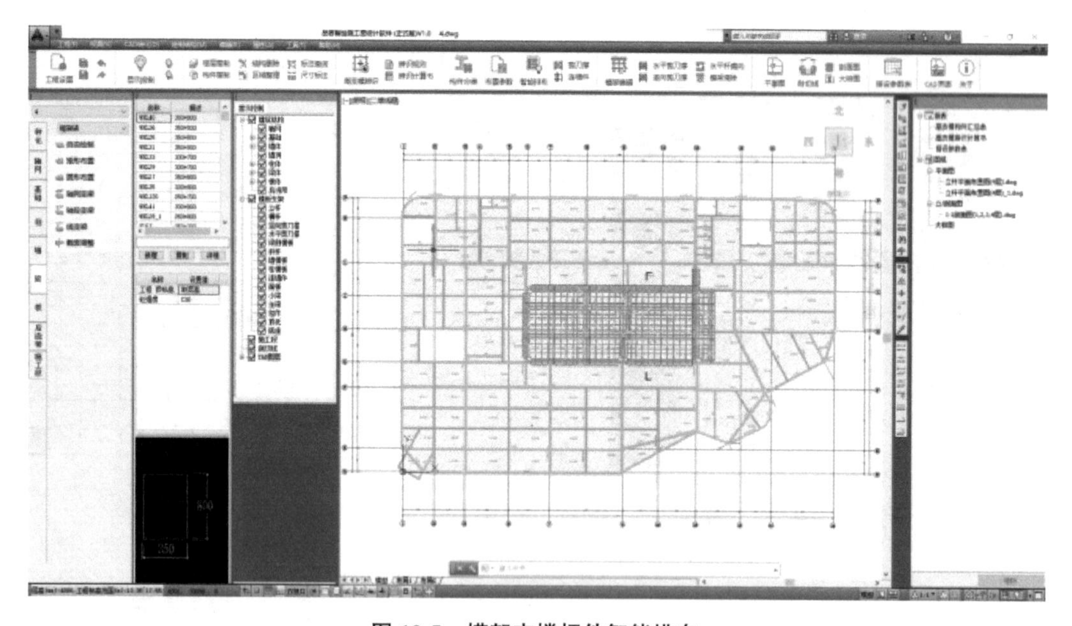

图 10-5　模架支撑杆件智能排布

键导出：支模区域立杆、纵横向水平杆平面布置图，支撑系统立面图、剖面图，水平剪刀撑布置平面图及竖向剪刀撑布置投影图，梁板支模大样图等。

10.5 案例介绍

某项目位于浙江省杭州市，项目地下室内有一根梁，其截面尺寸为 600mm ×

1000mm，梁跨 10m，该层地下室层高 9m，顶板厚度为 200mm，底板为 900mm 厚地下室底板，现要求设计一份该梁的梁下支模架计算书。

10.5.1 危险性分析

首先对该梁是否为超限梁进行判断，已知对高大支模架的判断依据是：搭设高度≥8m，梁板跨度≥18m，施工总荷载≥15kN/m²，集中线荷载≥20kN/m。不难发现，本案例工程支模架搭设高度为 4m<8m，梁跨度为 10m<18m，对于施工总荷载及集中线荷载的判断需要进行荷载组合的计算，可使用安全计算软件—模板工程—公共模块—危险性分析进行判别（图 10-6）。

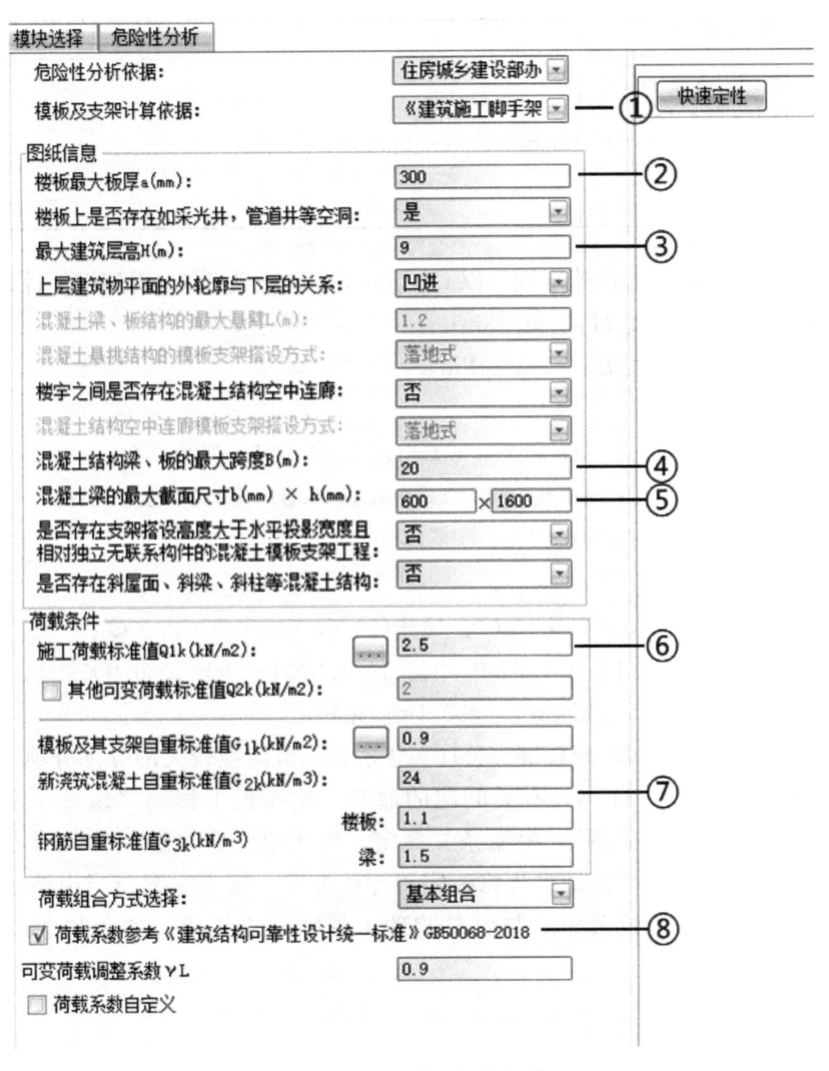

图 10-6 危险性分析参数输入

步骤如下：

①选择相应的规范；②填入板厚；③填入层高；④填入梁跨；⑤填入梁截面尺寸；

⑥填入施工活荷载标准值，可点击前方按钮查看取值依据；⑦填入施工恒荷载，可按默认；⑧勾选后永久荷载分项系数变为1.3，可变荷载分项系数变为1.5，影响最后的计算结果，具体见表10-1。

不同规范对应不同的系数组合　　表10-1

规范	永久荷载分项系数	可变荷载分项系数	可变荷载调整系数
《建筑施工模板安全技术规范》JGJ 162—2008	1.35/1.2	1.4	0.7
《混凝土结构工程施工规范》GB 50666—2011	1.35	1.4	0.9
《建筑施工临时支撑结构技术规范》JGJ 300—2013	1.35/1.2	1.4	0.9
《建筑施工脚手架安全技术统一标准》GB 51210—2016	1.35/1.2	1.4	0.7
《建筑结构可靠性设计统一标准》GB 50068—2018	1.3	1.5	0.9

数据填入完成后，点击快速定性（以GB 50068—2018为例），得到以下计算结果：

（1）模板支架搭设高度 H：9m≥8m；

（2）模板支架搭设跨度 B：10m≤18m；

（3）施工总荷载：

$$
\begin{aligned}
S &= 1.3\times(G_{1k}+G_{2k}\times a+G_{3k}\times a)+1.5\times\gamma_L\times Q_{1k}\\
&= 1.3\times(0.9+24\times0.2+1.1\times0.2)+1.5\times0.9\times2.5\\
&= 11.071\ (\mathrm{kN/m^2}) < 15\ (\mathrm{kN/m^2})
\end{aligned}
$$

（4）集中线荷载：

$$
\begin{aligned}
S &= b\,[1.3\times(G_{1k}+G_{2k}\times h+G_{3k}\times h)+1.5\times\gamma_L\times Q_{1k}]\\
&= 0.6\times[1.3\times(0.9+24\times1+1.5\times1)+1.5\times0.9\times2.5]\\
&= 22.617\ (\mathrm{kN/m}) \geq 20\ (\mathrm{kN/m})
\end{aligned}
$$

综上可知，根据住房城乡建设部办公厅关于实施《危险性较大的分部分项工程安全管理规定》（建办质〔2018〕31号）有关问题的通知，此模板工程属“超过一定规模的危险性较大的分部分项工程范围”，根据条文规定，施工单位应当组织专家对专项方案进行论证。施工单位应当根据论证报告修改完善专项方案，施工方案应当由施工单位技术负责人审核签字、加盖单位公章，并由总监理工程师审查签字、加盖执业印章后方可实施。

10.5.2　支模架设计与计算

通过危险性分析可知梁属于超限梁，其支撑系统属于高大支模架，故决定选用盘扣式架体。使用“安全计算软件—模块工程—浙江—盘扣式—梁模板（梁板立柱不共用）”进

行计算。

（1）图纸信息

在图 10-7 的各栏内填入工程梁的基本参数，其中模板支架纵横向长度为整个施工区段内的架体而非单一梁下支模架。

混凝土梁工程属性

新浇混凝土梁名称：	KL14
模板支架纵向长度L(m)：	20
模板支架横向长度B(m)：	15
模板支架高度H(m)：	5
混凝土梁计算截面尺寸(mm)【宽×高】：□ 斜梁	400 × 800
梁侧楼板计算厚度(mm)：	150
	斜梁设置
脚手架安全等级：□ 自定义	II级

图 10-7　图纸信息输入

（2）构配件参数

如图 10-8 所示，支模架构配件参数从上往下依次是模板、次楞（次龙骨、小梁）、主楞（主龙骨、主梁）、可调托座、立杆和地基基础。选择相应的构配件类型及尺寸，下方的各项力学性能软件会自动进行匹配，点击前方按钮可查看力学性能取值依据。需要注意的是，在主楞（选择钢管）和立杆两个选项卡中，存在钢管截面类型和钢管计算截面类型两种尺寸参数，要求计算截面类型小于截面类型，这是出于对材料存在多次使用后力学性能下降的原因考虑。地基基础选项卡中，可选择不计算，转而在“模板工程—模板支架对楼盖影响”模块中计算支架基础。

模板 | 次楞 | 主楞 | 可调托座 | 立杆 | 地基基础

钢材等级：	Q355
钢管截面类型(mm)：	Φ48.3×3.2
钢管计算截面类型(mm)：	Φ48×3
回转半径i(mm)：	15.9
立杆抗压强度设计值[f](N/mm²)：	300
立杆截面面积(mm²)：	424
立杆截面抵抗矩W(cm³)：	4.49
支架自重标准值q(kN/m)：	0.15

图 10-8　立杆材料参数选择

（3）架体设计

在支撑体系设计选项卡中（图 10-9）依次填入各项数据，其中：①梁跨度方向立杆间距和梁底两侧立杆横向间距的数值，需要符合盘扣架横杆的模数关系，即 300mm 的整数

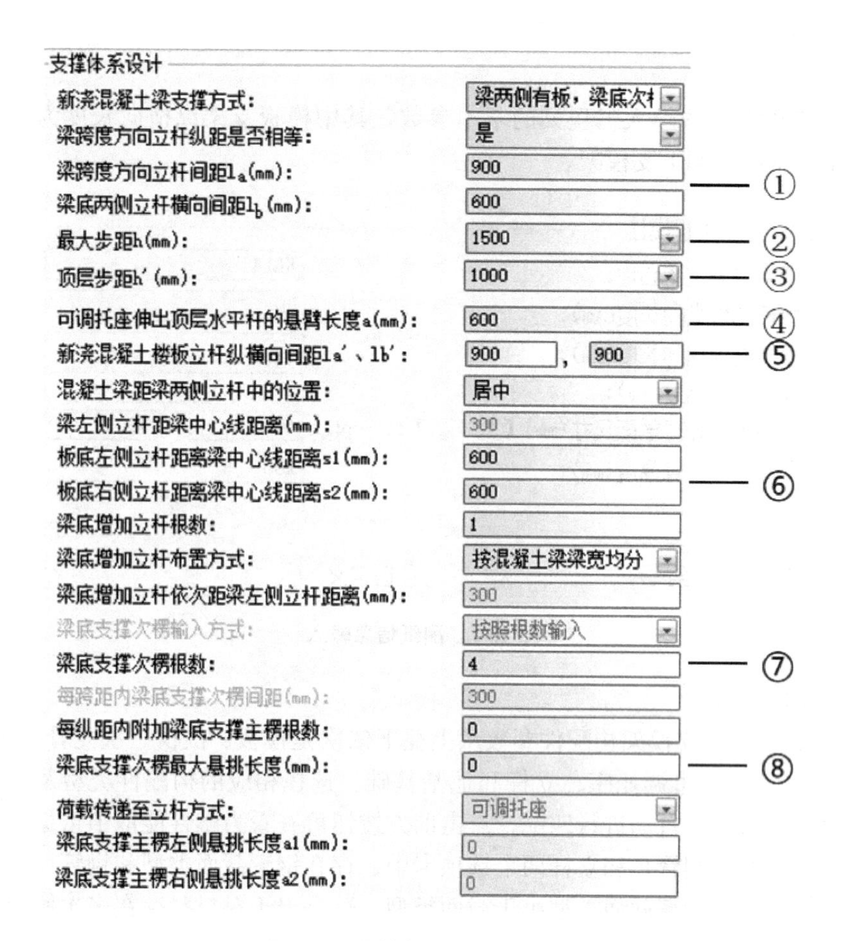

图 10-9　支撑体系设计参数输入

倍；②最大步距需要符合盘扣架立杆承插圆盘的距离关系，即 500mm 的整数倍；③顶层步距需要比最大步距缩小一个承插圆盘间距（500mm）；④可调托座伸出顶层水平杆的悬臂长度需要≤650mm；⑤楼板立杆纵横向间距需要同①相同或成整数倍，这是为了将梁、板支模架连接成一个整体；⑥板底左、右侧立杆距梁中心线的距离需要保证为 300mm 的整数倍（限工具式架体），同时保证板底立杆距梁侧距离合适，距离过大则导致板悬臂过长，不利计算，过小则导致施工梁侧模不便，不利施工，一般控制在 200～400mm；⑦梁底支撑次楞根数随梁宽度增大而增多，控制梁下次楞间距在 10～15cm；⑧梁底支撑次楞最大悬挑长度过大则不利计算，过小则不利柱以及墙支模架施工，一般控制在 200～400mm。

（4）荷载取值

如图 10-10 所示，在荷载取值选项卡中一次填入荷载相关参数，自重 G_k 为支模架自重和梁板钢筋混凝土重量。①施工人员及设备荷载标准值，需要依据现场实际浇筑工艺进行取值，水平泵管泵送混凝土时取 4kN/m^2，使用布料机时：布料机自重/布料机投影面积×1.35（动力系数）。使用盘扣架时，Q_{1k}≥3kN/m^2；②泵送、倾倒混凝土等因素产生的水平荷载标准值可取计算工况下的竖向永久荷载标准值的 2%；③关于风荷载，首先选取项目所在地（列表里无相应地区则选取就近地区），地基粗糙程度需在工程设计说明中查找，模板支架顶部距地面高度如实填写；④是否勾选“荷载系数参考《建筑结构可靠性设计统一标准》GB 50068—2018”参考前文危险性分析。

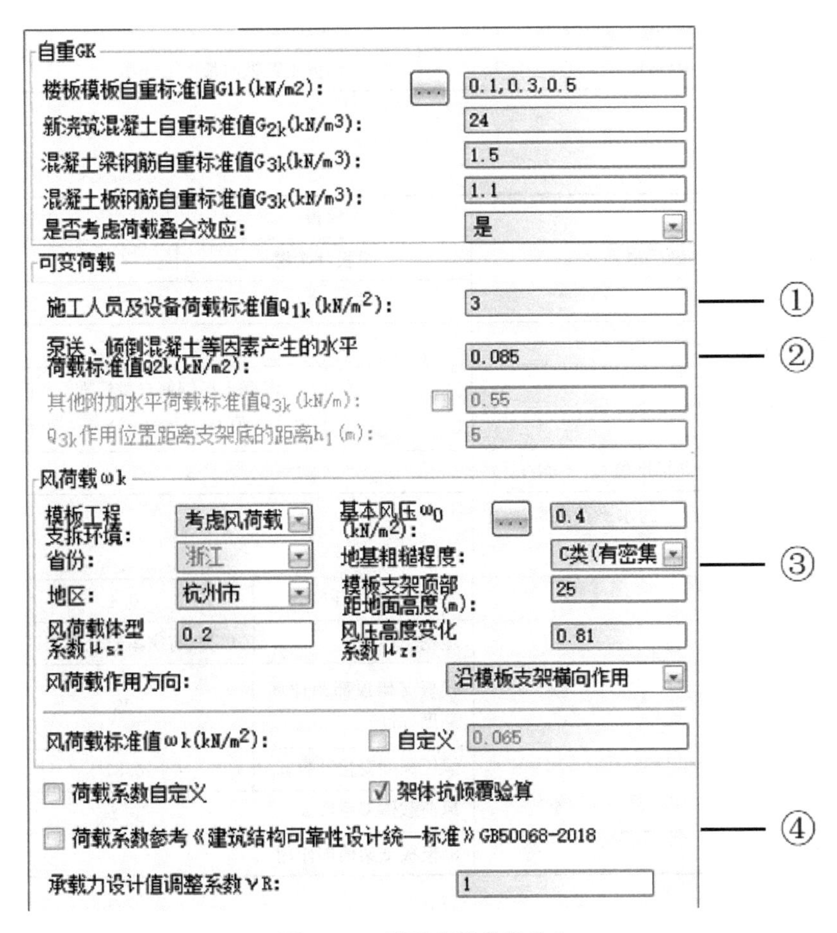

图 10-10　荷载相关参数输入

（5）计算结果

所有参数填写完成后点击左下角设计计算，进入计算书界面：

梁模板（盘扣式，梁板立柱不共用）计算书

计算依据：

1.《建筑施工承插型盘扣式钢管脚手架安全技术标准》JGJ/T 231—2021；

2.《建筑施工扣件式钢管模板支架技术规程》DB33/T 1035—2018；

3.《混凝土结构设计规范》GB 50010—2010；

4.《建筑结构荷载规范》GB 50009—2012；

5.《钢结构设计标准》GB 50017—2017。

一、工程属性

新浇混凝土梁名称	KL14	混凝土梁计算截面尺寸(mm×mm)	600×1000
梁侧楼板计算厚度(mm)	200	模板支架高度 H(m)	9
模板支架横向长度 B(m)	15	模板支架纵向长度 L(m)	20

二、荷载设计

<table>
<tr><td rowspan="3">楼板模板自重标准值 G_{1k}(kN/m^2)</td><td colspan="2">模板</td><td colspan="2">0.1</td></tr>
<tr><td colspan="2">模板及次楞</td><td colspan="2">0.3</td></tr>
<tr><td colspan="2">楼板模板</td><td colspan="2">0.5</td></tr>
<tr><td>新浇筑混凝土自重标准值 G_{2k}(kN/m^3)</td><td colspan="4">24</td></tr>
<tr><td>混凝土梁钢筋自重标准值 G_{3k}(kN/m^3)</td><td>1.5</td><td colspan="2">混凝土板钢筋自重标准值 G_{3k}(kN/m^3)</td><td>1.1</td></tr>
<tr><td>施工人员及设备产生的荷载标准值 Q_{1k}(kN/m^2)</td><td colspan="4">3</td></tr>
<tr><td>泵送、倾倒混凝土等因素产生的水平荷载标准值 Q_{2k}(kN/m^2)</td><td colspan="4">0.11</td></tr>
<tr><td rowspan="5">风荷载标准值 ω_k(kN/m^2)</td><td>基本风压 ω_0(kN/m^2)</td><td colspan="2">0.4</td><td rowspan="5">非自定义:0.065</td></tr>
<tr><td>地基粗糙程度</td><td colspan="2">C类(有密集建筑群市区)</td></tr>
<tr><td>模板支架顶部距地面高度(m)</td><td colspan="2">25</td></tr>
<tr><td>风压高度变化系数 μ_z</td><td colspan="2">0.81</td></tr>
<tr><td>风荷载体型系数 μ_s</td><td colspan="2">0.2</td></tr>
<tr><td>风荷载作用方向</td><td colspan="4">沿模板支架横向作用</td></tr>
</table>

三、模板体系设计

结构重要性系数 γ_0	1.1
脚手架安全等级	Ⅰ级
新浇混凝土梁支撑方式	梁两侧有板,梁底次楞平行梁跨方向
梁跨度方向立杆纵距是否相等	是
梁跨度方向立杆间距 l_a(mm)	900
梁底两侧立杆横向间距 l_b(mm)	600
最大步距 h(mm)	1500
顶层步距 h'(mm)	1000
可调托座伸出顶层水平杆的悬臂长度 a(mm)	600
新浇混凝土楼板立杆纵横向间距 l'_a(mm)、l'_b(mm)	900、900
混凝土梁距梁底两侧立杆中的位置	居中
梁底左侧立杆距梁中心线距离(mm)	300

续表

板底左侧立杆距梁中心线距离 s_1(mm)	600
板底右侧立杆距梁中心线距离 s_2(mm)	600
梁底增加立杆根数	1
梁底增加立杆布置方式	按混凝土梁梁宽均分
梁底增加立杆依次距梁底左侧立杆距离(mm)	300
梁底支撑次楞最大悬挑长度(mm)	0
梁底支撑次楞根数	5
梁底支撑次楞间距(mm)	150
每纵距内附加梁底支撑主楞根数	0
承载力设计值调整系数 γ_R	1
梁底支撑主楞左侧悬挑长度 a_1(mm)	0
梁底支撑主楞右侧悬挑长度 a_2(mm)	0

设计简图如下：

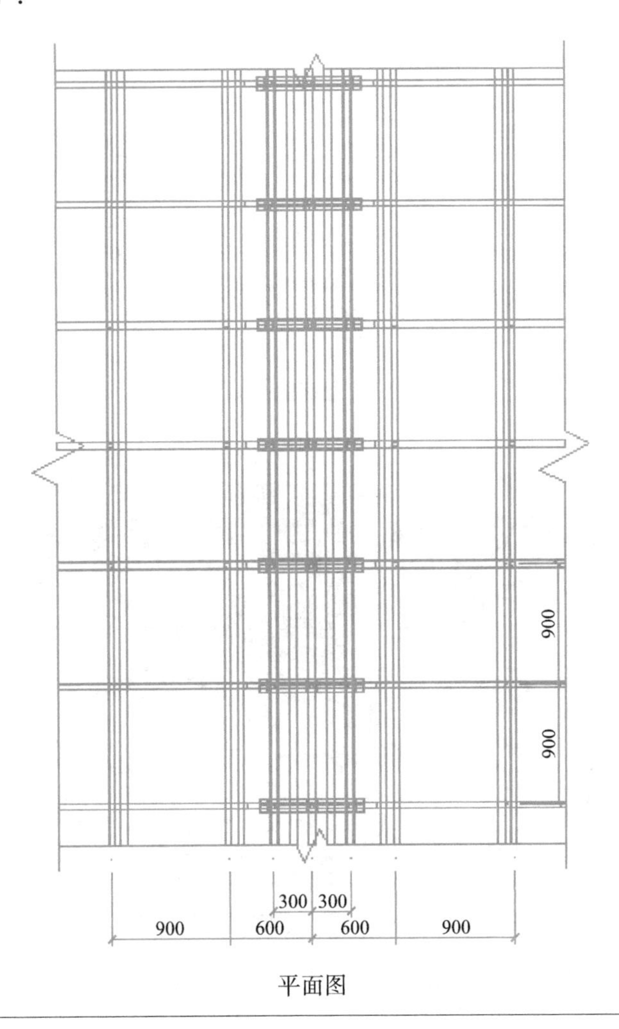

平面图

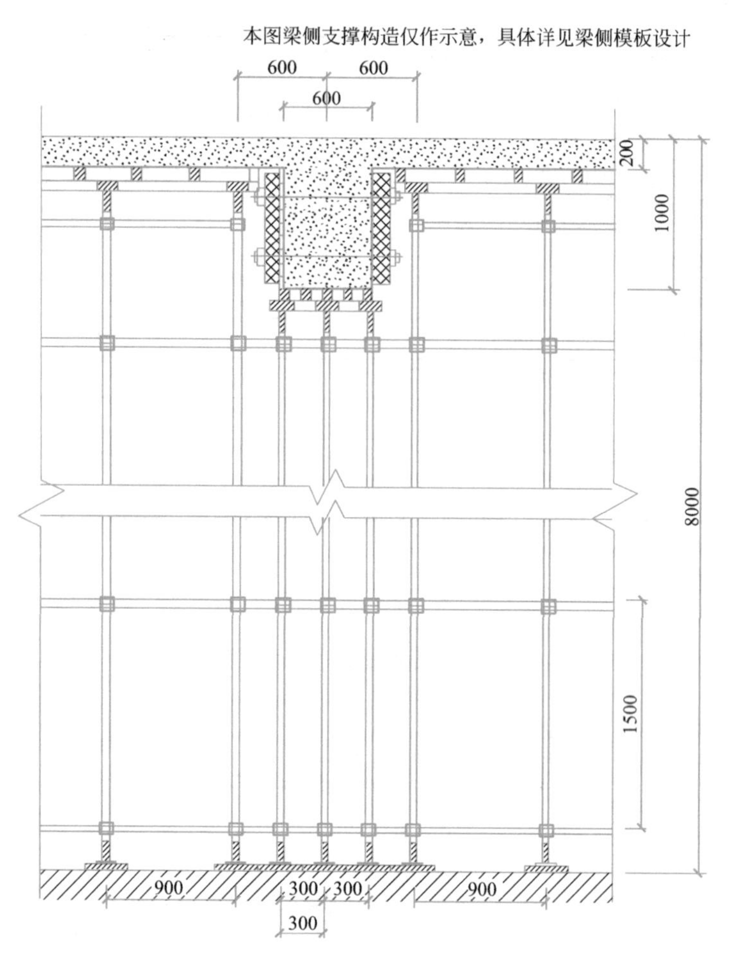

立面图

正面模型图（为了观看清晰，隐藏了扣件与水平、竖向剪刀撑）

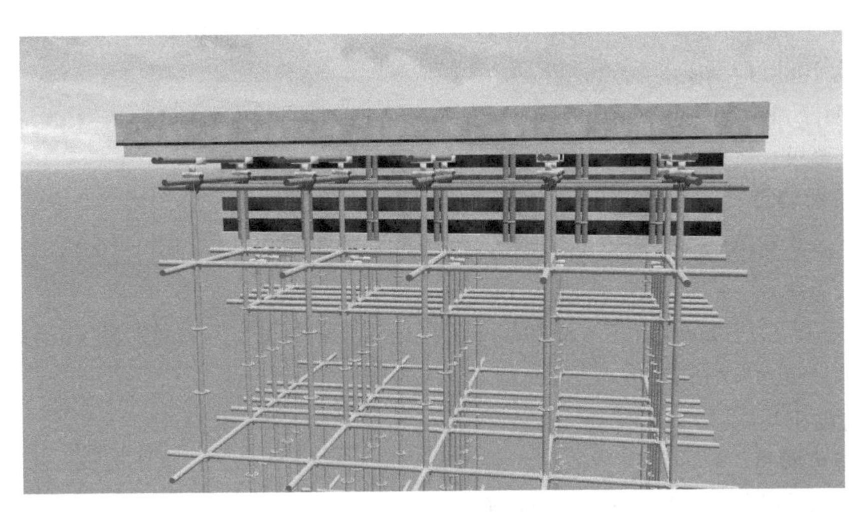

侧面模型图

四、模板验算

模板类型	胶合板	模板厚度 t(mm)	15
模板抗弯强度设计值[f](N/mm²)	15	模板抗剪强度设计值[τ](N/mm²)	1.4
模板弹性模量 E(N/mm²)	6000		

取梁纵向单位宽度 b=1000mm，按四等跨连续梁计算：

$W=bh^2/6=1000\times15\times15/6=37500\text{mm}^3$，$I=bh^3/12=1000\times15\times15\times15/12=281250\text{mm}^4$。

模板承受梁截面方向线荷载设计值：

$q_1=\gamma_0\times[1.3\times(G_{1k}+(G_{2k}+G_{3k})\times h)+1.5\times Q_{1k}]\times b=1.1\times[1.3\times(0.1+(24+1.5)\times1)+1.5\times3]\times1=41.558\text{kN/m}$。

计算简图如图 10-15 所示。

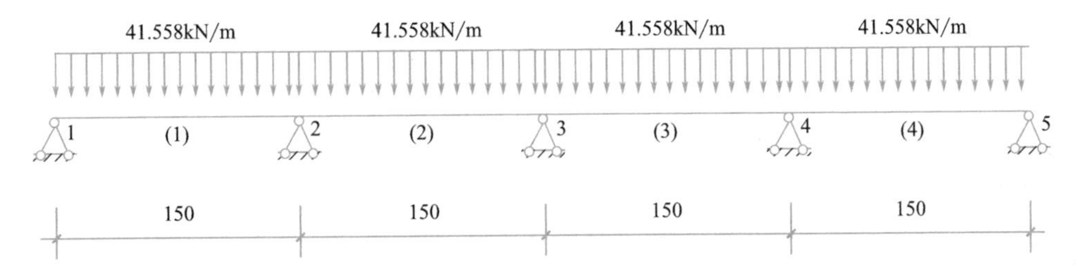

1. 强度验算

$q_{1静}=\gamma_0\times1.3\times[G_{1k}+(G_{2k}+G_{3k})\times h]\times b=1.1\times1.3\times(0.1+(24+1.5)\times1)\times1=36.608\text{kN/m}$；

$q_{1活}=\gamma_0\times1.5\times Q_{1k}\times b=1.1\times1.5\times3\times1=4.95\text{kN/m}$；

$M_{max}=0.107q_{1静}L^2+0.121q_{1活}L^2=0.107\times36.608\times0.15^2+0.121\times4.95\times0.15^2=0.102kN\cdot m$；

$\sigma=M_{max}/W=0.102\times10^6/37500=2.71N/mm^2\leqslant[f]/\gamma_R=15/1=15N/mm^2$。

满足要求！

2. 抗剪验算

$V_{max}=0.607q_{1静}L+0.62q_{1活}L=0.607\times36.608\times0.15+0.62\times4.95\times0.15=3.794kN$；

$\tau_{max}=3V_{max}/(2bh)=3\times3.794\times10^3/(2\times1000\times15)=0.379N/mm^2\leqslant[\tau]/\gamma_R=1.4/1=1.4N/mm^2$；

符合要求！

3. 挠度验算

模板承受梁截面方向线荷载标准值：

$q_2=[1\times(G_{1k}+(G_{2k}+G_{3k})\times h)+1\times Q_{1k}]\times b=[1\times(0.1+(24+1.5)\times1)+1\times3]\times1=28.6kN/m$；

$\nu_{max}=0.632q_2L^4/(100EI)=0.632\times28.6\times150^4/(100\times6000\times281250)=0.054mm\leqslant[\nu]=\min[L/150, 10]=\min[150/150, 10]=1mm$。

满足要求！

4. 支座反力计算

设计值（承载能力极限状态）：

$R_1=R_5=0.393q_{1静}L+0.446q_{1活}L=0.393\times36.608\times0.15+0.446\times4.95\times0.15=2.489kN$；

$R_2=R_4=1.143q_{1静}L+1.223q_{1活}L=1.143\times36.608\times0.15+1.223\times4.95\times0.15=7.185kN$；

$R_3=0.928q_{1静}L+1.142q_{1活}L=0.928\times36.608\times0.15+1.142\times4.95\times0.15=5.944kN$。

标准值（正常使用极限状态）：

$R_1'=R_5'=0.393q_2L=0.393\times28.6\times0.15=1.686kN$；

$R_2'=R_4'=1.143q_2L=1.143\times28.6\times0.15=4.903kN$；

$R_3'=0.928q_2L=0.928\times28.6\times0.15=3.981kN$。

五、次楞验算

次楞类型	方木	次楞截面类型(mm)	60×80
次楞抗弯强度设计值$[f]$(N/mm^2)	13	次楞抗剪强度设计值$[\tau]$(N/mm^2)	1.3
次楞截面抵抗矩W(cm^3)	64	次楞弹性模量E(N/mm^2)	9000
次楞截面惯性矩I(cm^4)	256	次楞计算方式	二等跨连续梁
板底左侧立杆距离梁中心线距离s_1(mm)	600	板底右侧立杆距离梁中心线距离s_2(mm)	600
主楞间距l_1(mm)	900		

1. 梁底各道次楞线荷载计算

分别计算梁底各道次楞所受线荷载，其中梁侧楼板的荷载取板底立杆至梁侧边一半的荷载。

次楞自重设计值：$q_2=\gamma_0\times1.3\times G_{1k}\times$梁宽/（次楞根数－1）＝1.1×1.3×（0.3－0.1）×0.6/4 ＝0.043kN/m。

1）左侧次楞线荷载设计值计算

梁底模板传递给左边次楞线荷载：$q_{1左}=R_1/b=2.489/1=2.489$kN/m；

次楞自重：$q_2=0.043$kN/m；

梁左侧模板传递给左边次楞荷载 $q_{3左}=\gamma_0\times1.3\times G_{1k}\times$（梁高－板厚）＝1.1×1.3×0.5×（1－0.2）＝0.572kN/m。

梁左侧楼板传递给左边次楞荷载：$q_{4左}=\gamma_0\times[1.3\times(G_{1k}+(G_{2k}+G_{3k})\times h)+1.5\times Q_{1k}]\times(s_1-$梁宽$/2)/2$＝1.1×［1.3×（0.5＋（24＋1.1）×0.2）＋1.5×3］×（0.6－0.6/2）/2＝1.927kN/m；

左侧次楞总荷载：$q_{左}=q_{1左}+q_2+q_{3左}+q_{4左}$＝2.489＋0.043＋0.572＋1.927＝5.031kN/m。

2）中间次楞线荷载设计值计算

梁底模板传递给中间次楞最大线荷载：$q_{1中}=\mathrm{Max}[R_2, R_3, R_4]/b$＝Max［7.185，5.944，7.185］/1＝ 7.185kN/m；

次楞自重：$q_2=0.043$kN/m；

中间次楞总荷载 $q_{中}=q_{1中}+q_2$＝7.185＋0.043＝7.227kN/m。

3）右侧次楞线荷载设计值计算

梁底模板传递给右边次楞线荷载：$q_{1右}=R_5/b=2.489/1=2.489$kN/m；

次楞自重：$q_2=0.043$kN/m；

梁右侧模板传递给右边次楞荷载 $q_{3右}=\gamma_0\times1.3\times G_{1k}\times$（梁高－板厚）＝1.1×1.3×0.5×（1－0.2）＝0.572kN/m；

梁右侧楼板传递给右边次楞荷载 $q_{4右}=\gamma_0\times[1.3\times(G_{1k}+(G_{2k}+G_{3k})\times h)+1.5\times Q_{1k}]\times(s_2-$梁宽$/2)/2$＝1.1×［1.3×（0.5＋（24＋1.1）×0.2）＋1.5×3］×（0.6－0.6/2）/2＝1.927kN/m；

右侧次楞总荷载 $q_{右}=q_{1右}+q_2+q_{3右}+q_{4右}$＝2.489＋0.043＋0.572＋1.927＝5.031kN/m。

4）各道次楞最大线荷载设计值计算

次楞最大荷载：$q=\mathrm{Max}[q_{左}, q_{中}, q_{右}]$＝Max［5.031，7.227，5.031］＝7.227kN/m。

5）各道次楞最大线荷载标准值计算

参考次楞线荷载设计值计算步骤，将荷载标准值代入后得到：

次楞最大荷载标准值：$q'=\mathrm{Max}[q'_{左}, q'_{中}, q'_{右}]$＝Max［3.394，4.933，3.394］＝4.933kN/m；

为简化计算，按二等跨连续梁计算，如下图：

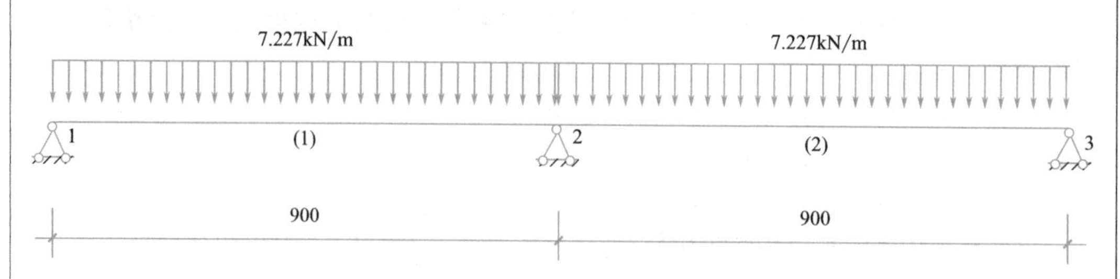

2. 抗弯验算

M_{max}=max［$0.125ql_1^2$，$0.5ql_2^2$］=max［$0.125×7.227×0.9^2$，$0.5×7.227×0^2$］=0.732kN·m；

$\sigma=M_{max}/W=0.732×10^6/64000=11.433N/mm^2 \leqslant [f]/\gamma_R=13/1=13N/mm^2$。

满足要求！

3. 抗剪验算

V_{max}=max［$0.625ql_1$，ql_2］=max［0.625×7.227×0.9，7.227×0］=4.065kN；

$\tau_{max}=3V_{max}/(2bh_0)=3×4.065×1000/(2×60×80)=1.27N/mm^2 \leqslant [\tau]/\gamma_R=1.3/1=1.3N/mm^2$。

满足要求！

4. 挠度验算

$\nu_1=0.521q'l_1^4/(100EI)=0.521×4.933×900^4/(100×9000×256×10^4)=0.732mm \leqslant [\nu]$=min［$l_1/150$，10］=min［900/150，10］=6mm。

满足要求！

5. 支座反力计算

承载能力极限状态：

R_{max}=max［$1.25qL_1$，$0.375qL_1+qL_2$］=max［1.25×7.227×0.9，0.375×7.227×0.9+7.227×0］=8.13kN。

同理可得：

将各道次楞所受线荷载设计值参照以上步骤分别代入，得到梁底支撑各道次楞所受最大支座反力设计值依次为：R_1=5.66kN，R_2=8.13kN，R_3=6.735kN，R_4=8.13kN，R_5=5.66kN。

正常使用极限状态：

R'_{max}=max［$1.25q'L_1$，$0.375q'L_1+q'L_2$］=max［1.25×4.933×0.9，0.375×4.933×0.9+4.933×0］=5.55kN。

同理可得：

各道次楞所受线荷载标准值参照以上步骤分别代入，得到梁底支撑各道次楞所受最大支座反力标准值依次为：R'_1=3.818kN，R'_2=5.55kN，R'_3=4.512kN，R'_4=5.55kN，R'_5=3.818kN。

六、主楞验算

主楞类型	钢管	主楞截面类型(mm)	ϕ48×3.5
主楞计算截面类型(mm)	ϕ48×3	主楞抗弯强度设计值[f](N/mm²)	205
主楞抗剪强度设计值[τ](N/mm²)	125	主楞截面抵抗矩 W(cm³)	4.49
主楞弹性模量 E(N/mm²)	206000	主楞截面惯性矩 I(cm⁴)	10.78
可调托座内主楞根数	2	主楞受力不均匀系数 K_s	0.6

主楞两根合并，其主楞受力不均匀系数 K_s=0.6，则：

承载能力极限状态：

单根主楞所受集中力设计值：

$P_1=R_1\times K_s=5.66\times0.6=3.396$kN，$P_2=R_2\times K_s=8.13\times0.6=4.878$kN，$P_3=R_3\times K_s=6.735\times0.6=4.041$kN，$P_4=R_4\times K_s=8.13\times0.6=4.878$kN，$P_5=R_5\times K_s=5.66\times0.6=3.396$kN。

单根主楞自重设计值：$q=1.1\times1.3\times0.033=0.048$kN/m。

正常使用极限状态：

单根主楞所受集中力标准值：

$P'_1=R'_1\times K_s=3.818\times0.6=2.291$kN，$P'_2=R'_2\times K_s=5.55\times0.6=3.33$kN，$P'_3=R'_3\times K_s=4.512\times0.6=2.707$kN，$P'_4=R'_4\times K_s=5.55\times0.6=3.33$kN，$P'_5=R'_5\times K_s=3.818\times0.6=2.291$kN。

单根主楞自重标准值：$q'=1\times0.033=0.033$kN/m。

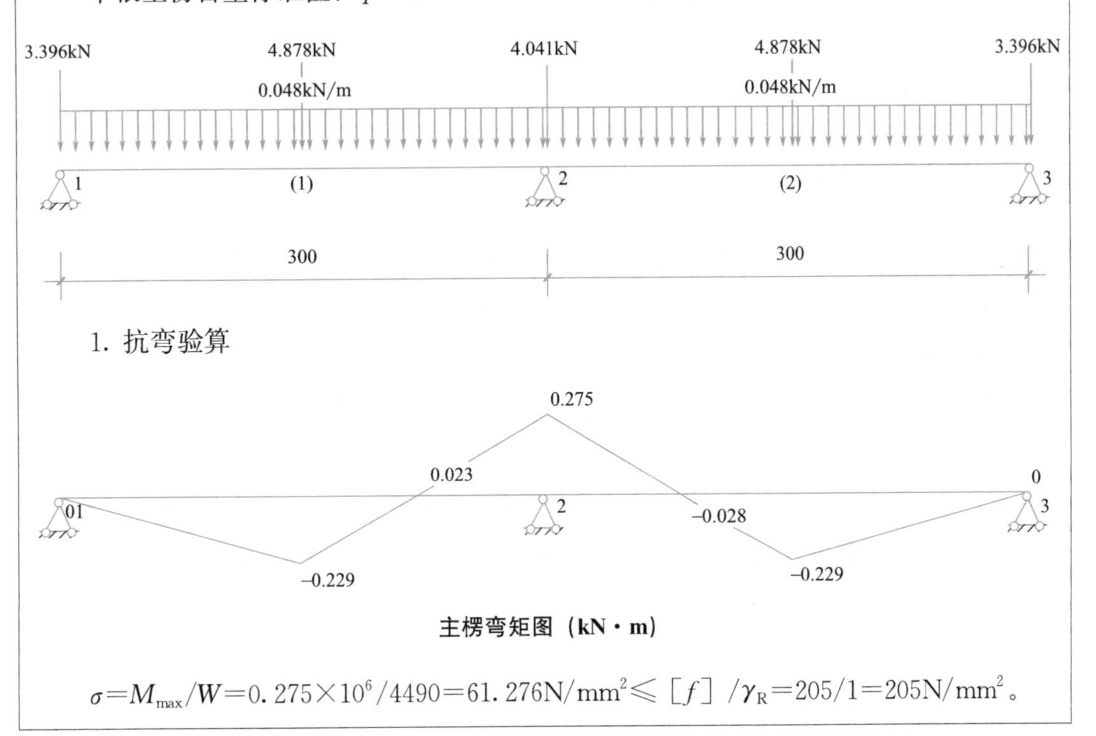

1. 抗弯验算

主楞弯矩图（kN·m）

$\sigma=M_{max}/W=0.275\times10^6/4490=61.276\text{N/mm}^2\leqslant[f]/\gamma_R=205/1=205\text{N/mm}^2$。

满足要求！

2. 抗剪验算

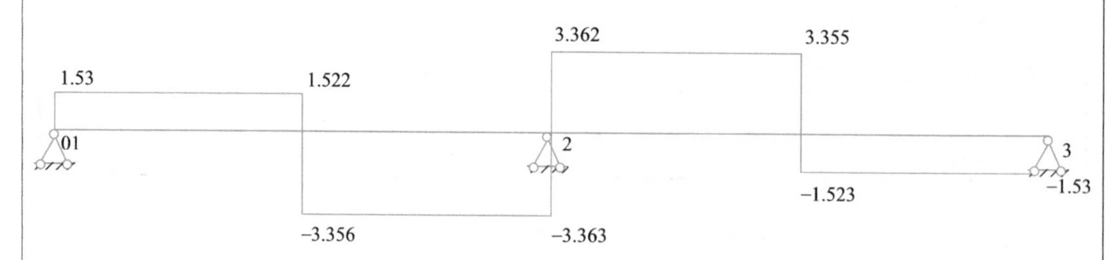

主楞剪力图（kN）

V_{max}＝3.364kN；

$\tau_{max}=2V_{max}/A=2\times3.364\times1000/424=15.87\text{N/mm}^2\leqslant[\tau]/\gamma_R=125/1=$ 125N/mm^2。

满足要求！

3. 挠度验算

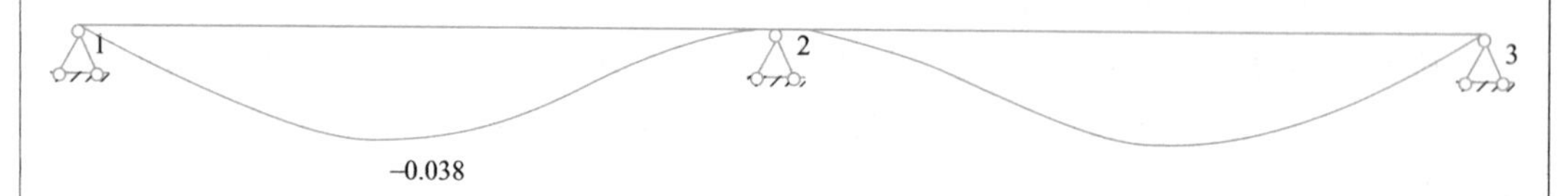

主楞变形图（mm）

ν_{max}＝0.038mm≤［ν］＝min［L/150，10］＝min［300/150，10］＝2mm。

满足要求！

4. 支座反力计算

承载能力极限状态：

支座反力依次为 R_1＝4.924kN，R_2＝10.766kN，R_3＝4.928kN；

立杆所受主楞支座反力依次为：$P_1=R_1/K_s$＝4.924/0.6＝8.207kN，$P_2=R_2/K_s$＝10.766/0.6＝17.944kN，$P_3=R_3/K_s$＝4.928/0.6＝8.213kN。

七、可调托座验算

荷载传递至立杆方式	可调托座	可调托座承载力设计值［N］(kN)	100
是否考虑荷载叠合效应	是		

可调托座最大受力 $N=1.05\times\max[P_1, P_2, P_3]$＝18.841kN≤［$N$］/$\gamma_R$＝100/1＝100kN。

满足要求！

八、立杆验算

立杆钢管截面类型(mm)	ϕ48.3×3.2	立杆钢管计算截面类型(mm)	ϕ48×3
钢材等级	Q355	立杆截面面积 A(mm^2)	424
回转半径 i(mm)	15.9	立杆截面抵抗矩 W(cm^3)	4.49
支架立杆计算长度修正系数 η	1.05	悬臂端计算长度折减系数 k	0.6
支撑架搭设高度调整系数 β_H	1.05	架体顶层步距修正系数 γ	0.9
抗压强度设计值[f](N/mm^2)	300	支架自重标准值 q(kN/m)	0.15
步距 h(mm)	1500	顶层步距 h'(mm)	1000
可调托座伸出顶层水平杆的悬臂长度 a(mm)	600		

1. 长细比验算

h_{max}=max（$\beta_H\eta h$，$\beta_H\gamma h'+2ka$）=max（1.05×1.05×1500，1.05×0.9×1000+2×0.6×600）=1665mm；

$\lambda=h_{max}/i$=1665/15.9=104.717≤［λ］=150。

长细比满足要求！

K_H=1/［1+0.005（H−4）］=1/［1+0.005×（9−4）］=0.976。

查表得，ϕ=0.445。

2. 风荷载计算

$M_w=\gamma_0\times\phi_c\times1.5\times\omega_k\times l_a\times h^2/10$=1.1×0.9×1.5×0.065×0.9×1.5^2/10=0.02kN·m。

3. 稳定性计算

P_1=8.207kN，P_2=17.944kN，P_3=8.213kN；

立杆最大受力 N_w=max［P_1，P_2，P_3］+γ_0×1.3×每米立杆自重×（H−梁高）+M_w/l_b=max［8.207，17.944，8.213］+1.1×1.3×0.15×（9−1）+0.02/0.6=19.692kN；

f=1.05×N_w/（ϕAK_H）+M_w/W=1.05×19692.326/（0.445×424×0.976）+0.02×10^6/4490=116.781N/mm^2≤［f］/γ_R=300/1=300N/mm^2。

满足要求！

九、高宽比验算

根据《建筑施工承插型盘扣式钢管脚手架安全技术标准》JGJ/T 231—2021 第6.2.1：支撑架的高宽比宜控制在3以内：

H/B=9/15=0.6≤3；

满足要求！

十、架体抗倾覆验算

模板支架高度 H(m)	9	模板支架纵向长度 L(m)	20
模板支架横向长度 B(m)	15		

混凝土浇筑前，倾覆力矩主要由风荷载产生，抗倾覆力矩主要由模板及支架自重产生

$M_T=\gamma_0\times\phi_c\times\gamma_Q$（$\omega_k LH^2/2$）$=1.1\times1\times1.5\times$（$0.065\times20\times9^2/2$）$=86.873$kN·m；

$M_R=\gamma_G$［$G_{1k}+0.15\times H/$（$l'_a\times l'_b$）］$LB^2/2=0.9\times$［$0.5+0.15\times9/$（0.9×0.9）］$\times20\times15^2/2=4387.5$kN·m。

$M_T=86.873$kN·m$\leqslant M_R=4387.5$kN·m。

满足要求！

混凝土浇筑时，倾覆力矩主要由泵送、倾倒混凝土等因素产生的水平荷载产生，抗倾覆力矩主要由钢筋、混凝土、模板及支架自重产生。

$M_T=\gamma_0\times\phi_c\times\gamma_Q$（$Q_{2k}LH^2$）$=1.1\times1\times1.5\times$（$0.11\times20\times9^2$）$=294.03$kN·m；

$M_R=\gamma_G$［$G_{1k}+$（$G_{2k}+G_{3k}$）$h_0+0.15\times H/$（$l'_a\times l'_b$）］$LB^2/2=0.9\times$［$0.5+$（$24+1.1$）$\times0.2+0.15\times9/$（0.9×0.9）］$\times20\times15^2/2=14553$kN·m；

$M_T=294.03$kN·m$\leqslant M_R=14553$kN·m。

满足要求！

所有计算类别均满足要求即为计算通过，若不通过，则会在计算书最下方告知具体位置和修改建议，如图10-11所示。

结论和建议：

1.次楞抗弯验算，不满足要求！请减小梁跨度方向立杆间距或调整梁底支撑次楞悬挑长度！

2.次楞抗剪验算，不满足要求！请减小梁跨度方向立杆间距或调整梁底支撑次楞悬挑长度！

图10-11　计算不通过时“结论与建议”示例

单元总结

本单元主要阐述了几类常见的危险性较大的分部分项工程的计算内容和要求，介绍了安全计算软件的常用功能和主要计算模块，并以一根实际的超限梁为例，讲解了梁下支模架计算的操作和注意事项，出具了完整的计算书。

思考及练习

1. 单选题

（1）以下哪个不是支模架施工方案中的计算内容（　　）。

A. 立杆稳定性　　B. 可调托座支座反力

C. 支撑系统基础承载力　　D. 支模架水平剪刀撑轴力

（2）以下关于危大工程施工方案计算书说法错误的是（　　）。

A. 基坑工程围护设计不需要计算书

B. 承台桩基础的塔式起重机方案需要附上相应的计算书

C. 搭设高度超过 8m 的支模架在论证时属于超危工程

D. 危大工程计算书的设计需要满足安全可靠，节约成本的原则

2. 多选题

以下使用安全计算软件可以计算的是（　　）。

A. 塔式起重机桩基承载力

B. 脚手架连墙件

C. 沉井、顶管

D. 梁侧支模架

E. 支模架立在楼层上时楼层板的承载能力

3. 思考题

仿照上述案例，为一根截面尺寸为 500×1200（单位 mm），梁跨长度 5m，层高为 4m，梁侧板厚为 300mm 的梁设计一份计算书，地基基础可不计算。

（答案不唯一，计算通过且选材合理即可）。

附录1

Appendix 01

基坑工程施工方案（钢抛撑形式）

附录 1　基坑工程施工方案施工图

目 录

1.1 工程概况

1.1.1 基坑工程概况和特点

1. 工程基本情况

工程位于×××。本工程征地面积为 4734.485m²，地上 1 幢 4 层商务中心，建筑面积约 6628m²，地下一层车库，面积 2100m²。采用钻孔灌注桩。

本工程重要性等级为三级，场地复杂等级为二级，地基复杂等级为二级。

2. 开挖范围内的地质水文情况

第①-1 层：杂填土，杂色，为近期回填，以粉质黏土、碎石、建筑废石板材等组成，总体呈松散状，土质不均，结构紊乱，临近城南大道一侧有旧房基础。该层均有分布。层厚 0.90～1.40m。

第①-2 层：黏土，灰黄、青灰黄色，软可塑为主，局部硬可塑，切面光滑，无摇振反应，干强度及韧性中等，该层局部为粉质黏土。该层均有分布。层厚 1.00～2.40m，层顶埋深 0.90～1.40m。

第③层：淤泥质粉质黏土，灰色，流塑，局部为粉质黏土，偶夹黏质粉土，稍有光滑，无摇振反应，干强度及韧性中等。该层均有分布，层厚 2.80～4.50m，层顶埋深为 2.10～3.40m。

本基坑开挖范围内土层主要为黏土及淤泥质粉质黏土，主要参数见下表：

层号	黏聚力(kPa)	内摩擦角(°)	水平渗透系数(cm/s)	垂直渗透系数(cm/s)
①-2	22.8	10.3	5.5×10^{-7}	4.6×10^{-7}
③	12.3	7.2	1.9×10^{-6}	1.4×10^{-6}

拟建场地地下水位埋深 0.40～0.85m，地下水位黄海高程为 4.75～4.90m。本场地地下水主要接受大气降水等因素的影响，以地表蒸发及侧向径流为主要排泄途径，年水位变幅不大，一般幅度在 1.5m 左右。

1.1.2 基坑支护设计

场地整平标高约 5.60m，地下室底板面标高 0.75m，板厚 400mm，垫层厚 150mm。考虑基底预留 30cm 厚土方（由人工完成），本基坑机械开挖深度约为 5.1m，电梯井处超深 1.75m。

1-1 剖采用二级 1∶1 放坡，一级平台宽 3m，平台处打设三排 ϕ600 的水泥土搅拌桩作为止水帷幕，间距 450mm。

2-2 剖、3-3 剖、4-4 剖采用放坡结合排桩钢抛撑的支护方式，一级 1∶1 放坡，放坡平台宽3m。支护桩为ϕ700@1000的钻孔灌注桩。止水帷幕为一排ϕ600@450的水泥土搅拌桩，钢抛撑采用ϕ426×12的钢管。

5-5剖采用钢管角撑一道，6-6剖处为电梯井。

放坡开挖的坡面挂钢筋网并采用C20喷射混凝土护坡，厚80mm。

1.1.3 周边环境条件

1. 本基坑北侧为垃圾回收站，西侧及南侧为××××电力建设有限公司，东侧为城南大道。

2. 基坑开挖阶段，现场围墙距离开挖边线较近，其中北侧围墙250mm，西侧围墙约2m，南侧围墙约2m，东侧空间较大，拟布置临时设施。

3. 城南大道人行道附近埋地敷设有自来水管及煤气管，受开挖影响较小。

4. 考虑到北侧围墙紧邻基坑边坡，为保证安全，在基坑开挖阶段，该侧围墙采用彩钢板临时围护。

5. 基坑东北角设塔式起重机1台，四桩基础，塔式起重机承台边缘与开挖边坡间距2m。

6. 现场场地已经平整，现状标高为5.60m（黄海标高），无障碍物，开挖范围内无需保护的管线。

1.2 编制依据

1. 本工程总平面图
2. 《岩土工程勘察报告》详勘
3. 《地下室基坑支护方案》
4. 本工程地下室有关图纸
5. 依据的主要规范、规程和标准

（1）《建筑基坑支护技术规程》JGJ 120—2012；
（2）《建筑基坑工程技术规范》YB 9258—1997；
（3）《建筑地基处理技术规范》JGJ 79—2012；
（4）《建筑基坑工程监测技术标准》GB 50497—2019；
（5）浙江省标准《建筑基坑工程技术规程》DB 33/T 1096—2014；
（6）《建筑桩基技术规范》JGJ 94—2008；
（7）《建筑地基基础工程施工质量验收标准》GB 50202—2018；
（8）《施工现场临时用电安全技术规范》JGJ 46—2005；
（9）《建筑机械使用安全技术规程》JGJ 33—2012；
（10）基坑工程手册；
（11）该工程的施工组织设计；
（12）相关法律法规等。

1.3 施工计划

1.3.1 劳动力计划

在该基坑挖土施工期间，由于各工序、各工种交叉施工，如基坑挖土、坑底人工修土、截桩、支撑安装、拆除等，所以劳动力组织与工程特点有直接关系，综合工程实际、施工进度等因素，按表1.3.1方案组织劳动力：

劳动力计划　　表1.3.1

序号	分工	人数	备注
1	普工	10	搭设临时设施、人工挖土、截桩、场地清理及平整、帮助其他工种
2	钢筋工	10	钻孔灌注桩钢筋笼、压顶梁等钢筋制作绑扎
3	木工	5	压顶梁模板的制作和安装
4	泥工	10	临时设施搭设、砖胎膜砌筑、地面混凝土浇捣、排水沟集水井砌筑等
5	机电工	5	施工现场分配电、照明及施工用水水管接设等
6	辅助工	5	清理工作
7	机操工	6	挖土机，桩机等机械操作
8	钢支撑安装工	8	钢抛撑装配、安装
9	安全保卫班	3	工作内容为施工场内日夜值班等
10	安全生产管理员	1	安全员
11	特种工	5	电焊工、塔式起重机驾驶员、电工等施工人员，持证上岗

1.3.2 机械设备计划（表1.3.2）

机械设备计划　　表1.3.2

序号	设备名称	规格、型号	数量	备注
1	挖机	PC200/60	各2台	
2	重型自卸汽车	CWB536HDZ(20T≈13方)	10辆	
3	空压机	2.5m^3/min	2台	
4	风镐	—	3台	
5	喷射机	HPC-V型	2台	
6	注浆机	UBJ1.8型	2台	备用
7	钢筋切割机	QJ40-1	1台	
8	交流电焊机	BX-300	2台	
9	气割枪	CG1-100	1台	
10	平板振动机	—	2台	
11	潜水泵	真空式	8台	
12	水准仪	NA2型	1台	
13	全站仪	DTM-612A	1台	

1.3.3 材料计划

列示基坑支护、降排水、土方开挖所需的材料清单，包括工程材料、周转材料、救援应急物资等，说明材料的用量及进场时间等。

1.3.4 施工进度计划

1. 组织强有力的管理班子，落实管理岗位的职责。建立各工种专人负责，既分工又协作的有机管理网络，对工程进度、质量、安全进行全过程控制，并进行考核。

2. 建立工程协调会制度，加强总承包与各专业分包单位的配合和协调，及时同分包单位互通信息，掌握施工动态，协调内部各专业工种之间的工作，注意后续工序的准备，布置工序之间的交接，及时解决施工中出现的各类问题。经常和定期检查计划实施情况，包括工程形象进度、资源供应和管理工作进展。

3. 强化现场管理，落实“责、权、利”。对各道工序严格把关，避免返工。项目经理部内部实行考核制度，针对各施工工序的实际进度，结合各岗位人员的工作实绩进行奖罚；同样，对各作业班组实行工程进度考核，保质按期完成计划进度部位的给予奖励，反之则进行罚款。通过奖优罚劣，充分调动管理人员和作业班组的生产积极性，以确保工程进度计划的严肃性。

4. 每周召集一次平衡调度会，及时解决劳动力、施工材料、成品加工品进场计划等问题，通过周计划保证月计划，通过月计划保证季度计划，从而确保工程总进度计划目标的实现。

5. 紧紧抓住施工网络计划中关键线路上的施工周期，及时完成关键线路的工作。对位于非关键线路上的工作，往往有若干机动时间即时差，在工作完成日期适当挪动不影响计划工期的前提下，合理利用这些时差，也可更有利地安排施工机械和劳动力的流水施工，减少窝工，提高工效。

6. 编制各阶段各种材料货源供应量计划。及时了解材料、设备供应动态，对缺口物资要做到心中有数，并积极协调调剂，对于需外加工的构配件，市场上紧俏的材料和配件，应估计订货、采购、加工、运输和进场（库）时间，提前编制和落实各货源供应量计划。

7. 精心组织、科学施工。根据划分的施工区域，合理平衡和安排劳动力，组织各工种穿插和搭接，组织平行流水、立体交叉作业。

8. 实行弹性工作时间，主导工序的工种要组织必要的加班加点，作业班组两班轮换，延长工程整体作业时间。

9. 做好雨天及其他恶劣气候的施工后备工作，合理安排工程的施工。

10. 在工程施工中与建设、设计、质监、监理等保持经常性的联系，以便及时将信息反馈回项目部，下达落实到各作业点和作业组。

基坑开挖计划见表 1.3.3

基坑开挖进度计划

表 1.3.3

序号	工作名称	26	1	4	7	10	13	16	19	22	25	28	31	3	6	9	12	15	18	21	
		2013年3月												2013年4月							
1	第一阶段土方开挖																				
2	第二阶段开挖																				
3	底板中心岛施工																				
4	坑边抽条开挖并安装抛撑																				
5	坑边三角土开挖																				
6	坑边底板施工																				
▶																					
进度标尺		0			10			20			30			40			50				59
星期		六	二	五	一	四	日	三	六	二	五	一	四	日	三	六	二	五	一	四	六
工程周		4									8										9

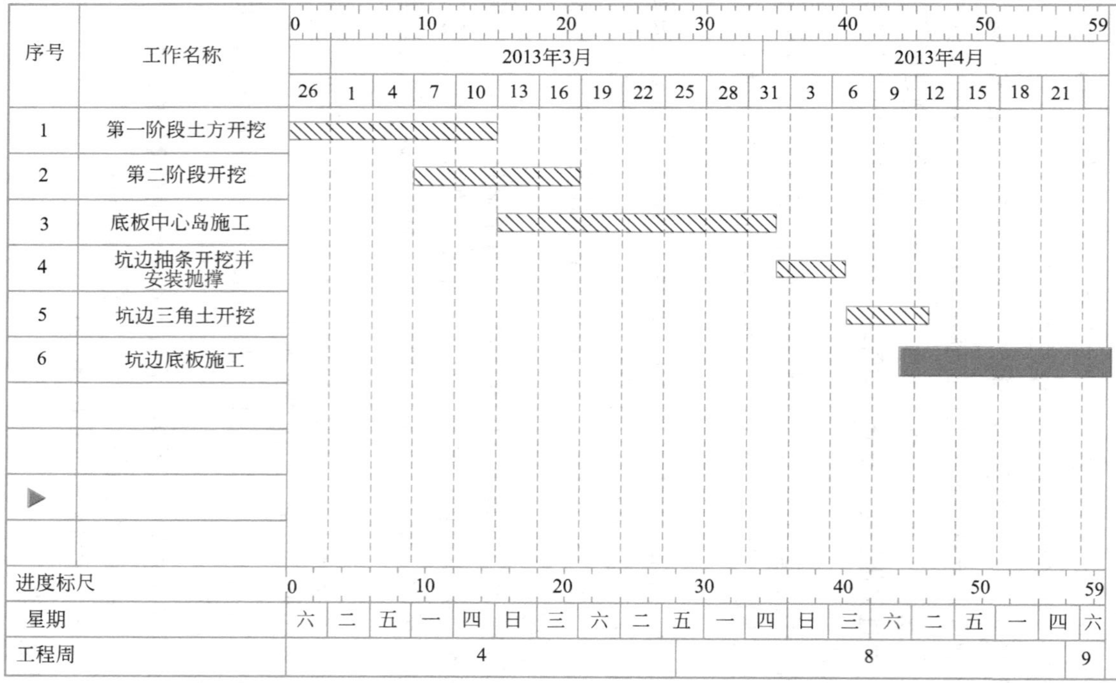

一、本工程(时间)完成打桩，(时间)开挖。

二、本基坑开挖共分四个阶段完成。

1. 第Ⅰ阶段开挖：

沿基坑周边放坡开挖，挖出灌注桩后凿桩并施工压顶梁。

2. 第Ⅱ阶段开挖：

盆式开挖底板中心土方，基坑周边留置三角土。

3. 第Ⅲ阶段开挖：

底板中心岛施工完毕，强度达到设计要求后，抽条开挖坑边三角土，逐根安装钢管抛撑。

4. 第Ⅳ阶段开挖：

钢抛撑全部安装完毕后，逐段开挖坑边三角土。

坑边三角土开挖完成后将出土口挖除，施工底板剩余部分

1.4 施工工艺技术

1.4.1 水泥土搅拌桩施工

1. 两喷四搅工艺流程

桩位放样→钻机就位→检验、调整钻机→正循环钻进至设计深度→打开高压注浆泵→反循环提钻并喷水泥浆至桩顶以上500mm高→重复搅拌下钻至设计深度→反循环提钻并喷水泥浆至地表→成桩结束→施工下一根桩。

2. 施工机械的选用

选用3台SJB-1型深层搅拌机，搅拌头外径600mm。该型号桩机电动机功率为2×30kW，工作能力为40～50m/台班。

3. 桩位放样

利用控制轴线放出搅拌桩中心线。

沿中心线用钢尺测距，标出每一颗桩位，并在桩位中心插入钢筋标识。

4. 桩机就位与垂直度校正

用卷扬机和人力移动搅拌桩机到达作业位置，使钻头正对桩位中心，用经纬仪或吊线锤双向控制导向架垂直度，保证桩机主轴倾斜度不大于1%。

桩机移位由机长统一指挥，移动前必须仔细观察现场情况，移位要做到平稳、安全。桩机定位后，由机长负责对桩机桩位进行复核，偏差不得大于20mm。为便于成桩深度的控制，施工前应在钻杆上做好标记，控制搅拌桩桩长不得小于设计桩长，当桩长变化时擦去旧标记，做好新标记。

5. 预先搅拌下沉

启动深层搅拌桩机转盘，待搅拌头转速正常后，方可使钻杆沿导向架边下沉搅拌，下沉速度可通过档位调控，工作电流不应大于额定值。

6. 拌制浆液

深层搅拌机预搅下沉，同时后台拌制水泥浆液，待压浆前将浆液放入集料斗中。水泥掺入量15%，水泥强度为42.5级普通硅酸盐水泥，水灰比0.50，每米深层搅拌桩水泥用量不少于50kg。

7. 喷浆搅拌提升

下沉到达设计深度后，开启灰浆泵，通过管路送浆至搅拌头出浆口，出浆后启动搅拌桩机及拉紧链条装置，按设计确定的提升速度（0.8m/min以内）边喷浆搅拌边提升钻杆，使浆液和土体充分拌合。

8. 重复搅拌下沉

搅拌钻头提升至桩顶以上500mm高后，关闭灰浆泵，重复搅拌下沉至设计深度，下沉速度按设计要求进行。

9. 喷浆重复搅拌提升

下沉到达设计深度后，喷浆重复搅拌提升，一直提升至地面。

10. 桩机移位

施工完一根桩后，移动桩机至下一根桩位，重复以上步骤进行其余桩施工。

11. 施工记录

施工过程中，由工长负责填写施工记录，施工记录表中详细记录桩位编号、桩长、断面面积、下沉（提升）搅拌喷浆的时间及深度、水泥用量、试块编号、水泥掺入比、水灰比。施工过程中质检员、技术负责人、监理工程师监督施工，施工记录报项目监理审批。

12. 质量检验

（1）施工前应检查水泥的质量、桩位、搅拌机工作性能及各种计量设备完好程度。水泥必须具有供应商提供的出厂合格证和质保书，并按批次取样送检测中心试验合格后方能使用。

（2）施工中质量检验包括机械性能、材料质量、掺合比试验等资料的验证，以及逐量桩位、桩长、桩顶高程、桩身垂直度、桩身水泥掺量、喷浆速度、水灰比、搅拌和喷浆起止时间、喷浆量的均匀度、搭接桩施工间歇时间等。

（3）施工结束后，应检查桩体强度、桩体直径、防渗效果及地基承载力。

（4）水泥土搅拌桩桩身强度应采用试块试验确定，试块制作好后进行编号、记录、养护。每天做一组试块，规格 7.07cm×7.07cm×7.07cm，水泥土试块采用自然养护测定 28d 后无侧限抗压强度。测得的 28d 无侧限抗压强度应不小于 0.8MPa。

1.4.2 钻孔灌注桩施工

本基坑除 1-1 剖外，其余剖面均采用灌注桩排桩加钢管抛撑的方式支护，钻孔灌注桩直径 700mm，混凝土强度等级为水下 C25，桩长约 9m。

1. 施工机械的选用

根据本工程地质特征和实际钻孔深度并结合以往的施工经验，计划采用泥浆护壁反循环钻孔施工方式，现场拟引进 1 台 GPS-15 型钻机及各种配套辅助机械设备，详见表 1.4.1：

桩基施工机械计划表　　表 1.4.1

名称	型号	动力	单位	数量	用途
钻机	GPS-15	30kVA	台	1	钻孔
泥浆泵	3PNL	22kVA	台	1	钻孔泥浆循环
废浆运输车	东风 5t	柴油发动机	台	1	废浆外运
潜水泵		2kVA	台	1	排水

2. 桩位放样

利用控制轴线放出围护桩中心线，并沿中心线用钢尺测距，标出每一颗桩位，在桩位中心插入钢筋标识。

3. 埋设护筒

护筒选用大于桩径10cm的钢制护筒，壁厚6mm，长度0.8～1.0m。以桩位中心基准，埋设十字交叉桩，人工挖掘护筒坑即将护筒放下，调整护筒位置，使护筒中心与十字线交叉点大致重合，将护筒周围用黏土从下往上填满捣实。再次复测，在桩位中心插上钢筋，保证桩位中心距离护筒壁最小净距大于设计桩半径。

4. 钻机就位

钻机就位时，转盘中心对准桩位中心，偏差应小于10mm，使转盘水平，并做到天平中心、转盘中心与桩位中心成一直线。

5. 挖设循环系统

按照泵吸反循环钻进成孔要求，钻机施工前挖设一个约30m^3泥浆池及一个约20m^3沉淀池。

6. 钻进成孔

（1）钻头

选用四翼单腰带梳齿钻头或镶焊硬质合金刀头的笼式钻头。

（2）泥浆性能

注入孔口泥浆：漏斗黏度16″～18″，密度≤1.10；排出孔口泥浆：漏斗黏度18″～22″，密度≤1.20。

（3）钻进参数见表1.4.2

钻进参数表 表1.4.2

钻进参数/地层	钻压(kN)	转速(r/min)	泵量(m^3/h)
黏(粉)性土	10～25	23～42	180
卵石层	20～40	11～23	150～200

施工中根据地层情况，合理选择钻进参数，一般开孔宜轻压慢转，正常钻进时，钻进速度较快，临近终孔前改慢钻进速度以便及时排出钻屑，减少孔内沉渣。

根据施工、水文地质条件，密切注意钻进中每一环节的变化，预防发生质量事故，如有以下情况时应立即停钻，待查明原因后，方可钻进：

1）钻孔内水位突然下降；

2）孔口冒细密的水泡；

3）钻机负荷显著增加。

（4）钻进成孔工艺操作要点

施工过程中应随时检查钻头的直径，并及时进行修复，以保证桩孔的设计直径。结束后应检测垂直度、孔径、孔深。

孔深以钻杆测绳配以钢皮尺测定深度以确保孔深精度；孔径及垂直度采用井径仪或超声波检测仪测定。

泥浆泵启动前要检查吸水系统密封情况，从泥浆泵吸入口直到钻头吸渣口上，发现密封不好及时处理。

泥浆泵启动前，应将钻头提高孔底约200mm，各阀置于反循环工作状态下，启动泥浆泵，直到孔口返水时再启动泥浆泵，关闭泥浆泵。压力真空表读数降至－93～－100kPa，此时泥浆泵出口排浆正常，即可进入正常运转。

钻进中应细心观察压力真空表、电流表和电压表变化情况，注意观察排渣的种类、形态和大小，认真观察出水口的冲洗液流量大小调整钻进参数，适当控制钻进速度。

下钻不得把钻头直接降至孔底，钻头应离孔底约 200mm 以上，以防止孔底钻渣堵塞钻头吸渣口。

钻进黏土层进尺缓慢甚至不进尺时，应设计合理的钻头，采用吊起钻具轻压慢转钻进，或调节泥浆相对密度和漏斗黏度及适当增大泵量等措施，解除钻头泥包或糊钻。

冲洗液向孔内补给不足时要进行回灌，保证泥浆正常循环。

（5）终孔

根据试成孔、勘察资料初步定出设计持力层等高线图，并预定每个钻孔的设计深度。施工中根据地质资料情况、机械进尺速度和上返岩样等情况综合判定入岩情况，确保桩尖进入设计岩层深度，并采集保存界面岩样和终孔岩样，经现场监理验证合格后方能终孔。

（6）清孔

成孔结束时不提钻，钻头不加压，慢速回转，利用泵吸正循环清孔。待钢筋笼、导管安放结束后进行第二次清孔，清除下钢筋笼地剥落孔壁中的土渣。

（7）终孔验收及质量验收

终孔验收

当钻至设计深度时即可停钻。桩孔终孔后，由钻机班长、质检员复检合格后报监理，对其桩径、孔深、垂直度及孔底沉渣等各项指标依据规范规定及设计要求进行验收，签署意见。达到标准后进行下道工序。

桩孔质量标准：

桩长：±100mm；

孔径允许偏差：±20mm；

垂直度偏差不得大于 1%；

孔底沉渣≤100mm；

桩位水平偏差不大于 50mm；

泥浆密度≤1.15。

7. 钢筋笼制作与吊放

（1）钢筋笼的制作方法要求

钢筋笼规格及配筋严格按设计图纸进行，钢筋笼焊接按《混凝土结构工程施工质量验收标准》GB 50204—2015 执行。钢筋笼制作偏差：主筋间距±10mm，箍筋间距±20mm，钢筋笼直径±10mm，钢筋笼长度±50mm。

进场钢筋规格符合要求，并附厂家材质证明，经材质检验合格后使用。

钢筋笼用加劲箍成型法，保护层垫块用厚 50mm 混凝土穿心环形圈，隔 2～4m 设置一道。

搭接焊的钢筋，焊接长度单面焊不小于 10d，双面焊不小于 5d。

主筋与加强筋间点焊焊接，箍筋与主筋间绑扎并间隔点焊。

钢筋笼根据有效桩长分段制作，分段长度按桩架高度设计，制作时须满足规范要求，同一截面积接头数不超过 50%。

钢筋笼标高控制，先根据孔口标高及笼顶标高计算吊筋长度，焊接在钢筋笼上部，焊接长度大于20cm，然后悬挂固定。

钢筋必须缓慢入孔，不得高起高落、冲击。如发现有卡住现象，应查明原因，采取措施，消除障碍后，再做下步工作。

笼子成型后，经过验收合格后方可使用。

（2）钢筋笼的吊放

钢筋笼吊放时值班工长、质检人员、安全员及机台班长必须在场，并由值班工长统一协调指挥。

钢筋笼较长时用吊车整体起吊入孔，应保证平直起吊。

笼子吊离地面后，利用重心偏移原理，通过起吊钢丝绳在吊钩上的滑动并稍加人力控制，实现平直起吊转化为垂直起吊，以便入孔。

各起吊点应加强，防止因笼较重而变形。起吊过程中要注意密切配合。

吊放钢筋笼入孔时，应对准孔位轻放慢放入孔，遇阻碍要查明原因，进行处理，不得强行下放。

需要对接的钢筋笼，一段就位后，吊挂筋支承在护筒顶的枕木上，不能直接放在护筒上。

钢筋笼入孔后，由垫块及通过插杆定位。

本基坑支护灌注桩采用非对称配筋，吊放钢筋笼时应注意方向。

8. 水下混凝土浇筑

本工程采用正循环换浆清孔，工艺简单，效果较好，在清孔应注意：

清孔时，应将导管距孔底10cm左右清孔，清孔一段时间后可以上下小幅升降导管提高清碴效率，但严禁导管底口碰撞孔底。

清孔时需置换泥浆，使孔底沉渣和泥浆指标满足设计及规范要求。清孔结束后，测量其孔底沉渣及孔底泥浆密度。孔底沉渣必须严格按照设计要求控制在5cm以内，通过监理验收合格后，方可做后续工作。

如二次清孔完毕与混凝土开灌时间超过0.5h，对孔底沉渣厚度应再进行一次测定，如沉渣厚度超过规定要求，应再次进行清孔。

混凝土采用商品混凝土，用6m^2运输车配合浇筑，并保证浇筑的连续性（用此法浇筑不用考虑混凝土初灌量）。

水下混凝土浇筑采用直升导管法，导管选用ϕ256螺栓接头连接方式，它具有水密性好的特点。

导管放置时，力求导管中心与桩中心一致，减少浇筑阻力。

浇灌前必须放好球胆及盖板。

初灌时，导管底口距孔底距离控制在0.30～0.50m之内。

正式浇注的时候导管埋深控制在2～6m之间，混凝土浇筑速度≥20m^3/h，浇筑时间不超过8h。浇筑连续不断，徐徐灌入，并在3h内灌完一桩。

浇筑过程中要定时测量混凝土面高度并做好记录。

为确保桩顶部位质量，保证导管有2m以上的埋深之外，应控制混凝土最后一次的浇筑量，桩顶超灌长度按设计要求。

按国家标准有关规定及时制作试块，每个浇筑台班制作一组试块，标准养护 28d，送试验室进行抗压试验。

水下混凝土浇筑须按有关规范记录水下混凝土浇筑记录表。

9. 空孔回填

基桩成桩后，空孔部分用现场废渣回填，且孔口设安全防护措施。

10. 废泥浆的处理

本工程现场桩基施工阶段产生的含水泥的废水、泥浆采用全封闭型泥浆专用车运出场外，不得随意排放。

1.4.3 土方支护与开挖

1. 支护与开挖流程

(1) 先撑后挖、分段分层、严禁超挖；

(2) 平面上分段开挖，分段长度不超过 20m；

(3) 竖向分层开挖，分层厚度不超过 1.5m；

(4) 设计标高以上预留 30cm 土方由人工开挖；

(5) 垫层限时封闭，挖完一块浇筑一块垫层，无垫层暴露时间不超过 12h。

2. 基坑开挖阶段划分

(1) 第Ⅰ阶段开挖：

沿基坑周边放坡开挖，挖出灌注桩后凿桩并施工压顶梁。

(2) 第Ⅱ阶段开挖：

盆式开挖底板中心土方，基坑周边留置三角土。

(3) 第Ⅲ阶段开挖：

底板中心岛施工完毕，强度达到设计要求后，抽条开挖坑边三角土，逐根安装钢管抛撑。

(4) 第Ⅳ阶段开挖：

钢抛撑全部安装完毕后，逐段开挖坑边三角土。坑边三角土开挖完成后将出土口挖除，施工底板剩余部分。

3. 压顶梁施工

(1) 施工流程

放坡开挖坑边土方至标高 3.15m 处→凿除围护桩超浇部分桩体→定位放线→压顶梁钢筋绑扎、抛撑预埋件安装→压顶梁模板支设→混凝土浇筑→养护。

(2) 桩头凿除

根据现场水准点，将其用水准仪引入到基坑，测出桩头位置，根据图纸及规范要求，找准桩顶标高后，在桩身上作醒目标记，为防止破除过深，在桩顶设计标高以上的 50mm 处开始破除，每根桩上做四个标记点，并将四个点连成一圈，作为破桩头的控制线。

先将控制线以上混凝土保护层剔除，直至剔出主筋，注意避免剔伤主筋。再用空压机对桩体全部剔除。注意在剔桩头过程中，不得破除到标高控制线以下，不得将主筋弯曲超过 30°以上，不得只从一个方向开始破除，应从四个方向向内破除。

将破除的混凝土块清理干净，然后用人工凿除并清顶，桩头要平整，不得凹凸不平，凿桩完毕后，用钢丝刷清理松动的粉尘后，用水清洗。

根据设计要求的钢筋锚固长度，截取桩头钢筋。

（3）压顶梁施工

由控制轴线放出压顶梁的轴线，根据放出的轴线测设出边线及细部。

用于支撑系统的钢筋必须附有质量合格证，进场时应根据检验规范分批进行见证取样和检验。

将围护桩桩顶凿至设计标高，清理干净后即可作为压顶圈梁底模，两侧采用木模支撑。

钢筋的安装按照混凝土结构钢筋规范及本基坑支护设计图纸要求进行。

压顶梁采用商品混凝土进行浇筑，应保证混凝土的供应进度，浇筑过程中尽量尽量不产生冷缝。

混凝土表面采用覆盖薄膜进行养护，侧面在模板拆模后采用浇水养护，一般养护时间不少于7d。

4. 钢抛撑施工

（1）施工准备

本工程抛撑采用ϕ426钢管，管壁厚12mm，与压顶梁及底板支墩上预埋的钢板焊接连接。

底板中心岛强度达到设计要求后，在坑边三角土上标出每根钢抛撑中心灰线，然后按灰线抽条开挖，牵线实测混凝土压顶梁与底板支墩之间的长度，根据实测长度下料和拼接钢管抛撑，对偏移牛腿应进行修正。

在压顶梁及底板支墩上定出支撑两头的中心点位置，确保支撑轴心受力。

（2）施工安装

施工前及时配齐支撑及配套物件，量好钢管抛撑的长度，保证实际长度和装配长度相符。

预先在钢管上定出待穿墙体的位置中心线，焊上钢板止水环。注意止水环应该在钢管安装前焊接，不得在抛撑就位受力后施焊。

本工程采用的支撑钢管，每米重量123kg，单根设计长度约7m，重量不超过1t，采用塔式起重机调运能够满足要求，在基坑西南角较远处，为避免塔式起重机超载，可先由塔式起重机将钢管吊运至西南角附近，然后由挖机配合驳运至安装处。

钢管采用钢丝绳两点捆绑，控制好角度，用塔式起重机调入预定位置，溜绳控制好方向慢慢放落，钢管两端与压顶梁及支墩定位点对齐后施焊。

钢管与预埋钢板连接处电焊须满焊，焊缝厚度不小于8mm。

焊接完毕后解开钢丝绳，转入下一根钢抛撑的安装。

（3）钢管支撑拆除

地下室顶板施工完毕，达到设计强度要求，分层回填抛撑以下土方后开始逐根拆除抛撑。

由于被外墙分隔，每根钢管分墙外墙内两段进行拆除，为避免钢管在外墙上的支点受力后止水环移位产生细微裂缝对防水不利，拟先用气焊沿墙两面割除钢管，然后割除在压顶梁及支墩上的支点焊缝。

墙外钢管割除段长度约 1m，割除后直接用塔式起重机吊出，墙内钢管割除段长约 6m，捆绑废轮胎后用卷扬机拖出地下室。

钢管支撑拆除时应加强基坑监测。

5. 降排水施工

（1）坑顶截水

基坑顶部设置 400mm 宽截水沟，混凝土砖砌壁，铸铁箅子盖顶，沿排水沟间隔 30m 左右设置集水井，及时将积水抽除，防止地表积水流入基坑。

（2）坑内排水

开挖底板中心岛土方时，沿开挖分界线外围设置排水沟，截面尺寸 400mm×400mm，采用盲沟的形式，沟内回填碎石，浇筑坑边底板垫层时可直接覆盖。

间隔 30m 左右设置集水井，截面尺寸 500mm×500mm，深度 1m，采用混凝土砖砌壁，底部填 300mm 厚碎石。

底板范围内利用地梁沟进行排水，不单独开挖排水沟。

6. 土方开挖施工原则

土方开挖必须严格遵循“分块分层、对称限时、先撑后挖、严禁超挖”的原则。本基坑土方开挖分层厚度不超过 1.5m，防止土体挤推工程桩。开挖分段长度不大于 20m，机械挖土结束后马上进行人工修整。开挖时平面分段、对称均匀进行，使坑内土方开挖面近似水平下降。

7. 第Ⅰ阶段土方开挖

（1）该阶段沿坑边 1∶1 放坡开挖至标高 3.150m 处，在设计有压顶梁处再向坑内挖出不小于 3m 的工作面，灌注桩挖出后修整标高调整桩头钢筋，施工压顶梁。

（2）放坡面挖出后立即组织人工进行修土，并限时挂网喷混凝土护坡。

（3）该阶段开挖自标高 5.6～3.15m，开挖深度 2.45m，分两层完成。

（4）沿坑边环向开挖至出土口，出土口压顶梁强度达到设计要求后分层回填压实，表面铺 400mm 厚塘渣。

8. 第Ⅱ阶段土方开挖

（1）基坑北侧及西侧接上一阶段开挖工作面，按 1∶1 放坡开挖至底板底，放坡面挖出后立即组织人工进行修土，并限时挂网喷混凝土护坡；基坑东侧、南侧接上一阶段开挖工作面，以底板开挖分界线确定的坑边留土宽度，按约 44%的坡度开挖至底板底。

（2）该阶段开挖自标高 3.15～0.2m，开挖深度 2.95m，分两层完成。

（3）底板中心岛的土方开挖在平面上分 6 块进行，分段长度不超过 20m，每块开挖完成立即浇筑垫层封闭。

（4）后浇带为分界线，1、2、3、4 分块完成后浇筑后浇带西侧底板，5、6 分块完成后浇筑后浇带东侧底板。

（5）该阶段土方开挖时，运土车按固定坡道行走，自西向东，边挖边退，坡道逐步收回，当形成较大高差时，采用两台挖机台阶式接驳出土。

9. 第Ⅲ阶段土方开挖

（1）地下室底板及抛撑支墩达到设计要求后，抽条开挖坑边三角土，逐根安装抛撑。

（2）东南角角撑同时安装。

10. 第Ⅳ阶段土方开挖

（1）抛撑全部安装完毕后，开始开挖坑边三角土，沿基坑分段进行，分段间距不超过抛撑间距。

（2）按设计要求位置保留土墩。

（3）采用pc60型小挖机进入基坑开挖，挖机在地下室底板上沿固定路线行走，行走路线上铺路基板。

（4）挖完一段土方立即投入人工进行修土，修完一块立即浇筑垫层封闭一块，垫层浇筑至围护桩边与桩周顶牢。

（5）坑边土方全部挖完后，挖机退出基坑，由长臂挖机在出土口收土，出土口收土时注意按设计要求在该处预留土墩。出土口土方清理干净后若发现该处护坡变形或破损应及时修补。

11. 工程桩、钢抛撑保护措施

（1）土方开挖前，注明工程桩的桩位，以便挖机操作，并配合安排好土方开挖的破桩人员，按开挖层数分段凿桩，桩头凿除后由挖机转运出基坑。

（2）距离围护桩300mm范围内土方由人工开挖剥离，防止挖机碰撞围护桩。

（3）分层开挖应严格控制坑内土方高差，有高差处应放坡，防止工程桩受到推挤，工程桩露出开挖面后应及时组织人力进行凿除。

（4）抛撑安装时，预先在钢管上定出待穿墙体的位置中心线，焊上钢板止水环。注意止水环应该在钢管安装前焊接，不得在支撑就位受力后施焊。

（5）基坑开挖过程中要防止机械碰撞支撑体系，严禁挖土机械直接在支撑上作业，以防支撑变形失稳。

12. 出土口加固措施

（1）坑边压顶梁施工完成，待达到设计要求的强度后分层回填，表面铺400mm厚塘渣。

（2）为防止出土口重车反复碾压造成护坡破坏，事先采用三排ϕ600搅拌桩加固坑外土体，加固宽度不小于6m。

13. 开挖注意事项

（1）土方开挖至坑底设计标高后及时浇筑垫层，基坑周边的垫层与围护桩顶实，挖一块浇一块，坑底土体暴露时间不应超过12h。

（2）开挖过程中发现围护桩有质量问题应立即停止开挖，待与业主、设计和监理共同讨论得出解决方案后方可继续。

（3）开挖过程中加强监测，发现问题立即解决，严禁拖延。如地面出现裂缝，应立即停止开挖，必要时采用坑内回填、坑外卸土的方法，对裂缝灌浆修补，防止地表水渗入。若围护桩间出现流土，可在桩间喷射掺有速凝剂的素混凝土。

（4）挖土期间专人跟随测量标高，以防超挖。为了保护基底不受破坏，坑底以上30cm的土用人工挖土修平，并随挖土进展分块浇好混凝土垫层，即挖好一块，清理一块，混凝土垫层浇筑一块。

（5）土方开挖过程中，采用人工开挖承台、地梁、整修，挖土机驳运，及时进行垫层浇筑，加快砖胎模砌筑。

(6) 遇超挖时，应用砂、碎石或低强度等级混凝土填压实到设计标高。

1.5 施工保证措施

1.5.1 质量保证措施

1. 质量保证体系

项目部编制符合 QEO 标准要求的质量手册及程序文件，作为本工程的管理机构，全面执行质量保证手册及质量保证程序。

为满足合同规定的要求，项目部根据本项目的实际情况编制质量计划，并确定和配备必要的控制手段、过程、工艺装备、资源和技能，已达到合同的要求质量。

2. 组织措施

工程开工前，由工程技术人员对施工班长以上人员进行技术交底，明确每道工序质量要求的质量标准，以及可能发生的质量事故和预防措施，然后由现场施工人员向全体施工人员进行二次交底。

施工管理人员做到 24h 值班，及时处理现场发生的问题。

施工中必须贯彻四检制度，即自检、互检、专检、抽检。

土方分层开挖，严禁超挖。

土方开挖到设计标高前应留 30cm 厚由人工修整，以准确控制开挖面标高。

认真做好基底土质的隐蔽工程（验槽）验收，土方开挖时，发现基底与地质资料不符合或有异议时，应及时通知设计、监理和业主，共同研究对策，慎重处理。

现场做好各种测试、测量工作，及时分析施工状况，如监测过程中出现报警值或特殊情况，应立即查明原因，采取有效措施后方可继续施工。

尊重业主、监理、设计方，自觉服从监理监督，对每项隐蔽工程通过书面认可后，方可进行下一道工序施工。

3. 材料和设备保证措施

测量使用全站仪、水准仪及质量检测设备，须经过鉴定合格后方可使用。

钢筋进场要由质保书，进场的钢材须建立挂牌制度，做好原材料进场记录和复试工作，试验合格后方可使用。

商品混凝土进场须核查质量证明，检验混凝土坍落度及和易性，按规范留置试块。

1.5.2 安全生产保证措施

1. 管理组织措施

建立施工现场项目经理部安全生产责任制。

建立以项目经理为首的安全生产管理体系，责任到人，有关人员负责现场施工的安全生产管理。负责施工现场环境安全和一切安全防护设施（机、电、架、“四口”等）的完整、齐全、有效及时对施工现场的施工人员进行“三级”安全教育，学习各种操作安全规程。

认真执行施工组织设计和施工方案关于安全施工的各项措施，如在执行中需修改，必须经原编制、审批单位批准。特别要做好有针对性的书面安全技术交底。遇到生产与安全发生矛盾时，生产必须服从安全。

施工现场建立安全管理网络，严格执行安全交底制度，加强对施工人员安全教育，增进安全意识和自身保护意识，遵守各项安全规章制度，施工现场设专职安全员和医务站，处理安全和劳动保护问题及可能发生的事故。

指导思想上要贯彻“安全第一、预防为主”的方针，以项目经理为安全第一负责人，认真贯彻各级建设主管单位颁发的安全条例，根据谁负责生产谁负责安全，明确安全工作网络。

2. 现场措施

进入现场的施工人员必须戴好安全帽，扣好安全扣，机电设备必须专人操作，操作时必须遵守操作规程，特殊工种必须持证上岗，无条件服从安全监督员的监督。

现场电缆必须架空布设，各种电气控制必须设立两级漏电保护装置，电动机械工具应严格按“一机一闸”制接线。

挖土机臂下不得站人，抓斗下严禁人员走动，挖土机作业时必须有专人指挥，做到定机、定人、定指挥。

经常检查机械的传动、升降、电器系统以及吊臂、钢丝绳及机械关键部位的安全性和牢固性，要特别注意安全操作。

施工操作人员在施工前必须进一步了解施工区域内电缆、水管、通信网管线等。如有影响施工安全的，施工员应会同有关部门负责迁移或施工前采取必要的防范措施后进行施工。

基坑周围做好安全防护栏杆，张挂警告标志，并按要求反搭设栏杆、踏步式的施工坡道，确保人员上下安全。

施工现场按规定配备消防器材，动火范围的焊割作业未经办理动火审批手续不准作业。

现场明火须做到安全生产“十不烧”规定，在施工中，严禁高空抛物，以免伤人；办公室，宿舍内严禁使用碘钨灯照明取暖和烘衣物。

加强对施工人员安全教育，增强安全意识，遵守各项规章制度，施工现场设专职安全员及安全管理小组，处理安全和劳动保护问题及可能发生的事故，做到预防为主的安全管理。

在基坑开挖及地下结构施工期间，基坑周围10m范围堆载不得超过15kPa，重型车辆进出和堆载应远离基坑边。

基坑作业配备抢险用的材料，机具等，在施工过程中明确专人值班管理，以防万一。

基坑开挖时，监测单位对基坑位移等监测数据，及时提供给施工单位，出现异常情况立即停止施工，分析原因，采取有效措施后方可施工。

每次挖土结束，挖机要安置在安全地带。

3. 土方运输措施

土方车按规定路线往返行驶。

土方车必须遵守交通规则，保持中低速行驶，在场内行驶必须按照场内规定的时速，出入口处慢速行驶，服从指挥调度。

在施工时，因场地内车辆较多，装卸土区域内须有专人指挥，参加施工的机械司机，必须听从现场专人的指挥。

装载土方的车辆不得洒落在行驶道路上，在出入口处设置车辆洗车专用区，尤其对车轮部位进行清洗。

加强土方施工管理，及时清理施工产生的泥浆。

1.5.3 文明施工保证措施

1. 现场文明施工措施

现场建立文明施工领导小组，具体负责文明施工管理工作。

班组实行自检、互检、交检制度，要做到自产自清，日产日清，工完场清的标准管理。

物品堆放要有固定地点和区域，做到一目了然。

保障现场良好的施工与生活环境和施工秩序，并始终处于最佳状态。

对职工加强教育，提高职工的素养，职工要注意个人卫生，讲究礼貌，养成遵章守纪和文明施工的习惯。

施工工地必须设置七牌一图，并设置在大门醒目的地方。

严格执行“门前三包”制度，场地内无积水，及时清运废浆、渣土、垃圾，对现场进行彻底清扫，不留死角。

清运废浆、渣土、垃圾时应设置可靠的措施，防止滴、漏、抛、撒，并安排在晚间进行。

施工班组做好每日工序落手清工作，做到随做随清，工完料清，物尽其用，减少材料浪费。

现场道路、堆料区域有排水设施，有专人管理，保证场内整洁无积水。

2. 对周围环境保护措施

施工现场围墙应连续封闭，高度不小于 1.8m。

场地内应经常清扫，车辆进出口保持整洁，经常冲洗，每辆车必须冲洗干净后方可驶出，避免影响城市卫生。

公共关系的协调工作由专人负责，做好与现场各相关单位的协调工作，特别是大方量土方外运，大体积混凝土施工等对周围环境影响较大的施工阶段时，应预先协调，争取得到各方面的支持，以利于工程的顺利进行。

1.5.4 基坑开挖雨期施工技术措施

1. 加强排水系统

充分考虑施工期间区内外排水系统及雨期防洪措施。改善排水系统，增加排水设施，保障雨后及时排除积水。排水施工主要在于拦截和排除积水，保证土方施工顺利进行。土方施工期的排水系统主要由以下设施组成：

开挖底板中心岛土方时，沿开挖分界线外围设置排水沟，截面尺寸 400mm×400mm，采用盲沟的形式，沟内回填碎石，浇筑坑边底板垫层时可直接覆盖。间隔 30m 左右设置集水井，截面尺寸 500mm×500mm，深度 1m，采用混凝土砖砌壁，底部填 300mm 厚碎石。

底板范围内利用地梁沟进行排水。

2. 雨期施工技术措施

雨天施工时，应及时掌握好天气变化，准备好各种防雨用具（如竹木棚、塑料布、遮雨棚架等）和抽排水设备（水泵），合理安排各项工作，抓紧完成各项工序的衔接工作。

雨天过后，因运土车不能及时进场运土，因此须用小型挖土机进行局部转动调土，尽最大努力减少雨期对施工进度的影响。

为防止下雨对开挖临时边坡造成破坏。本工程在施工期间，准备好花纹雨布，雨量较大时立即对边坡进行覆盖。

容易受潮变质的材料全部入库保管，机械设备的电器部分采用帆布遮雨，避免材料和机械设备受损而影响施工。

施工用电线路须架空，架空高度不得小于 12m。

开关电箱须采用标准电箱，严格检查其是否防雨。

做好坑边的防护工作。在基坑顶部四周设置栏杆并围安全网，上下基坑搭设钢管爬梯。

1.5.5 监控监测措施

1. 设计要求的施工监测

深基坑土方开挖与施工是一项风险较大的作业，因此必须进行现场基坑变形监控，基坑的环境检测是确保工程安全和及时指导施工，避免事故发生的必要措施，本基坑设计要求监测内容包括水平侧移和水位变化，基坑周边共设测斜管 7 个，水位井 7 个，支护桩顶部位移监测点 7 个。

2. 测斜管埋设要求

（1）在设计要求的部位钻孔，孔径以大于测斜导管最大外径 40mm 为宜，钻孔的铅直度偏差不大于正负 1°。孔深达无水平位移处，即应埋入硬土层或基岩中不少于 2m。由于护壁泥浆的沉淀，钻孔深度要比导管设计深度大 20%左右。

（2）接长管道时，应使导向槽严格对正，不得偏扭。为正常发挥测斜导管对其周围土体变形的监测作用，测斜管管体必须具有适应沉降变形的能力，因此管体接头处应预留沉降段。每节管道的沉降段长度不大于 10cm，当不能满足预估的沉降量时，应缩小每节管长。

（3）测斜导管底部要装有底盖，底盖及各测斜导管连接处应进行封闭处理，以防泥浆渗入管内。

（4）将有底盖的测斜导管放入钻孔内，用管接头将测斜导管连接，量好预留段长度，然后逐根边铆接、边封闭边下入孔内，注意应使测斜导管内的一对导槽向预计位移的主方向靠近。在测斜导管下入钻孔过程中应向导管内注入清水来减小钻孔内水产生的浮力，提高埋设速度。同时，必须保证测斜导管内清洁干净。

（5）导向槽与欲测方位应用经纬仪严格对正。

（6）测斜导管与孔壁之间的空隙可用粗砂回填。

（7）埋设完成后，应及时将测斜导管的有关资料记入埋设考证记录表。考证表的主要内容包括工程名称、仪器型号、生产厂家、测斜孔编号、孔深、孔口高程、孔底高程、埋设位置、埋设方式、导槽方向、测斜导管规格、埋设示意图、主要埋设人员、埋设日期等。

（8）测斜导管埋好后，经一段时间稳定后，即可建立初值。

3. 施工单位监测措施

（1）现场做好配合工作，组织施工技术人员对周边环境、围护体系等有无裂缝、位移与沉降进行目测检查，现场配备经纬仪、水准仪，专人负责监测，每天做好记录。施工道路边监测孔用砖砌保护，并有醒目的标志，施工期间做好保护。

（2）基坑监测由专人负责，开挖前，应对周围环境做一次全面调查，进一步探明周边环境现状，特别是现有裂缝情况，同时记录各项观测数据初始值。

（3）开挖期间至少每天一次，如遇接近设计警戒指标时，则应增加观测次数，并及时与设计、建设、监理单位联系制定措施。监测数据一般应当天口头提供给监理单位，次日填入规定的表格提供给建设、设计、监理、施工等相关单位，挖土至坑底时应增加监测次数。

（4）每天观测到的数据应绘制成相关曲线，如位移沿深度的变化曲线、位移及沉降随时间的变化曲线等，应在当天提供给有关单位，以便根据其发展趋势分析整个基坑的稳定情况而及时采取安全措施。

（5）监测频率：在基坑开挖期间每天监测一次，变形较大时，每天观测 2～3 次，观测周期根据变形速率、观测精度要求，不同施工阶段和工程地质条件等因素综合选择后决定，观测记录及整理内容包括工程名称、平面布置、各测点水平位移、沉降实测值、发展方向、发展速率等。

（6）如遇位移、沉降及其化速率较大时，则应增加监测频次。水池底板浇筑完成后，可酌情逐渐减少观测次数。

（7）工程结束时应有完整的监测报告，报告应包括全部监测项目，监测值全过程的发展和变化情况、相应的工况、监测最终结果及评述并做好资料存档工作。

1.6 施工管理及作业人员配备和分工

1.6.1 施工管理人员及分工：管理人员名单及岗位职责（如项目负责人、项目技术负责人、施工员、质量员、各班组长等）。

1.6.2　专职安全人员及分工：专职安全生产管理人员名单及岗位职责。

1.6.3　特种作业人员：特种作业人员持证人员名单及岗位职责。

1.6.4　其他作业人员：其他人员名单及岗位职责。

1.7　验收要求

1.7.1　基坑验收标准

本基坑按照设计要求开挖至设计标高后立即组织验收，验收依据及标准如下：

1. 本工程总平面图；
2. 《岩土工程勘察报告》详勘；
3. 《地下室基坑支护方案》；
4. 本工程地下室有关图纸；
5. 《建筑基坑支护技术规程》JGJ 120—2012；
6. 《建筑基坑工程技术规范》YB 9258—1997；
7. 《建筑地基处理技术规范》JGJ 79—2012；
8. 《建筑基坑工程监测技术规范》GB 50497—2019；
9. 浙江省标准《建筑基坑工程技术规程》DB33/T 1096—2014；
10. 《建筑桩基技术规范》JGJ 94—2008；
11. 《建筑地基基础工程施工质量验收规范》GB 50202—2018；
12. 《施工现场临时用电安全技术规范》JGJ 46—2005；
13. 《建筑机械使用安全技术规程》JGJ 33—2012。

1.7.2　验收程序

基坑挖至基底设计标高并清理后，施工单位须自检合格后报监理单位，由总监理工程师组织勘察、设计、建设、施工等单位共同进行验槽，合格后，方能进行基础工程施工。

基坑验收时必须具备以下资料和条件：

1. 勘察、设计、建设、监理、施工等单位有关负责及技术人员到场；
2. 基础施工图和结构总说明；
3. 勘察报告；
4. 土方开挖及基槽施工记录等相关施工资料；
5. 开挖完毕，槽底无浮土、松土、积水（若分段开挖，则每段条件相同）。

1.7.3 验收内容

主要采用观察法为主，对于基底以下的土层不可见部位，要先辅以钎探法配合共同完成。

1. 观察槽壁、槽底的土质情况，验证基槽开挖深度，初步验证基槽底部土质是否与勘察报告相符，观察槽底土质结构是否被人为破坏。

2. 观察基槽边坡是否稳定，是否有影响边坡稳定的因素存在，如地下积水、坑边堆载过大或近距离扰动等（对难于鉴别的土质，应采用洛阳铲等手段挖至一定深度仔细鉴别）。

3. 观察基槽内有无旧的房基、洞穴、古墓、古井、掩埋的管道和人防设施等，如存在上述问题，应沿其走向进行追踪，查找其在槽内的范围，延伸方向，长度，深度等（并请设计人员给出处理意见）。

4. 在进行直接观察时，可用袖珍式贯入仪作为辅助手段。

1.8 应急处理措施

土方开挖是整个基坑工程的关键，施工前要对各种可能出现的情况有足够的认识，并采取针对性的措施，确保基坑土方开挖时围护体的变形控制在一定范围之内，确保地下水位满足开挖要求。

1.8.1 抢险物资

基坑开挖应配备一定数量的抢险材料（具体数量见下表），组织专职抢险队伍进场，跟踪土方施工，施工管理人员做到24h值班，发现险情立即汇报。

抢险物资配备表

名称	数量	存放处
松木	200根	现场
编织袋	2000只	仓库
钢管	2T	现场
黄砂	15T	现场
粘土	现场取	现场
水泥	1T	现场

1.8.2　基坑坍塌应急预案

1. 基坑塌方是在基坑施工中由于地质不良、施工方法不当、基坑暴露时间太久、支护不及时或自然灾害等因素的影响导致土层结构失稳、垮塌造成的事故。基坑塌方一旦出现，会对作业区人员的生命安全、设备财产、相邻结构物造成较大危害和损失。为防止由于突发事件造成指挥失灵、事态失控、延误抢救时机，减少或降低人员伤亡和财产损失，加强事故处理的综合应急能力，提高紧急救援反应速度，确保迅速有效地处理塌方事故，综合项目部实际情况制定本应急预案。

2. 项目部成立相应应急领导小组，组长由项目经理担任，副组长由生产负责人和项目部安全员担任，组员由项目部管理人员组成。

组长：接到警报后，迅速了解事故情况，作出指示决策，下达应急抢险命令。副组长：根据组长下达的抢险命令，组织各专业抢险队开展抢险工作。

3. 相关部门：

办公室：值班电话设置于办公室内，负责事故的接报；配合主管领导作好事故评价及传递、上报等信息处理工作；根据领导指示、决策，作好上传下达，协调有关工作事宜。

其他职能部门：根据现场抢救机构的指令，及时调配抢救药品及车辆，救助受伤人员。

4. 救援专业人员和分工：

项目部应设置救援小组，人员由各施工班组组成，由领导小组统一指挥调动。现场处理组：负责深入现场掌握情况，报告事故处理和进展情况，传达领导指示，协调救援工作。

医疗救护组：负责伤员的救护，保证救治药品和救护器材的供应。

警戒维护组：负责设置警戒区域，维护现场秩序，疏导道路，劝说围观人员离开现场。

交通运输组：负责现场抢险设备、人员、药品等物资的运送。

后勤保障组：负责抢险救援物资的供应，协助医疗救护组处理伤员的救护工作，负责伤员的转移。

5. 抢险物资的配备：

通信器材：应急领导小组应率先制定通信联络方法，配备和设置通信器材，如对讲机、移动电话、值班电话，要求有关人员熟悉使用方法。

急救设备：急救器材、药品、运输工具。

6. 事故处置程序：

发现事故和事故预兆后，现场负责人应急时准确了解事故情况。现场负责人将掌握的情况及时报告项目部办公室。

办公室负责接报工作，必须向报告人问清事故发生时间、地点、危害程度、范围等事故情况及报警人姓名和职务，并及时向组长和有关部门汇报。

指挥部领导接到事故报告后应立即赶赴现场深入了解事故情况，根据具体情况作出安排；事故较小，可由施工单位自行抢险自救；事故较大，发出救援命令，迅速启动应急救援队伍；事故严重，项目部无力自救能力，发出救援命令的同时，及时向外部各方求救。

事故发生后，各救援小组接到命令后，应迅速赶赴现场进行救援。

现场处置的原则：员工安全优先；防止蔓延优先。

现场处理组及时深入现场了解掌握事故情况和发生原因，迅速疏散现场围观人员，警戒组同时封锁事故现场，拉起隔离网带。

医疗救护组直接进入现场将伤员运至指定地点救护，及时界定伤员的伤势，决定是现场救治还是外运转移。交通运输组及时提供各类车辆。

现场救援组根据情况选择适合的机械设备和器材及时进入事故现场进行抢险，采用人工、机械清除障碍，救助被困人员。及时撤离伤亡人员；清理、拆除危险物品，防止事故再发生和降低事故损失。

对事故及其抢险过程进行监控和纪录，掌握和提供事故评价的第一手资料。做好情况通报工作，为抢险决策提供可靠依据。

7. 落实应急组织，明细分工和责任，形成应急领导小组及救援队名单。

8. 按照任务分工做好物资、器材、设备的发放、配备工作。

9. 项目部应根据应急预案定期进行演练、学习。

10. 项目部安全责任人应对参建人员进行经常性的教育和培训。

附录2

Appendix 02

脚手架工程施工方案（悬挑脚手架）

附录 2　脚手架工程施工方案施工图

目　录

2.1 工程概况

2.1.1 脚手架概况及特点

本工程地下一层，平时作车库，战时为人防；地上为框剪结构，其中 1～18 轴与 38～55 轴为 16 层，19～37 轴为 12 层，底层为商业用房，层高 4.45m，其余各层层高 3.0m，三部分同一层次标高一致，总建筑高度为 52.55m。如下图所示（北立面）。

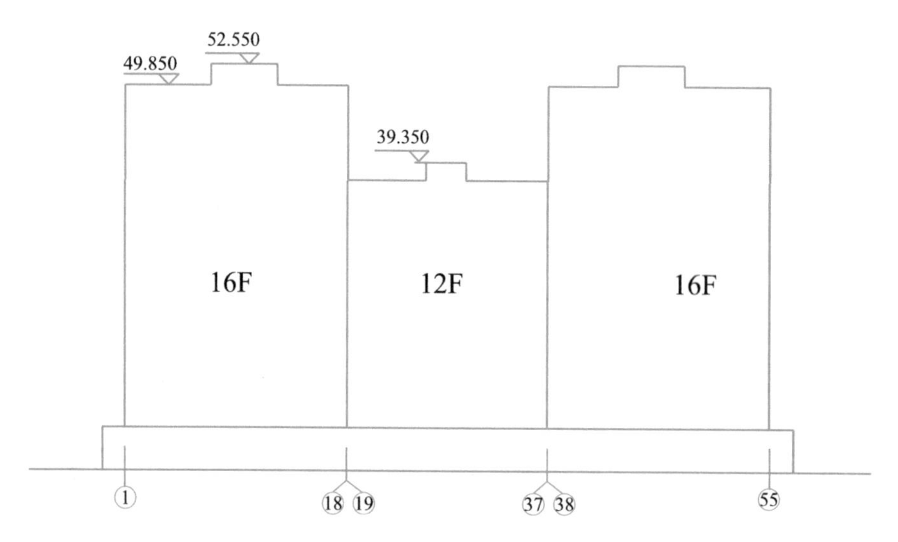

底层商铺屋顶（标高 4.480m）三面外伸，形成裙房（见下图阴影部分），在搭设底层落地脚手架时，部分立杆直接落在群房屋顶。

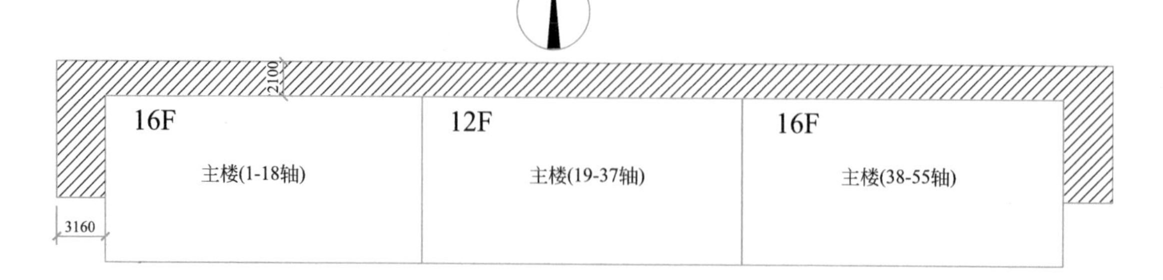

2.1.2 施工平面及立面布置

略。

2.1.3 风险辨识与分级

本工程地上 1 层～6 层采用落地脚手架，脚手架从室外地面搭设到标高 19.450m 处，搭设总高度<20m，属于普通落地脚手架；南面为地下室顶板，该处脚手架落在地下室顶板上，北面及东西面有裙房处，脚手架直接落在裙房顶板上。

7～12 层采用悬挑式脚手架，脚手架从标高 19.450m 楼板处开始悬挑，至标高 37.450m 处，搭设高度 18m，属于危险性较大工程。

12 层～楼顶采用悬挑式脚手架，脚手架从标高 37.450m 楼板处开始悬挑，一直到顶，搭设高度 16m，属于危险性较大工程。

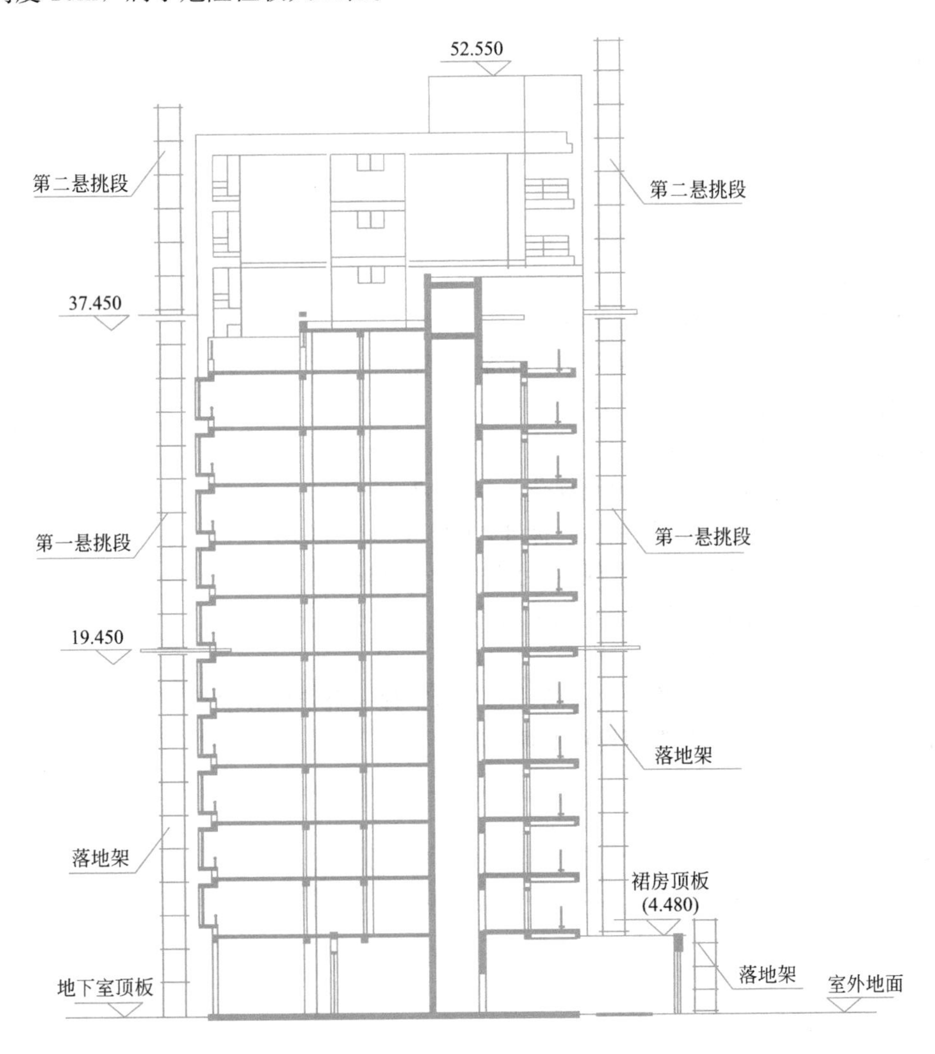

2.1.4 施工要求

本工程质量要求合格，单体总工期 300d，脚手架计划××××年×月×日开始随主体施工进度进行搭设。

2.1.5 本工程参建主体单位

1. 建设单位（略）
2. 设计单位（略）
3. 施工单位（略）
4. 监理单位（略）

2.1.6 施工地气候特征和季节性天气

按当地实际情况阐述。

2.2 编制依据

1. 本工程的相关结构及建筑图纸。
2. 相关法律、法规、规范性文件、标准、规范：

《建筑施工安全检查标准》JGJ 59—2011；
《建筑结构荷载规范》GB 50009—2012；
《混凝土结构工程施工质量验收规范》GB 50204—2015；
《建筑地基基础工程施工质量验收标准》GB 50202—2018；
《建筑施工高处作业安全技术规范》JGJ 80—2016；
《建筑施工扣件式钢管脚手架安全技术规范》JGJ 130—2011；
《建筑结构可靠性设计统一标准》GB 50068—2018；
住房和城乡建设部《危险性较大的分部分项工程安全管理办法》；
本工程施工组织设计及常规模板专项方案。

2.3 施工计划

2.3.1 施工进度计划

本工程脚手架计划××××年×月×日开始随主体施工进度进行搭设。
进度计划（略）。

2.3.2　材料与设备计划

1. 材料配置计划

根据施工方案进行详细翻样，计算出各种材料用量，包括钢管、扣件、安全网等材料，同时根据工程进度确定各种材料的进场时间，对所需的材料和构件等积极落实货源、签订供应合同、确定运输方式、组织进场，材料供应计划见表 2.3.1：

材料配置计划　　表 2.3.1

序号	材料名称	型号规格	数量	单位
1	钢管	$\phi48\times3.5$	10000	m
2	扣件	直角/旋转/对接	2000	个
3	安全网		2000	张
4	脚手板		1000	块

2. 施工机械配置计划

脚手架工程除需借用塔式起重机转运钢管扣件外，不需要其他机械设备。

2.3.3　劳动力计划

1. 投入本工程的管理人员、技术人员均为本公司职工，普通工人为劳务公司的施工队伍。

2. 所有架子工均需持有特种工上岗证。

劳动力计划见表 2.3.2。

劳动力计划表　　表 2.3.2

序号	工种	人数	备注
1	架子工	20	负责脚手架、临时通道、防坠棚等的搭设
2	普通工	10	

2.4　施工工艺技术

2.4.1　技术参数

本方案所得立杆间距、型钢间距适用于 1 号楼悬挑脚手架，实际在搭设时可按实调整，但不得大于本方案技术参数，也不得改变本方案脚手架的结构及构造形式。

1. 荷载取值

施工均布活荷载标准值：2.0kN/m^2；

同时施工层数：2层（若同时施工超过两层，需重新验算）；

按照本工程结构设计说明，基本风压取0.45kN/m^2；脚手架计算中考虑风荷载作用；

竹笆片脚手板自重标准值（kN/m^2）：0.35；

栏杆挡脚板自重标准值（kN/m）：0.15；

安全设施与安全网（kN/m^2）：0.005；

栏杆挡板类别：栏杆、竹笆片脚手板挡板；

每米脚手架钢管自重标准值（kN/m）：0.033；

脚手板铺设总层数：4（铺设层数大于4，需重新验算）。

2. 落地脚手架

按原已经审批的落地脚手架专项方案执行。

3. 悬挑脚手架

（1）槽钢选型及悬挑长度

垂直于边梁设置（一般情况）：

悬挑长度=0.25m+1.05m+0.1m=1.4m，选用16a槽钢；

垂直于边梁设置，遇空调板处（如17～20轴/P～K轴）：

悬挑长度=1.4m+空调板宽度0.6m=2.0m，选用16a槽钢；

垂直于边梁设置，遇阳台处（如12～17轴/P轴）：悬挑长度=1.4m+阳台板宽度2.2m=3.6m，选用18a槽钢。

（2）转角处倾斜布置的型钢

悬挑长度超过2.5m的选用18a槽钢；

其中4、5、6、9、11号槽钢采用两道钢丝绳，两道钢丝绳分别在脚手架内外立杆定位点处，与焊接在槽钢上的U型钢环拉结。

（3）槽钢锚固长度

一般锚固长度不小于1.5m，挑出长度大于2.5m的槽钢，锚固长度不小于2.0m。

（4）锚固点压环钢筋直径16mm，采用Ⅰ级钢筋制作。

（5）选择6×19钢丝绳，直径20mm；钢丝绳拉环采用ϕ14Ⅰ级钢筋制作。

（6）转角处联梁型钢采用12.6号槽钢，过渡两个立杆间距。

（7）型钢悬挑梁上为双排脚手架，立杆采用单立杆。

（8）立杆横距1.05m，立杆步距1.8m，立杆纵距按照平面图布置。

（9）内排架与外墙面间距0.25m，遇阳台及空调板处按实。

（10）大横杆在上，搭接在小横杆上的大横杆根数为2根。

（11）采用ϕ48钢管，壁厚不小于3.0mm。

（12）横杆与立杆连接方式为单扣件。

（13）第一悬挑段脚手架连墙件按二步二跨布置，第二悬挑段脚手架连墙件按一步二跨布置，连墙件采用双扣件连接。

（14）脚手板铺设层数：4层，同时施工层数：2层。

（15）脚手板、栏杆挡板类别：竹笆片。

2.4.2　工艺流程

（1）楼板钢筋安装时按照事先定位标记在楼板上预埋型钢挑梁锚固筋；

（2）在型钢挑梁上安装焊接立杆底座、斜拉钢丝绳支座等；

（3）待悬挑楼层的混凝土强度达到 10MPa 后，安装型钢挑梁及联梁；

（4）待悬挑楼层混凝土强度达到 15MPa 后，在挑梁或联梁上安装钢管脚手架。

2.4.3　施工方法及操作要求

1. 搭设材料要求

（1）钢管落地脚手架，选用钢管外径 48mm，壁厚不小于 3.0mm，钢材强度等级 Q235A，钢管表面应平直光滑，不应有裂纹、分层、压痕、划道和硬弯，新用的钢管要有出厂合格证。脚手架施工前必须将入场钢管取样，送有国家认证资质的试验单位，进行钢管抗弯、抗拉等力学试验，试验结果满足设计要求后，方可在施工中使用。

（2）本工程钢管脚手架的搭设使用可锻铸造扣件，由有扣件生产许可证的生产厂家提供，不得有裂纹、气孔、缩松、砂眼等锻造缺陷，扣件的规格应与钢管相匹配，贴和面应平整，活动部位灵活，夹紧钢管时开口处最小距离不小于 5mm。钢管螺栓拧紧力矩达 65N·m 时不得破坏。如使用旧扣件时，扣件必须取样送相关试验单位，进行扣件抗滑力等试验，试验结果满足设计要求后方可在施工中使用。

（3）搭设架子前应进行保养除锈并统一涂色，颜色力求环境美观。脚手架立杆、防护栏杆、踢脚杆统一漆黄色，剪力撑统一漆桔红色。底排立杆、扫地杆均漆红白相间色。

（4）脚手板、脚手片采用符合有关要求。

（5）安全网采用密目式安全网，网目应满足 2000 目/100cm^2，做耐贯穿试验不穿透，1.6m×1.8m 的单张网重量在 3kg 以上，颜色应满足环境效果要求，选用绿色。要求阻燃，使用的安全网必须有产品生产许可证和质量合格证。

（6）连墙件采用钢管，其材质应符合现行国家标准对 Q235A 强度等级钢的要求。

2. 型钢悬挑梁锚固筋的预埋

（1）在需要悬挑的楼层钢筋安装的时候，按照型钢挑梁平面布置预埋两道锚固筋，一道设置在边梁上（要求是主梁），一道设置在距离型钢端部 200mm 的地方；

（2）锚固筋采用 16mm 的一级钢筋制作，锚固筋压在楼板下层钢筋下面，并要保证两侧 30cm 以上锚固长度；

（3）锚固筋尺寸根据选用的槽钢尺寸确定；

（4）锚固位置必须设置在建筑结构主梁或主梁以内的楼板上。

3. 槽钢悬挑梁的布置

（1）槽钢布置时，槽钢 U 口必须水平向左右交叉布置；

（2）悬挑型钢梁采用槽钢，距离悬挑外端 100mm 及 1150mm 处各预焊 25cm 高 ϕ20 短钢筋用以固定脚手架的内外两排立杆，为了保证脚手架顺直，拉通线焊接；

（3）水平悬挑梁的纵向间距与上部脚手架立杆的纵向间距相同；

（4）在槽钢背面与立杆相对的位置焊接U形勾，钢丝绳一端固定在U形勾上；

（5）待悬挑楼层的混凝土强度达到10MPa后，安装型钢挑梁；

（6）将槽钢插入预埋环箍后，用木块塞紧固定或铁板焊接固定，一般内侧的木楔子尖头朝外，防止槽钢向外滑移；外侧的木楔子尖头朝内，可能防止在风力影响情况下槽钢朝内滑移。

4. 焊缝要求：

（1）必须使用与焊接体钢材相适应的焊条，焊缝必须达到设计要求，并符合钢结构设计规范的要求；

（2）焊缝质量表观要求：焊缝高度符合设计要求，焊缝表面应平整、饱满，无可见裂纹、气孔、夹渣、漏焊等明显缺陷；

（3）除后特别说明外，一般焊缝厚度不小于7mm。

5. 槽钢悬挑上部脚手架安装

（1）悬挑脚手架悬挑梁以上采用双排单立杆。

（2）立杆与纵向水平杆采用直角扣件连接，接头交错布置，两相邻立杆接头避免出现在同步同跨内，并在高度方向错开距离不小于50cm，各接头中心距主节点（立杆与纵向水平杆相交处）距离不大于60cm。

（3）立杆与立杆采用对接扣件连接，接头位置距主节点不超过1/3步距。

6. 纵向水平杆

（1）纵向水平杆置于小横杆之上，在立杆的内侧，采用直角扣件与立杆扣紧，其长度大于三跨，同一步纵向水平杆四周交圈。

（2）脚手架立杆横距宽度范围内共设置4根纵向水平杆，两侧的纵向水平杆直接用扣件连接到立杆，中间的纵向水平杆均匀布置。

（3）纵向水平杆采用对接扣件连接，接头交错布置，接头不在同步、同跨内，相邻接头水平距离不小于50cm，各接头与立杆距离不大于50cm。

7. 小横杆

（1）每根立杆与纵向水平杆相交连接处必须设置一根小横杆，并采用直角扣件扣紧在立杆上，该杆轴线偏离主节点距离不大于15cm。

（2）小横杆伸出外排纵向水平杆边缘距离不小于10cm，伸出里排纵向水平杆15cm，距结构外边缘10cm。

8. 纵、横向扫地杆

（1）纵向扫地杆采用直角扣件固定在距离槽钢悬挑梁上皮20cm处的立杆上，横向扫地杆紧靠纵向扫地杆下方用直角扣件固定在立杆上。

（2）在扫地杆位置处设置水平斜撑，用来保证型钢悬挑梁水平向的稳定性。

9. 剪刀撑及横向斜撑

（1）本脚手架斜撑采用纵向剪刀撑与横向斜撑相结合的方式，随立杆纵横向水平杆同步搭设。

（2）剪刀撑沿架体全高、全长连续布置，相交的两根剪刀撑一根斜杆扣在立杆上，另一根斜杆扣在小横杆伸出的端头上，两端分别用旋转扣件固定，并在中间增加2～4个扣结点，所有固定点距主节点距离不大于15cm，最下部的斜杆与立杆的连接点距型钢梁的高度控制在 30cm 以内。

（3）剪刀撑的杆件连接采用搭结，搭结长度不小于 1m，并用至少 2 个旋转扣件固定，端部扣件距杆端净距离不小于 10cm。

（4）在端部内外排立杆之间上下连续布置横向斜撑，在同节内，由底层至顶层呈 Z 字形，斜杆采用旋转扣件固定在与之相交的立杆或横向水平杆的伸出端上。中间每隔 6 个立杆纵距设置一道，并且在该处增设连墙件。

10. 连墙件

（1）在建筑物边梁对齐立杆位置埋置 Φ48×3.5mm 短管，短管露出混凝土面不少于 0.25m，埋入混凝土中不少于 0.20m，用扣件与脚手架钢管连接。

（2）连墙杆横竖向菱形排列、均匀布置，与架体和结构面垂直，并尽量靠近主节点（与主节点距离不大于 30cm）。

（3）从底部第一根纵向水平杆开始布置连墙杆，靠近框架柱的小横杆可直接作连墙杆用，连墙杆连接均采用双扣件。

（4）应按拉结要求设置临时拉结杆，直至连墙件安放稳定后，方可根据情况拆除。当脚手架搭设到连墙件的构造点时，在搭设完该处的立杆、纵向水平杆、横向水平杆后，应立即设置连墙件。

（5）主体结构阳角或阴角部位，两个方向均应设置连墙件。

（6）脚手架的端部应增设连墙件。

（7）连墙杆与结构之间的拉结受力方式随拉结点所处的部位各有不同；面对墙体处，需在结构施工过程预留连墙杆的穿墙套管。

（8）接近楼板部位可稍调整连墙杆的竖向高度（与主节点距离不大于 30cm），在楼板上预埋短钢管与连墙杆扣件连接。

（9）当有 6 级以上大风来临，应对悬挑架的连墙件进行加固。

11. 扣件拧紧力矩检查

安装后扣件螺栓拧紧扭力矩应用扭力扳手检查，抽样方法应按随机分布原则进行。

12. 脚手板

（1）采用竹笆片脚手板，长 1.5m，宽 1.0m，每个作业层上满铺一层脚手板，并设置安全网及防护栏杆。

（2）竹笆片设置在纵向水平杆上，四角用直径 1.2mm 的镀锌铁丝箍绕 2～3 圈固定牢固，防止颠覆。

（3）竹笆脚手板铺设时，应平铺、满铺、铺稳，按主竹筋垂直于纵向水平杆方向铺设，接缝处对接平铺，靠墙一侧脚手板离墙距离不大于 15cm，拐角处两个方向的竹笆脚手板应重叠放置，避免出现探头及空挡现象。

13. 斜拉钢丝绳

（1）斜拉钢丝绳采用 14mm 直径的 6×19 钢丝绳。

（2）在槽钢背面与立杆相对的位置焊接 16mm 钢筋制作的 U 形勾，钢丝绳一端固定在 U 形勾上。

（3）钢丝绳拉环采用 20mm 的一级钢筋制作。

（4）钢丝绳端固定和连接采用钢丝绳夹（专用卡头），夹座扣在钢丝绳的工作段上，每一连接处钢丝绳夹至少设置3个。

（5）钢丝绳设置前，悬挑脚手架搭设高度不超过4步，施工作业层不超过一层。

14. 防护设施

（1）安全网之间接缝必须用尼龙绳捆扎牢固，不得有间隙。脚手架满挂全封闭式密目安全网，密目安全网规格：1.8m×6.0m，安全立网应设置在脚手架外立杆内侧，并顺环扣逐个与架体绑扎牢固。安全立网上每个环扣都必须穿入符合规定的纤维绳。

（2）安全网之间的接缝必须用尼龙绳捆扎牢固，不得有间隙。

（3）密目安全网兜过脚手架底部，并在底部加设小眼网，密目安全网和小眼网必须可靠地固定在脚手架上。

（4）作业层脚手架立杆于0.6m及1.2m处设置两道防护栏杆，底部侧面设置18cm高的挡脚板。

（5）挡脚板设置在脚手架钢管内侧，安全网外侧。

（6）悬挑脚手架悬挑梁所在层脚手架底部采用胶合板全部封闭。脚手架首层外侧设置通长平网防护层。

（7）平网的拉结点利用挑架预埋钢筋和预埋连墙杆连接。

（8）安装平网应外高里低，以15°为宜，网不宜绑紧。

（9）要保证安全网受力均匀，必须经常清理网上落物，网内不得有积物；安全网安装后，必须经专人检查验收合格签字后才能使用。

（10）安全网的贮运中，必须通风、遮光、隔热，同时要避免化学品侵袭。

（11）在脚手架转角处，用细竹竿夹住安全网的阴角面，并绑扎在转角的外立杆上，这样可以使安全网的转角保证垂直、美观。

15. 避雷装置

（1）脚手架避雷装置包括接闪器、接地极、接地线。

（2）接闪器：可用直径25～32mm，壁厚不小于3mm厚的镀锌钢管或直径不小于12mm的镀锌钢筋制作，设在拟建建筑物四角的脚手架立杆上，高度不小于1m，并将最上层的横杆全部连通，形成避雷网络。

（3）接地极：垂直接地极可用长度为1.5～2.mm，厚度不小于2.5mm，直径为25～50mm的钢管、直径不小于20mm的圆钢或∟50×5等边角钢，水平接地极可选用长度不小于3mm，直径为8～14mm的圆钢或厚度不小于4mm的扁钢。

（4）接地线：钢管脚手架架体可以替代接地线，上下相邻悬挑架之间用直径不小于8mm的圆钢或厚度不小于4mm的扁钢连接，接触面积不小10cm²，以保证接触可靠。

（5）避雷装置接地电阻不得大于30Ω。

2.4.4 支架使用要求

1. 悬挑脚手架每搭设完3～5步高度应对各个连墙件、钢丝绳、悬挑主梁、各个锚固点进行安全检查，合格后方可继续搭设。

2. 悬挑脚手架在使用过程中，应对架体上的建筑垃圾及其他杂物及时进行清理，并定期对整个架体进行安全检查，发现钢丝绳松动、锈蚀或焊缝脱焊等情况应立即进行修复，修复合格后方可继续使用。

2.5 施工保证措施

2.5.1 技术保障措施

架子搭设完毕，用合格密目安全网铺围护于架子的外围及底部。

钢管与扣件进场前应经过检查挑选（选择标准应符合《建筑施工扣件式钢管脚手架安全技术规范》JGJ 130—2011 相关要求），所用扣件在使用前应清理加油一次，扣件一定要上紧，不得松动。每个螺栓的预紧力在 40～65N・m 之间。

架子搭设到半高时由架子搭设人员进行自检；架子搭设完毕后由施工单位、监理单位和质检单位对整个脚手架进行验收检查，验收合格后方可投入使用。

该脚手架作为建筑物装饰作业时，安全防护屏障及装修时作业平台，严禁将模板支架、揽风绳、泵送混凝土和砂浆的输送管道等固定在脚手架上；脚手架严禁悬挂起重设备。

脚手架的安全性是由架子的整体性和架子结构完整性来保证的，未经允许严禁他人破坏架子结构或在架子上擅自拆除与搭设脚手架各构件。其中在脚手架使用期间，下列杆件严禁拆除：主节点处横、纵向水平杆，连墙件。

2.5.2 质量保障措施

操作人员作业前必须进行岗位技术培训与安全教育。

技术人员在脚手架搭设、拆除前必须给作业人员下达安全技术交底，并传达至所有操作人员。

脚手架必须严格依据本施工方案进行搭设；搭设时，技术人员必须在现场监督搭设情况，保证搭设质量达到设计要求。

脚手架搭设完备，依据施工组织设计与单项作业验收表对脚手架进行验收，发现不符合要求处，必须限时或立即整改。

2.5.3 安全保障措施

操作人员必须持有登高作业操作证，方可上岗。

架子在搭设（拆卸）过程要做到文明作业，不得从架子上掉落工具、物品；同时必须保证自身安全，高空作业需穿防滑鞋，佩戴安全帽、安全带，未佩戴安全防护用品不得上架子。

在架子上施工的各工种作业人员，应注意自身安全；不得随意向下或向外抛、掉物品，不得随意拆除安全防护装置。

雨、雪、雾及六级以上大风等天气，严禁进行脚手架搭设、拆除工作。

应设安全员负责对脚手架进行经常检查和保修。

2.6 施工管理及作业人员配备和分工

2.6.1 施工管理人员及分工

管理人员名单及岗位职责（如项目负责人、项目技术负责人、施工员、质量员、各班组长等）。

2.6.2 专职安全人员及分工

专职安全生产管理人员名单及岗位职责。

2.6.3 特种作业人员

特种作业人员持证人员名单及岗位职责。

2.6.4 其他作业人员

其他人员名单及岗位职责。

具体分工如图 2.6.1 所示。

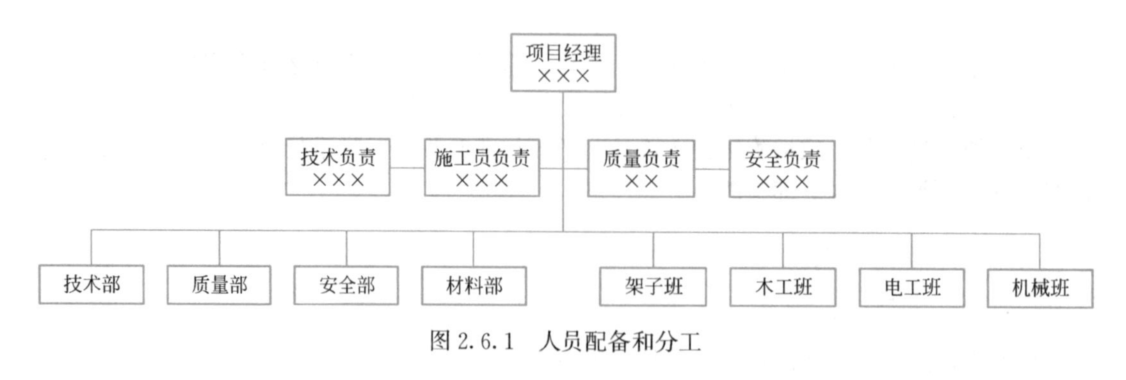

图 2.6.1　人员配备和分工

2.6.5 安全教育

工人进场必须进行三级教育，即必须进行公司级、项目级、班组级三级安全教育。

新进场的工人队组，首先由劳资部牵头，安全部讲授安全生产常识和技术要求，治安由保卫科负责，道德教育由工会负责，教育后办理签字手续。

新进场的工人队组到项目部施工前，由项目部进行安全技术教育，具体由项目经理负责，教育后办理签字手续。

班组这一组教育，由主管专业工程师具体负责，教育内容为事故教训及本工种的工作环境，教育后办理签字手续。

安全生产知识，每年每个工种上一次安全课，由劳资部安排时间，安全部授课，经考试合格后，方可上岗。

2.6.6　施工安全技术交底

安全技术交底要全面有针对性，经项目技术负责人签字后方可实施。

各分项施工前，由专业工程师对班组进行安全技术交底，交底内容要全面，结合本工种及施工环境针对性要强，与班组办理签字手续。无安全技术交底就进行施工，要追究专业工程师责任。

开工前项目技术负责人要将工程概况、施工方法、安全技术措施等情况向施工员、质检员及安全员进行详细交底。分部分项工程由专业工程师向各工种班组长进行安全交底。班组长要对工人进行施工要求作业环境的安全交底。

安全技术交底的签字手续必须由被交底者本人进行签字，绝不允许代签。

2.6.7　安全检查

公司每季度检查一次，检查标准依据住房和城乡建设部颁发的评分标准，建立复检制度。

项目进行日、旬检查，并有记录，整改应做到："三定一落实"，即定人、定时间、定措施、落实整改。并作出书面报告送公司质安处。

每次安全检查，施工项目经理部必须及时整改安全隐患。

在上级部门的安全检查中公司将根据检查情况分别给予奖励或处罚。

2.6.8　特殊工种持证上岗

特殊工种操作员，如电工、机械工、电焊工、架子工、安装工等人员必须经地市级劳动部门培训，在取得操作证后才能上岗。

操作证两年进行年审换证，换证年审期限已满，未及时办理手续的特殊工种人员不得上岗操作。

特殊工种的学徒必须在师傅的直接指导下，才能进行操作。

2.7 验收要求

2.7.1 验收标准

脚手架及其地基基础应在下列阶段进行检查与验收：

1. 基础完工后及脚手架搭设前；
2. 作业层上施加荷载前；
3. 每搭设完成 6～8m 高度后；
4. 达到设计高度后；
5. 遇有六级强风及以上风或大雨后，冻结地区解冻后；
6. 停用超过一个月。

应根据下列技术文件进行脚手架检查、验收：

1. 相关技术规范、规程；
2. 专项施工方案及变更文件；
3. 技术交底文件；
4. 构配件质量检查表。

2.7.2 验收程序及人员

1. 脚手架投入使用前，应由项目部组织验收。
2. 项目经理、项目技术负责人以及监理工程师应参加脚手架的验收。

2.7.3 验收内容

脚手架的验收应根据经批准的施工方案，检查现场实际搭设情况与方案符合性。

安装后的扣件螺栓拧紧扭力矩应采用扭力扳手检查，抽样方法应按随机分布原则进行。抽样检查数量与质量判定标准，应按表 2.7.1 确定。

扣件拧紧抽样检查数量与质量判定标准　　表 2.7.1

项次	检查项目	安装扣件数量（个）	抽检数量（个）	允许的不合格数
1	连接立杆与纵（横）向水平杆或剪刀撑的扣件；接长立杆、纵向水平杆或剪刀撑的扣件	51～90	5	0
		90～150	8	1
		151～280	13	1

续表

项次	检查项目	安装扣件数量（个）	抽检数量（个）	允许的不合格数
1	连接立杆与纵（横）向水平杆或剪刀撑的扣件；接长立杆、纵向水平杆或剪刀撑的扣件	281～500	20	2
		501～1200	32	3
		1201～3200	50	3
2	连接横向水平杆与纵向水平杆的扣件（非主节点处）	51～90	5	1
		90～150	8	2
		151～280	13	3
		281～500	20	5
		501～1200	32	7
		1201～3200	50	10

2.8 应急处理措施

2.8.1 救援预案的目的

事故发生后，及时展开救援，抢救受伤人员，使受困、受伤害人员、财产得到及时抢救，防止事故继续发展。

2.8.2 救援机构

1. 机构

包括组长、副组长、组员。

2. 职责和分工

组长负责事故应急救援的全面组织、指挥、协调工作，负责向上级报告并负责调集抢险救援所需的人力、物力。

副组长协助组长组织、指挥、协调救援工作，组长不在现场代行组长职责。

组员在组长或副组长的指挥下，负责现场的维护、抢救、警戒等工作，及具体落实组长或副组长下达的救援方法、措施的指令。

2.8.3 演练

在工程开工前一周由组长组织救援小组各人员进行演练。

2.8.4 应急响应

出现事故时，在现场的任何人员都必须立即向组长报告，汇报内容包括事故的地点、事故的程度、迅速判断的事故可能发展的趋势、伤亡情况等，及时抢救伤员、在现场警戒、观察事故发展的动态并及时将现场的信息向组长报告。

组长接到事故发生后，立即赶赴现场并组织、调动救援的人力、物力赶赴现场展开救援工作，并立即向公司救援领导负责人汇报事故情况及需要公司支援的人力、物力。事故的各种情况由公司向外向上汇报。

2.8.5 脚手架倒塌事故的应急救援

1. 脚手架倒塌事故的主要危害

脚手架倒塌事故主要造成：人员伤害、财产损失、作业环境破坏。

2. 应急救援方法

(1) 有关人员的安排

组长、副组长接到通知后马上到现场全程指挥救援工作，立即组织、调动救援的人力、物力赶赴现场展开救援工作，并立即向公司救援领导负责人汇报事故情况及需要公司支援的人力、物力。组员立即进行抢救。

(2) 人员疏散、救援方法

人员的疏散由组长安排的组员进行具体指挥。具体指挥人安排处于危险的各人员疏散到安全的地方，并做好安全警戒工作。各组员和现场其他的各人员对现场受伤害、受困的人员、财物进行抢救。人员有支架的构件或其他物件压住时，先对支架进行观察，如需局部加固的，立即组织人员进行加固后，方进行相应的抢救，防止抢险过程中再次倒塌，造成进一步的伤害。加固或观察后，确认没有进一步的危险，立即组织人力、物力进行抢救。

(3) 伤员救护

休克、昏迷的伤员救援：让休克者平卧，不用枕头，腿部抬高 30°。若属于心源性休克同时伴有心力衰竭、气急，不能平卧，可采用半卧。注意保暖和安静，尽量不要搬动，如必须搬动时，动作要轻。采用吸氧和保持呼吸道畅通或实行人工呼吸。

受伤出血用止血带止血、加压包扎止血，立即拨打 120 急救电话或送至医院就医。

(4) 现场保护

由具体的组员带领警卫人员在事故现场设置警戒区域，用三色纺织布或挂有彩条的绳子圈围起来，由警卫人员旁站监护，防止闲人进入。

附录3

Appendix 03

模板工程施工方案（钢管扣件式，超高支模架）

附录3　模板工程施工方案（盘扣式，
超高支模）高大模板支撑系统附图

目　　录

3.1 工程概况

3.1.1 模板支撑体系概况及特点

1. 本工程三层梁板标高为 8.970m（设置空中花园处的现浇板标高为 8.700m），其中处于 F～G 轴间的支架从地下室底板（标高－5.450m）处开始搭设，架体高度 14.42m。

2. 本工程南北两面的小屋顶标高 18.120m，支架立杆自三层梁板（标高 8.700m）开始搭设，架体高度 9.4m，东面小屋顶标高 18.02m，支架立杆自入口雨篷板（标高 7.120m）开始搭设，架体高度 10.9m。

3. 编制范围内梁板结构概况：

现浇梁截面（单位 mm）：200×350、250×350/500/600/700、300×400/500/600/700；现浇板厚度取 120mm。

4. 支架立杆基础处理情况：

本支模架外围一排立杆局部落在室外土层上，其余均落在现浇结构上。落在土层上的立杆基础做如下处理：

地下室外墙强度达到设计要求并做好防水后回填；

分层回填分层压实并达到设计要求；

立杆下 1.8m 宽度范围内采用混凝土硬化，并控制表面标高；

处理后的地基承载力标准值不低于 60kPa。

3.1.2 施工平面及立面布置

略。

3.1.3 风险辨识与分级

上述架体均属于超过 8m 的高支架，属于超过一定规模的危险性较大工程。

3.1.4 施工要求

本工程质量要求合格，单体总工期 240d，模板支撑体系计划××××年×月××日开始搭设，随主体施工进度进行周转。

3.1.5 本工程参建主体单位

1. 建设单位（略）；

2. 设计单位（略）；
3. 施工单位（略）；
4. 监理单位（略）。

3.1.6 施工地气候特征和季节性天气

按当地实际情况阐述。

3.2 编制依据

3.2.1 本工程的相关结构及建筑图纸。
3.2.2 相关法律、法规、规范性文件、标准、规范：
《建筑施工安全检查标准》JGJ 59—2011；
《建筑结构荷载规范》GB 50009—2012；
《混凝土结构工程施工质量验收规范》GB 50204—2015；
《建筑地基基础工程施工质量验收标准》GB 50202—2018；
《建筑施工高处作业安全技术规范》JGJ 80—2016；
浙江省标准《建筑施工扣件式钢管模板支架技术规程》DB33/T 1035—2018；
《建筑施工扣件式钢管脚手架安全技术规范》JGJ 130—2011；
《建筑施工模板安全技术规范》JGJ 162—2008；
《建筑地基基础设计规范》DB33/T 1136—2017；
《施工现场临时用电安全技术规范》JGJ 46—2005；
《建筑结构可靠性设计统一标准》GB 50068—2018；
《危险性较大分部分项工程安全管理办法》（建设部 37 号）
《建设工程高大模板支撑系统施工安全监督管理导则》建质〔2009〕254；
本工程施工组织设计及常规模板专项方案。

3.3 施工计划

3.3.1 施工进度计划

本计划从三层梁板开始编制，计划自××××年×月××日开始施工，包括满堂支架的搭设、模板的安装、钢筋的绑扎、混凝土的浇筑等工序。具体计划见表 3.3.1。

施工进度计划　　表 3.3.1

日期 / 工作名称	进度计划									
	5d	10d	15d	20d	25d	30d	35d	40d	45d	50d
三层梁板施工(8.970)F～6 轴处为高支模	▬	▬	▬							
四层梁板施工(12.570)				▬	▬	▬				
屋顶梁板施工(16.170)							▬	▬	▬	
小屋顶施工(18.120/18.020)高支模									▬	▬

第一层梁板施工均包括支模、安装钢筋及浇筑三道工序；先浇柱子混凝土，柱子强度达到后方可浇筑梁板。

3.3.2　材料与设备计划

1. 材料配置计划

根据施工方案进行详细翻样，计算出各种材料的用量，包括钢管、扣件、模板、对拉螺杆、混凝土等材料，同时根据工程进度确定各种材料的进场时间，对所需的材料和构件等积极落实货源、签订供应合同、确定运输方式、组织进场，材料供应计划见表 3.3.2：

材料配置计划　　表 3.3.2

序号	材料名称	型号规格	数量	单位
1	钢管	ϕ48×3.5	20000	m
2	扣件	直角/旋转/对接	2000	个
3	模板	18mm 厚胶合板	430	张
4	对拉螺杆	M12/14	800	根

2. 施工机械配置计划（见表 3.3.3）

施工机械配置计划　　表 3.3.3

序号	机械名称	型号规格	功率(kW)	数量	备注
1	插入式振动器	ZN—50/30	1.5	10	混凝土振捣
2	平板式振动器	ZX—7	1.5	2	混凝土振捣
3	木工圆盘锯	MJ—104	3.0	1	模板加工
4	木工平刨机	MB—206	4.0	1	模板加工
6	闪光对焊机	UN1-75	76	1	钢筋连接
7	电弧焊机	BX3-200-2	23.4	2	钢筋连接

续表

序号	机械名称	型号规格	功率(kW)	数量	备注
8	垂直对焊机	LDI-10	24	4	钢筋连接
9	钢筋调直机	GT4/14	4.0	1	钢筋加工
10	钢筋切断机	QJ40	5.5	1	钢筋加工
11	钢筋弯曲机	GW40	3.0	1	钢筋加工

3.3.3 劳动力计划

1. 投入本工程的管理人员、技术人员均为本公司职工，普通工人为劳务公司的施工队伍。

2. 劳动力配置按照搭设支模架、绑扎钢筋和浇混凝土三个阶段分别组织，保持作业班组相对稳定，以利于工序合理搭接，操作人员熟练掌握施工工艺，提高劳动生产率和工作质量。

3. 为了确保本工程施工总进度计划目标的实现，达到保障施工进度和施工劳动力投入的需要，劳动力的投入按阶段配备，重点控制搭设支模架和绑扎钢筋两个班组的劳动力配备（见表 3.3.4）。

劳动力计划表　　表 3.3.4

序号	工种	人数	备注
1	架子工	8	负责支架、临时通道、防坠棚等的搭设
2	木工	10	负责模板安装支设工程
3	钢筋工	15	负责钢筋的分类、下料、运输、绑扎等工作
4	混凝土工	10	负责混凝土的浇筑，零星混凝土的搅拌、浇筑等
5	机操工	3	负责各种施工机械的操作和养护，配合其他各工种做好各种相关机械操作工作

3.4 施工工艺技术

3.4.1 技术参数

1. 面板

用于本工程的模板，厚度不得小于 18mm。

2. 方木

用于本工程的方木，其任意横截面的任意一边尺寸不得小于 60mm，必须选用干燥无节疤无横向裂纹的木材制作。

3. 钢管

用于本工程的钢管，应采用现行国家标准《直缝电焊钢管》GB/T 13793—2016或《低压流体输送用焊接钢管》GB/T 3092—2015中规定的3号普通钢管，其质量应符合现行国家对Q235 A级钢的规定。钢管直径48mm，壁厚不得小于3.0mm，钢管、扣件必须抽样复试，不符合要求的钢管及扣件不得用于本工程。

钢管外观质量要求：钢管表面应平直光滑，不应有裂缝、结疤、分层、错位、硬弯、毛刺、压痕和深的划道；钢管外径、壁厚、端面等的偏差；钢管表面锈蚀深度；钢管的弯曲变形应符合相关标准规定；钢管应进行防锈处理。

钢管上严禁打孔，每根钢管的最大质量不宜大于25kg。

4. 扣件

扣件外观质量要求：扣件式钢管模板支架应采用可锻铸铁制作的扣件，其材质应符合相关现行国家标准的规定。采用其他材料制作的扣件时，应经试验证明其质量符合相关标准的规定后方可使用。

有裂缝、变形或螺栓出现滑丝的扣件严禁使用。

扣件应进行防锈处理。模板支架采用的扣件，在螺栓拧紧扭力矩达65Nm时，不得发生破坏。有裂缝、变形或螺栓出现滑丝的扣件严禁使用。

5. 荷载控制

各类荷载取值：

梁底模板自重标准值取0.5kN/m^2；

梁钢筋自重标准值取1.5kN/m^3；

施工人员及设备荷载标准值取1kN/m^2；

振捣混凝土时产生的荷载标准值取2kN/m^2；

新浇混凝土自重标准值取24kN/m^3；

基本风压参考杭州地区，重现期10年，取0.30kN/m^2。

6. 柱子支撑参数

（1）本方案柱子截面边长为400/450/500/550/600（单位mm），标高－5.450～8.970m间柱子分三次施工，标高8.970m以上柱子与各层梁板可同时施工；

（2）第一次施工：地下室底板至±0.000，与地下室外墙同时施工，施工缝留置在梁顶；

（3）第二次施工：±0.000～4.470m，与二层梁板分开浇筑，柱子强度达到后方可施工二层梁板，柱子水平施工缝留置在梁底；

（4）第三次施工：4.470～8.970m，与三层梁板分开浇筑，柱子强度达到后方可施工三层梁板，柱子水平施工缝留置在梁底；

（5）为便于柱子混凝土振捣，沿竖向在柱子侧面留振捣孔，一段振捣完毕后封闭；

（6）梁板满堂支架与柱子模板同时搭设，保证柱子支模的空间稳定性；

（7）面板参数

面板类型：胶合面板；面板厚度18.0mm；

（8）竖楞参数

柱截面方向竖楞布置根数：3根；

竖楞材料木方，截面尺寸不小于60mm；

(9) 柱箍参数

柱箍材料：圆钢管；

直径 48mm，壁厚不小于 3.0mm；柱箍竖向布置间距：500mm；柱箍合并根数：2 根；

(10) 对拉螺栓参数

柱子每边螺栓根数：4 根；螺栓直径：12mm。

7. 梁底模支撑参数

见下表

梁底模支撑参数

梁底方木布置方式	顺梁布置	梁底方木根数	2
立杆横向间距 l_b(mm)	略	梁底增设立杆根数	0
立杆纵向间距 l_a(mm)	略	每纵距内附加梁底小横杆根数	1
模板支架步距 h(mm)	最大 1800	主节点处承重扣件设置	双扣件

8. 现浇梁侧模支撑

略。

9. 现浇板底模支撑

板下支撑方木截面各边尺寸不小于 60mm，布置间不大于 400mm，双扣件连接。

10. 剪刀撑设置

本方案剪刀撑按照《建筑施工扣件式钢管模板支架技术规程》DB33/1035—2018 要求进行设置。

3.4.2 工艺流程

模板支架的搭设应严格遵循以下流程：

放线定位→铺设垫木、底座→安装扫地杆、纵横拉杆→立第一节立杆→安装第二、三步横杆、设临时抛撑（每隔六根立杆设一道，待安装完剪刀撑后拆除）→接长立杆、横杆，同前搭设步骤，直至搭设完成。

3.4.3 施工方法及操作要求

模板支架搭设前，应由项目技术负责人向全体操作人员进行安全技术交底。安全技术交底内容应与模板支架专项施工方案统一，交底的重点为搭设参数、构造措施和安全注意事项。安全技术交底应形成书面记录，交底方和全体被交底人员应在交底文件上签字确认。

1. 搭设要求

支模架的搭设应严格按照本方案搭设。

基本要求：横平竖直、整齐清晰、图形一致、平竖通顺、连接牢固，受荷安全、有安全操作空间、不变形、不摇晃。

2. 钢管扣件

采购、租赁的钢管、扣件必须有产品合格证和法定检测单位的检测检验报告，生产厂家必须具有技术质量监督部门颁发的生产许可证。没有质量证明或质量证明材料不齐全的钢管、扣件不得进入施工现场。

搭设模板支架用的钢管、扣件，使用前必须进行抽样检测，抽检数量按有关规定执行。未经检测或检测不合格的一律不得使用。钢管外径、壁厚、端面等的偏差；钢管表面锈蚀深度；钢管的弯曲变形应符合国家有关规定；

经检验合格的钢管、扣件应按品种、规格分类，堆放整齐平稳，堆放地不得积水。现场应建立钢管、扣件使用台账，详细记录钢管、扣件的来源、数量和质量检验等情况。

3. 立杆搭设

模板支架必须设置纵、横向扫地杆。纵向扫地杆应采用直角扣件固定在距底座上皮不大于200mm处的立杆上，横向扫地杆亦应采用直角扣件固定在紧靠纵向扫地杆下方的立杆上。当立杆基础不在同一高度上时，必须将高处的纵向扫地杆向低处延长两跨与立杆固定，高低差不应大于1m。靠边坡上方的立杆轴线到边坡的距离不应小于500mm。

立杆接长严禁采用搭接，必须采用对接扣件连接。对接应符合下列规定：

立杆上的对接扣件应交错布置，两根相邻立杆的接头不应设置在同步内，同步内隔一根立杆的两个相隔接头在高度方向错开的距离不宜小于500mm，各接头中心至主节点的距离不宜大于步距的1/3。

4. 水平杆搭设

水平杆接长宜采用对接扣件连接，也可采用搭接。应符合下规定：

（1）对接扣件应交错布置：两根相邻纵向水平杆的接头不宜设置在同步或同跨内；不同步或不同跨两个相邻接头在水平方向错开的距离不应小于500mm；各接头至最近主节点的距离不宜大于纵距的1/3。

（2）搭接长度不应小于1m，应等距离设置3个旋转扣件固定，端部扣件盖板边缘至搭接水平杆杆端的距离不应小于100mm。

（3）主节点处必须设置一根横向水平杆，用直角扣件扣接且严禁拆除。主节点两个直角扣件的中心距不应大于150mm。

（4）每步的纵、横向水平杆应双向拉通。

5. 模板支架的拆除

（1）底模及其支架拆除时的混凝土强度应符合设计要求，当设计无具体要求时，混凝土强度应符合下表的规定。

底模及其支架拆除时的混凝土强度要求

构件类型	构件跨度(m)	达到设计的混凝土立方体抗压强度标准值的百分率(%)
板	≤2	≥50
	>2,≤8	≥75
	>8	≥100
梁、拱、壳	≤8	≥75
	>8	≥100
悬臂构件	—	≥100

（2）模板支架拆除前应对拆除人员进行技术交底，并做好交底书面手续。

（3）模板支架拆除时，应按施工方案确定的方法和顺序进行。

（4）拆除作业必须由上而下逐步进行，严禁上下同时作业。分段拆除的高度差不应大于两步。设有附墙连接件的模板支架，连接件必须随支架逐层拆除，严禁先将连接件全部或数步拆除后再拆除支架。

（5）卸料时严禁将钢管、扣件由高处抛掷至地面；运至地面的钢管、扣件应按规定及时检查、整修与保养，剔除不合格的钢管、扣件，按品种、规格随时码堆存放。

（6）拆除架体时，下部的出入口必须停止使用，对此除监护人员要特别注意外，还应在出入口处设置明显的停用标志和围栏，此装置必须内外双面都加以设置。

（7）在拆除的架体周围，在坠落范围设置明显的"禁止入内"标志，并有专人监护，以保证拆时无其他人员入内。

（8）架体拆除时遇大风、大雨、大雾天应停止作业。

（9）拆除时操作人员要系好安全带，穿软底防滑鞋、扎裹腿。

（10）架体拆除过程不中途换人，如必须换人，则应该在交底中交代清楚。

3.4.4　支架使用要求

1. 混凝土施工不得水平扰动立杆，不得在立杆上攀爬或者悬挂施工机具；

2. 在搭设梁、板模板支架时，每步纵横向水平杆的端部，均要顶住先浇并已经达到设计强度的柱子或梁，以增强模板支架的整体刚度及稳定性；

3. 每一根立杆每一步不得漏设纵、横向水平钢管，底部扫地杆必须设置；

4. 立杆接长必须采用对接，施工前应事先做好立杆模数的计算，并合理进行钢管的长短选择搭配；

5. 梁下支撑小横杆及附加小横杆均采用钢管，严禁采用方木代替；

6. 本方案计算时，钢管壁厚按较小值 3.0mm 进行计算，实际施工时应以 3.5mm 的标准选用。

3.5　施工保证措施

3.5.1　组织保障措施

项目部成立高支模架体沉降、偏移监测小组，如下：

组长：×××；

测量负责：×××；

组员：×××、×××。

3.5.2 监控监测措施

1. 监测项目：支架沉降、位移和变形。

2. 测点布设：沿建筑物纵向每10～15m布设一个监测点，用于支架水平位移监测及沉降观测。监测仪器精度应满足现场监测要求。

3. 监测频率：在浇筑混凝土过程中实施实时监测，监测频率20～30min一次。

4. 监测报警指标见下表。

监测报警指标

监测项目	监测报警值
支架沉降	5mm
支架水平位移	10mm

5. 监测方法：

支撑的变形监测采用水准仪进行。做法是：在首层柱的侧面标示出观测基准点，分别在支撑杆上标示观测点（沉降观测点位置在该层结构面上约1.5m处，垂直度观测点应在模板支撑下方30～50cm处）。在整个浇筑混凝土的过程中，安排专人在首层外围进行监测。

6. 处理方法：

当监测数据接近或达到报警值时，应立即停止施工作业，组织有关方采取应急或抢险措施，直至整改或加固完成后方可进行施工作业，并向上级有关部门报告。

本方案中“施工管理及作业人员配备和分工”“验收要求”以及“应急处理措施”等内容参考附录2中相关内容。

附录4

Appendix 04

钢筋工程施工方案一（附钢筋支架计算书）

目 录

4.1 编制依据（表 4.1.1）

编制依据　　表 4.1.1

序号	类别	文件名称	编号
1	国标	钢筋混凝土用钢 第 2 部分：热轧带肋钢筋	GB 1499.2—2018
2	国标	钢筋混凝土用钢 第 1 部分：热轧光圆钢筋	GB 1499.1—2017
3	国标	低碳钢热轧圆盘条	GB/T 701—2008
4	国标	钢筋混凝土用余热处理钢筋	GB 13014—2013
5	国标	建筑工程施工质量验收统一标准	GB 50300—2013
6	国标	混凝土结构工程施工质量验收规范	GB 50204—2015
7	行标	钢筋机械连接通用技术规程	JGJ 107—2010
8	行标	钢筋机械连接技术规程	JGJ 107—2016
9	图集	建筑物抗震构造详图（多层和高层钢筋混凝土房屋）	11G329—1～4
10	图集	钢筋混凝土结构预埋件	16G362
11	行标	施工现场临时用电安全技术规范	JGJ 46—2005
12	行标	建筑机械使用安全技术规程	JGJ 33—2012
13	行标	建筑施工安全检查标准	JGJ 59—2011
14	资料	×××项目一期售楼部工程施工图纸	—

4.2 工程概况

4.2.1 总体简介（表 4.2.1）

工程总体简介　　表 4.2.1

序号	项目	内容
1	工程名称	×××项目一期售楼部工程
2	工程地址	—
3	工程性质	售楼部
4	建设单位	×××房地产发展有限公司
5	勘察单位	×××岩土工程勘察设计研究院
6	设计单位	×××工程设计有限公司

续表

序号	项目	内容
7	监理单位	×××国际工程咨询有限公司
8	质量监督单位	—
9	施工总承包单位	×××建设有限公司
10	施工主要分包单位	—
11	合同承包范围	土建、装饰、给水排水
12	合同质量目标	合格

4.2.2 建筑设计简介（表 4.2.2）

建筑设计简介　　表 4.2.2

楼号	建筑性质	地下层数	地上层数	结构体系	结构材料	基础形式	建筑高度
售楼部	商业	0	2	框架结构	钢筋混凝土	独立基础	11.7m

4.2.3 结构设计简介（表 4.2.3、表 4.2.4）

结构设计简介　　表 4.2.3

工程名称	×××项目一期售楼部工程	工程地点	—
建筑面积(m^2)	1735.48	建筑高度(m)	11.7
结构类型	框架	主体结构	框架
地上层数	2	地下层数	0
标准层层高(m)	6	其他主要层高(m)	5.5

混凝土强度等级　　表 4.2.4

部位栋号	基础	墙柱	梁板	垫层
售楼部	C30	C30	梁 C30、板 C25	C15

4.3 施工安排

4.3.1 项目组织机构

项目组织机构如图 4.3.1 所示：

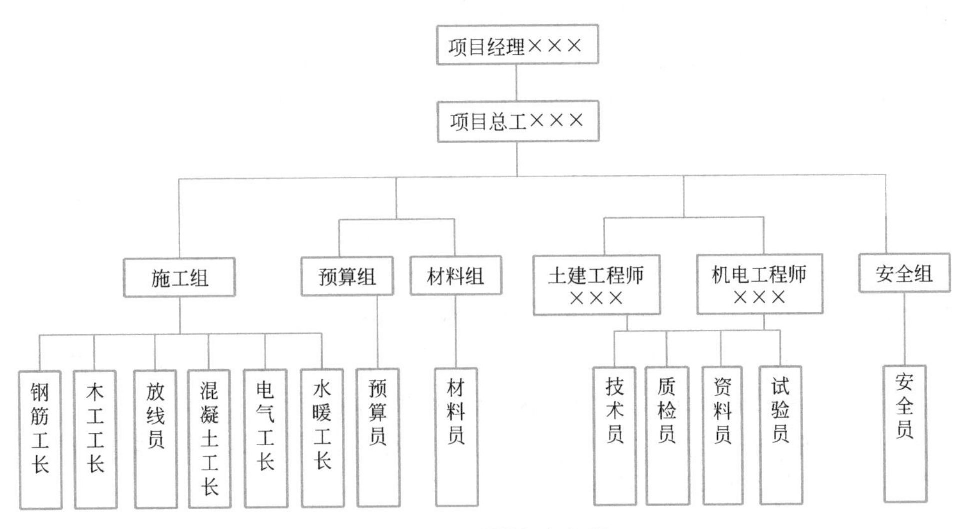

图 4.3.1　项目组织机构

4.3.2　施工机械配备

根据本工程的施工钢筋用量和各种钢筋型号比较多的特点，为保证施工质量及进度的要求，钢筋加工所需的机械见表 4.3.1：

施工机械配置　　表 4.3.1

序号	机具名称	数量	备注
1	切断机	2	用于直径 20mm 以上同型号 1 台；直径 20mm 以下同型号 1 台
2	弯曲机	2	用于直径 20mm 以上同型号 1 台；直径 20mm 以下同型号 1 台
3	调直机	1	用于圆钢调直
4	砂轮机	1	用于螺纹钢的切断
5	直螺纹套丝机	1	可套直径 18～22mm 的钢筋
6	电弧焊机	1	用于加工墙体水平、竖向梯子筋及楼板内马凳钢筋等
7	电渣压力焊	1	地下室墙体竖向钢筋

后台机械按基础施工阶段总平面图进行布置，在钢筋加工前 7d 内调试到位，并安排专人进行维护，项目部由机械员专职负责，保证机械的正常使用及精确度的调整；施工工人准备好钢筋钩子、撬棍、扳子、绑扎架、钢丝刷子、手推车、粉笔、尺子等；所有钢筋加工机械，需作好防护工作，调直机械前搭设安全防护架，套丝机、调直机及弯曲机等使用油料的机械需设置接油盘。

4.3.3　场区安排

1. 根据施工总体安排，钢筋加工分四个部分，即钢筋原材区、钢筋调直区、钢筋加工区和成品堆放区，为有利进场材料的合理利用，进行统筹规划，按加工流水进行划分。

2. 钢筋原材区：钢筋原材区设在钢筋加工棚的南侧，并浇筑混凝土枕基，钢筋分型号码放整齐并挂标识牌，标识牌上注明厂标、钢号、批号、直径、出厂日期、检验状态(绿色字体)等标证。

3. 钢筋调直区、加工区：钢筋调直区、箍筋加工区、钢筋切断区、钢筋滚压直螺纹套丝区、马凳梯子筋加工区放在钢筋加工棚内。钢筋加工棚内地面使用混凝土硬化，同时加工棚周围设置排水沟，棚内地面随时保持干燥。钢筋调直设备的基础及地锚环均用 $1m^3$ 混凝土浇筑，保证调直工作的安全。每个钢筋加工区内必须挂牌标明该区文明施工负责人，项目部由钢筋工长负责钢筋区的文明施工，所有钢筋加工机械统一标识，并注明其使用状态，写明操作规程，在钢筋调直机前搭设钢管架，确保安全。

4. 成品堆放区：钢筋的成品堆放设在钢筋加工棚的东侧，成品钢筋架空存放，所有钢筋成品堆放场地在塔式起重机覆盖范围内。

4.3.4 劳动力安排(表 4.3.2)

劳动力安排　　表 4.3.2

序号	工种	人数(人)	备注
1	钢筋下料	5	
2	钢筋绑扎	20	
3	滚压直螺纹连接	2	
4	运料及清理	4	
合计		31	

焊工必须持有效操作证上岗，辅助工人必须经过相应的培训方可上岗。技术工种进场后，必须对其进行考核分级，对考核不合格者必须退回。考核合格后，继续进行场内深化学习，学习后方可上岗。

4.4 施工准备

4.4.1 技术准备

1. 图纸会审

(1) 图纸会审的程序：由各专业技术人员自行审查图纸，发现本专业施工图存在的问题，及时记录；各专业施工图放在一起核对，检查尺寸、细部做法是否有相互冲突之处，发现问题及时记录。

（2）项目总工主持项目内部的图纸会审会议，将各专业和专业配合中会出现的问题汇总，并组织大家进行分析，提出设计变更的建议。建设单位负责组织由设计、建设、监理、施工单位参加的图纸会审会议，与会人员达成一致的意见，在会后由项目专业工程师及时同设计单位和业主进行工程洽商。

（3）项目各专业技术人员应坚持日常的图纸审核制度，发现问题及时向项目总工汇报，重大问题由项目总工向公司技术部和总工程师汇报，同设计单位和业主协商解决。

（4）坚持做到施工前把图纸中存在的问题处理完毕，保证工程顺利进行。如果施工中出现本应该发现的问题，并影响了经济、进度，追究当事人一定的责任。

2. 技术交底

（1）工程在正式施工前，对参与施工的有关管理人员、技术人员和工人进行的一次技术性的交代与说明。包括设计交底、设计变更及工程洽商交底。

（2）设计交底：通过向施工人员说明工程主要部位、特殊部位及关键部位的作法，使施工人员了解设计意图、建筑物的主要功能、建筑及结构的主要特点，掌握施工图的主要内容。

（3）设计变更及工程洽商交底：专业工程师及时将设计变更和工程洽商的主要原因、部位及具体变更做法向相关专业技术人员、施工管理人员、施工操作人员交代清楚，以免施工时漏掉或仍按原图施工。

（4）分项工程技术交底主要包括施工准备、施工工艺、质量标准、成品保护、安全措施、注意事项。对非常规工序和新技术、新材料、新工艺和重点部位的特殊要求等，要编制作业指导书进行着重交代，把住关键部位的质量技术关。

4.4.2　钢筋采购、运输、验收、堆放

钢筋进场计划见表4.4.1。

钢筋进场计划　　表4.4.1

序号	部位	数量(t)	进场时间	备注
1	基础	40	开工	估量
2	一层	60	开工后12d	估量
3	二层	50	开工后17d	估量
4	阁楼层	60	开工后24d	估量
5	屋面	40	开工后30d	估量

1. 项目材料室根据所审定钢筋计划，组织钢筋进场，进场时要有出厂质量证明和材质单，钢筋运到加工现场后由质检员、钢筋技术员共同进行外观检查（钢筋表面不得有裂纹、折痕和锈蚀等现象），外观检查合格后由技术部门通知试验员、监理单位做见证取样。

2. 钢筋检验合格后，分规格、种类码放整齐，并准备防雨布。

3. 扎丝：采用22号绑扎丝进行绑扎，扎丝的切断长度根据现场绑扎的要求，丝头允许露出30mm，扎丝切断工根据现场实际测量长度，严格进行扎丝下料。

4. 控制混凝土保护层用的砂浆垫块、塑料卡、各种挂钩或撑杆等，必须严格按照钢筋保护层的要求进行下料或订货，钢筋工长、技术员、质检员必须严格检查上述材料的规格、尺寸是否满足要求，如果不满足要求，当时通知退货或返工加工，保证到现场施工时，上述材料满足施工需要。

4.4.3 钢筋加工准备

1. 钢筋施工机械安装牢固，施工用电均有漏电保护和可靠接地。

2. 工人提前熟悉图纸及钢筋下料单，尤其箍筋要放大样，控制好弯起点尺寸，如有问题及时解决。

3. 加工完成的钢筋应做好标识牌，标明规格、型号，使用部位及钢筋检验状态，并画出简易的成型图形，钢筋装车由专人负责。

4. 提前作好钢筋放样工作，钢筋放样由有经验的钢筋工长或钢筋工程施工负责人担任，钢筋的放样单必须由项目钢筋工长或技术负责人签认后方可加工。钢筋的放样单由项目钢筋工长保存底单，该底单作为对钢筋用量及查核钢筋数量的原始依据。钢筋下料时统筹考虑，长短结合，提高钢筋的利用率。

5. 梯子筋、马凳、柱定位筋由专人焊制。

4.4.4 钢筋绑扎准备

1. 材料准备：22号绑扎丝，钢筋马凳（支架），墙体钢筋梯子铁（尺寸必须下准），拉钩、垫块、钢筋钩子、小撬杠、钢丝刷、粉笔、脚手架等。

2. 马凳铁可用下料剩下的短节焊接。

3. 工长、工人提前熟悉图纸、交底、掌握钢筋绑扎连接顺序。

4.4.5 钢筋保护层垫块

基础梁底钢筋：采用水泥砂浆垫块，间距600mm；柱、梁侧钢筋：采用塑料垫块，间距800mm；顶板、梁底钢筋：采用水泥垫块，间距600mm。

4.5 主要施工方法及措施

4.5.1 钢筋配料

1. 钢筋配料每个作业队各安排2名经验丰富的配料员专门负责，项目技术部设专人进行审核把关，以确保钢筋下料的准确性、统一性。

2. 节点放样，根据构件配筋图及设计构造图，利用计算机辅助手段作好钢筋节点放样。主要包括梁、柱、墙、板钢筋的锚固构造；梁柱节点、梁节点、梁与板之间钢筋的穿插顺序；板柱节点部位配筋构造；墙体截面突变部位钢筋的布置；洞口加强筋的设置以及特殊构造部位节点。对于设计图纸中钢筋配置的细节问题没有注明时，按构造要求处理。节点放样时对各节点进行编号并标明部位，通过节点放样，能够进一步熟悉图纸，同时使一些特殊构造部位变得清楚明了，重点突出，使钢筋配料时不至于盲目无章。

3. 根据配筋图及节点大样图，先绘出各种形状的单根钢筋简图并加以编号，然后分别计算钢筋下料长度和根数，填写配料单。配料时考虑钢筋的接头位置应相互错开，在绑扎搭接及机械连接时，同一截面接头钢筋的面积在满足设计要求和施工规范要求的前提下有利于加工安装，尽量减少钢筋的截留损失。

4. 钢筋的下料长度计算：

(1) 钢筋下料长度计算时考虑弯起钢筋弯曲调整值的影响。

(2) 对于弯钩增加长度，根据施工经验值结合具体施工条件，根据钢筋试加工后的实测值，确定钢筋弯钩增加长度。

(3) 对于变截面构件钢筋，采用按理论公式计算和钢筋试加工校核的办法，确定钢筋的下料长度。对外形比较复杂、采用理论计算钢筋长度比较困难时，用放足尺（1∶1）或放小样（1∶5）的办法求钢筋长度。

(4) 钢筋弯曲时量度方法为统一量外包尺寸。

(5) 钢筋配料时同时考虑施工中的附加钢筋，对附加钢筋应单独进行配料。

5. 所有放样料单均须符合设计及施工规范要求，对设计中没有确定的部分，征求设计同意后，以《混凝土结构工程施工质量及验收规范》GB 50204—2015 及设计单位确认的标准图集为准。

4.5.2 钢筋加工

1. 钢筋调直

用6-14型调直机调直钢筋时，要根据钢筋的直径选用调直模和传送压辊，并正确掌握调直模和压辊的压紧程度，调直模的偏移量要根据其磨耗程度及钢筋品种通过试验确定，调直后切割的长度应按照施工现场的钢筋长度要求进行断料，已最大限度地节约钢筋。调直筒两端的调直模一定要在等孔二轴心线上，若发现钢筋不直时，应及时调整调直模的偏移量，调整后仍不能调直到位应及时通知机修人员修理。钢筋调直时，盘圆钢筋必须通过调直机前的安全防护栏，应保证调直后钢筋平直、无局部曲折。

2. 钢筋除锈

钢筋表面应洁净，油渍、漆污或用锤击时能剥落的浮皮、铁锈等在使用前应清除干净。钢筋在调直过程中除锈，此外，还可采用钢丝刷子、砂盘等进行手工除锈；锈渍较严重的用酸除锈进行处理。在除锈过程中发现钢筋表面的氧化铁皮鳞脱落严重并已损伤截面，或在除锈后钢筋表面有严重的麻坑、斑点伤蚀截面时，通过试验的方法确定钢筋强度，采取降级使用或剔除不用。

3. 钢筋切断

(1) 同种规格钢筋根据不同长度长短搭配，统筹排料，先断长料，后断短料，减少损耗。

(2) 在工作台上标出尺寸刻度线并设置控制断料尺寸用的挡板，控制断料长度。

(3) 钢筋切断时应核对配料单，并进行钢筋试弯，检查料表尺寸与实际成型的尺寸是否相符，无误后方可大量切断成型。

(4) 钢筋切断时，钢筋和切断机刀口要成垂线，并严格执行操作规程，确保安全。在切断过程中，如发现钢筋有劈裂、缩头较严重的接头，立即进行切除处理。如发现钢筋的硬度与该钢筋品种有较大的出入时，必须及时向技术人员反映，查明情况。

4. 钢筋弯曲成型

(1) 弯钩弯折的规定

1) HRB400 级钢筋的弯弧内径（D）不小于钢筋直径（d）的 5 倍，弯钩弯后的平直部分为 $10d$ 或图纸设计要求。

2) 弯起钢筋中间部位弯折处的圆弧弯曲直径（D）不得小于钢筋直径（d）的 5 倍。弯曲点处不得有裂缝，如一根钢筋有两拐，两拐应在同一平面上，对于弯曲钢筋，弯曲点的位置位移情况也应注意。

3) 箍筋末端作 135°弯钩，弯钩弯曲直径（D）大于受力钢筋直径（d），且不小于箍筋直径（d）的 2.5 倍，弯钩平直部分长度为箍筋直径（d）的 10 倍。

钢筋弯钩示意图如图 4.5.1 所示。

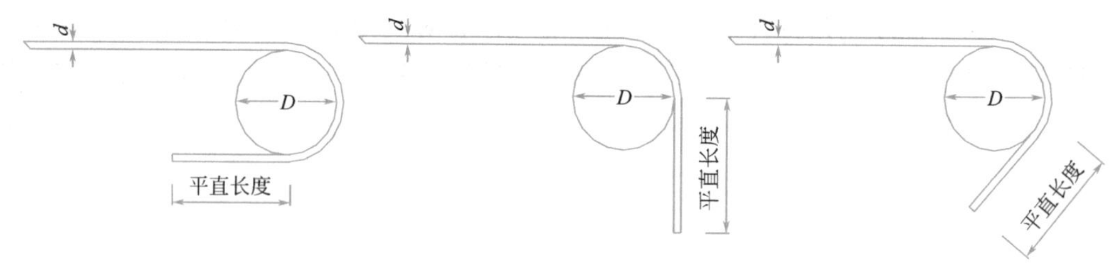

图 4.5.1　钢筋弯钩示意图

(2) 弯曲成型工艺

1) 钢筋弯曲前根据钢筋料牌上标明的尺寸，用石笔将弯曲点位置画出。

2) 考虑到采用弯曲成型机弯曲时，成型轴和心轴同时转动会带动钢筋向前滑移，当采用 90°弯钩时，弯曲点线约与心轴内边缘齐，弯曲 180°时，弯曲点线距心轴内边缘为 $1.0 \sim 1.5d$。

3) 曲线形钢筋成型时，先在工作台上放出钢筋弧线控制弯曲形状。

(3) 所有钢筋在大批量加工之前，均先进行试加工，检查钢筋形状、尺寸是否与配料单一致。并在加工过程中经常检查核对。

5. 钢筋加工质量要求

(1) 钢筋拉直应平直，无局部曲折。

(2) 钢筋切断口不得有马蹄形或起弯等现象，钢筋的长度应力求准确。

(3) 钢筋弯曲成型形状正确，平面上没有翘曲不平现象。

（4）钢筋加工的允许偏差见表 4.5.1。

钢筋加工允许偏差　　表 4.5.1

项目	允许偏差
受力钢筋顺长度方向全长的净尺寸	±10mm
弯起钢筋的起弯点位移	±20mm
弯起钢筋的弯起高度	±5mm

4.5.3 钢筋锚固长度（表 4.5.2～表 4.5.4）

受拉钢筋基本锚固长度 l_{ab}、l_{abE}　　表 4.5.2

钢筋种类	抗震等级	混凝土强度等级								
		C20	C25	C30	C35	C40	C45	C50	C55	≥C60
HPB300	一、二级(l_{abE})	45d	39d	35d	32d	29d	28d	26d	25d	24d
	三级(l_{abE})	41d	36d	32d	29d	26d	25d	24d	23d	22d
	四级(l_{abE}) 非抗震(l_{ab})	39d	34d	30d	28d	25d	24d	23d	22d	21d
HRB335 HRBF335	一、二级(l_{abE})	44d	38d	33d	31d	29d	26d	25d	24d	24d
	三级(l_{abE})	40d	35d	31d	28d	26d	24d	23d	22d	22d
	四级(l_{abE}) 非抗震(l_{ab})	38d	33d	29d	27d	25d	23d	22d	21d	21d
HRB400 HRBF400 RRB400	一、二级(l_{abE})	—	46d	40d	37d	33d	32d	31d	30d	29d
	三级(l_{abE})	—	42d	37d	34d	30d	29d	28d	27d	26d
	四级(l_{abE}) 非抗震(l_{ab})	—	40d	35d	32d	29d	28d	27d	26d	25d
HRB500 HRBF500	一、二级(l_{abE})	—	55d	49d	45d	41d	39d	37d	36d	35d
	三级(l_{abE})	—	50d	45d	41d	38d	36d	34d	33d	32d
	四级(l_{abE}) 非抗震(l_{ab})	—	48d	43d	39d	36d	34d	32d	31d	30d

注：1. HPB300 级钢筋末端应做 180°弯钩，弯后平直段长度不应小于 3d，但作受压钢筋时可不做弯钩。
2. 当锚固钢筋的保护层厚度不大于 5d 时，锚固钢筋长度范围内应设置横向构造钢筋，其直径不应小于 $d/4$（d 为锚固钢筋的最大直径）；对梁，柱等构件间距不应大于 5d，对板、墙构件间距不应大于 10d，且均不应大于 100（d 为锚固钢筋的最小直径）。

受拉钢筋锚固长度 l_a、抗震锚固长度 l_{aE}　　表 4.5.3

非抗震	抗震	
$l_a=\zeta_a l_{ab}$	$l_{aE}=\zeta_{aE} l_a$	1. l_a 不应小于 200。 2. 锚固长度修正系数 ζ_a 按右表取用，当多于一项时，可接连乘计算，但不应小于 0.6。 3. ζ_{aE} 为抗震锚固长度修正系数，对一、二级抗震等级取 1.15，对三级抗震等级取 1.05，对四级抗震等级取 1.00

受拉钢筋锚固长度修正系数 ζ_a　　表 4.5.4

锚固条件		ζ_a	
带肋钢筋的公称直径大于 25		1.10	—
环氧树脂涂层带肋钢筋		1.25	
施工过程中易受扰动的钢筋		1.10	
锚固区保护层厚度	$3d$	0.80	注：中间时按内插值。d 为锚固钢筋直径
	$5d$	0.70	

4.5.4 钢筋连接

1. 连接方式

本工程中地上竖向钢筋直径、水平钢筋直径≥ϕ18 时采用机械（等强度滚压直螺纹）连接，地下竖向钢筋直径≥ϕ16 采用电子压力焊，其他钢筋采用绑扎搭接。

2. 钢筋机械连接

（1）本工程机械连接接头均采用Ⅱ级接头。钢筋接头宜设置在受力较小处，同一纵向受力钢筋不宜设置两个或两个以上接头。接头末端至钢筋弯起点的距离不能小于钢筋直径的 10 倍。机械接头连接件之间净间距≥25mm。

（2）钢筋机械连接的连接区段长度应按 $35d$ 计算，在同一连接区段内有接头的受力钢筋截面面积占受力钢筋总截面面积的百分率，应符合下列规定：

1）在同一连接区段内的Ⅲ级接头的接头百分率不应大于 25%；Ⅱ级接头的接头百分率不应大于 50%；Ⅰ级接头的接头百分率可不受限制。

2）接头宜避开有抗震设防要求的框架梁端、柱端箍筋加密区；当无法避开时，应采用Ⅰ级接头或Ⅱ级接头，且接头百分率不应大于 50%。

3）对直接承受动力荷载的结构构件，接头百分率不应大于 50%。

3. 钢筋的搭接长度

纵向受拉钢筋的搭接长度 $l_{LE}=\zeta l_a$ (l_{aE})，纵向受拉钢筋搭接长度修正系数见表 4.5.5。

纵向受拉钢筋搭接长度修正系数　　表 4.5.5

纵向受拉钢筋搭接接头面积百分率(%)	≤25	50	100
ζ	1.2	1.4	1.6

注：1. 钢筋绑扎搭接接头连接区段的长度为 1.3 倍搭接长度，凡搭接接头中点位于该连接区段内的搭接接头均属于同一连接区段。
2. 当不同直径的钢筋搭接时，其 l_{LE} 与 l_1 值按较小的直径计算。
3. 在任何情况下，纵向受拉钢筋绑扎搭接接头的搭接长度不应小于 300mm。

4. 本工程钢筋接头位置及接头百分率

（1）基础筏板通长钢筋接头位置：上铁应设在支座附近，下铁设在跨中附近，接头错开，同一连接区段内的接头百分率不应大于 50%。

（2）框架柱及暗柱钢筋接头：相邻纵向钢筋连接接头应相互错开，在同一截面内钢筋接头面积百分率不应大于 50%。

（3）剪力墙竖向及水平分布筋的搭接接头位置相互错开，每次连接的钢筋数量不能超过50%，错开净距不小于500mm，如图4.5.2和图4.5.3所示。

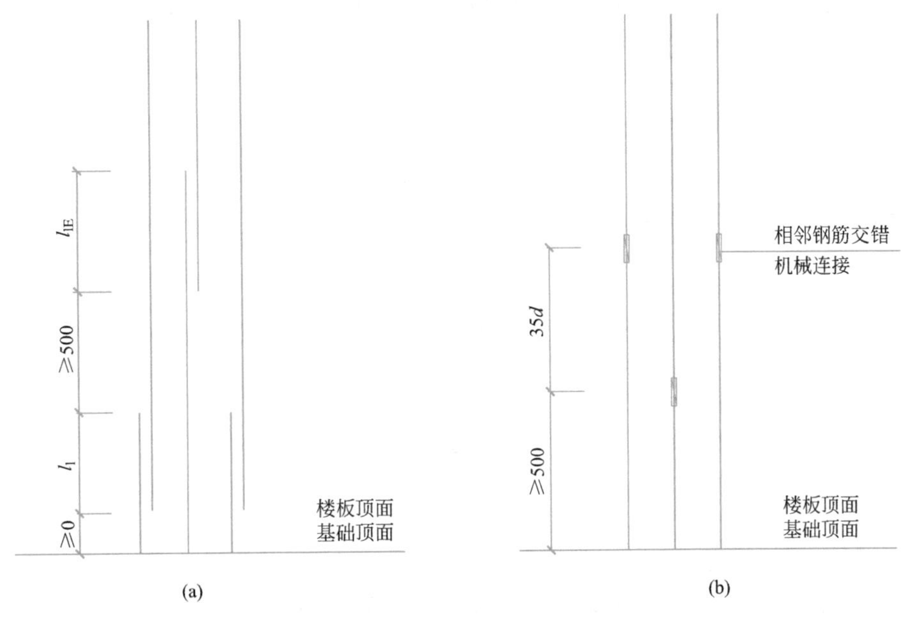

图4.5.2　剪力墙约束边缘构件纵向钢筋连接构造

（a）钢筋绑扎搭接；（b）钢筋机械搭接

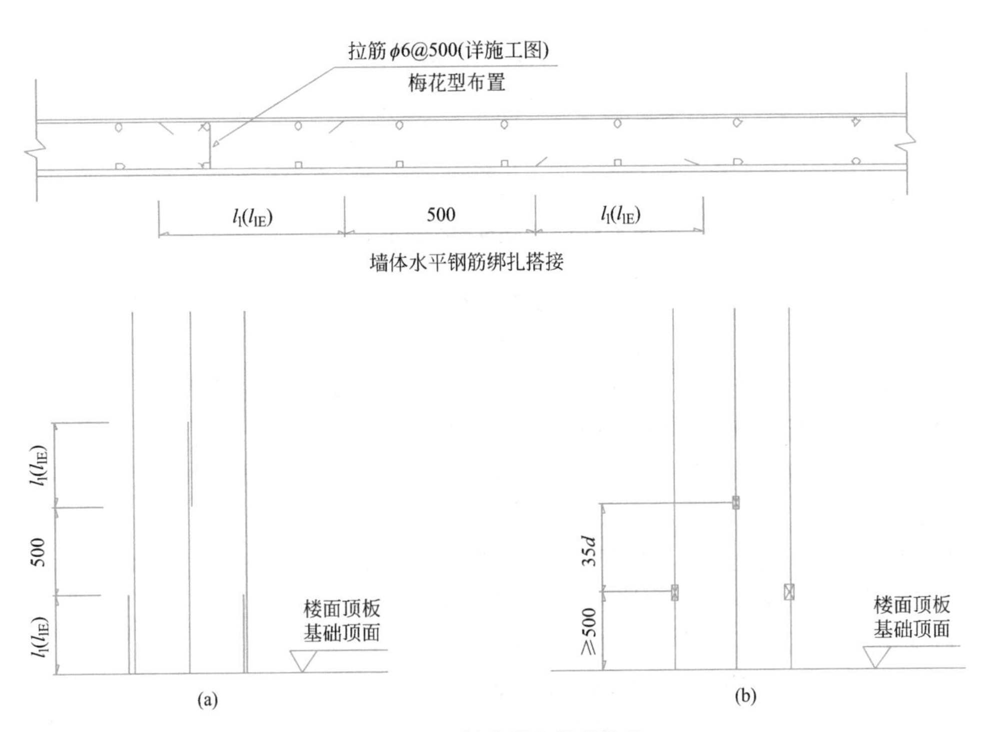

图4.5.3　墙体竖向钢筋接头

（a）钢筋绑扎搭接；（b）钢筋机械搭接

注：钢筋直径d小于18，采用绑扎搭接，大于或等于18，采用机械连接

（4）框架梁上铁通长钢筋接头位置：上铁在梁跨中 1/3 净跨范围内，下铁在支座处，同一连接区段内的接头百分率不应大于 50%。

（5）楼面板通长钢筋接头位置：下铁应在支座附近，上铁应在跨中附近，接头错开，同一连接区段内的接头百分率不应大于 50%钢筋总量。

4.5.5 钢筋直螺纹连接

直螺纹接头施工工艺如图 4.5.4 所示。

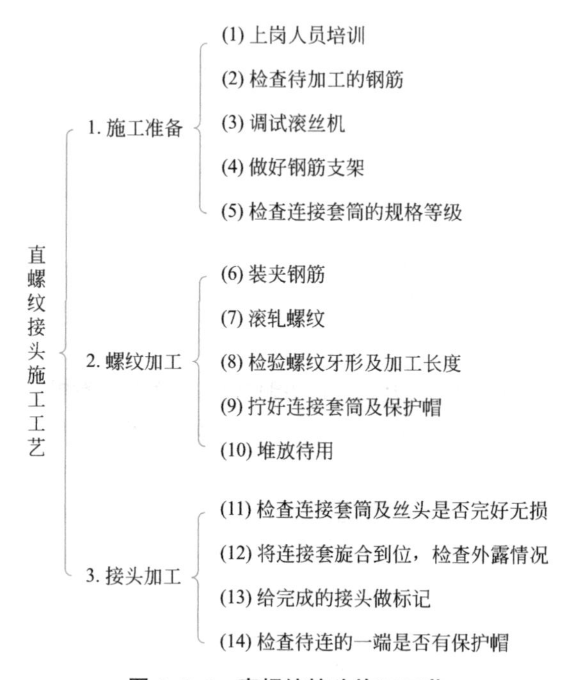

图 4.5.4 直螺纹接头施工工艺

1. 凡参加接头施工的操作人员必须参加技术规程培训，经考试合格后持证上岗。

2. 连接套：

（1）经检查合格的连接套，用粉笔作好规格标记，两端孔应用密封盖扣紧。

（2）连接套进场时应有产品合格证，现场应抽样复检合格。

（3）连接套不应有严重锈蚀、油脂等影响混凝土质量的缺陷或杂物。发现有不合格产品必须立即退货。

（4）连接套精度为 6H 级，并符合《普通螺纹 公差》GB/T 197—2018 的规定。

3. 按照施工的实际需要，连接套分为四种形式：

（1）标准型：用于一般连接钢筋的部位。

（2）变径型：用于不同直径钢筋的连接部位。

（3）活连接型：用于不能转动钢筋的连接部位。

（4）特型：根据特殊要求设计加工的连接套。

标准型连接套的外形尺寸应符合表 4.5.6 规定：

标准型连接套外形尺寸　　表 4.5.6

规格	螺距(mm)	长度(mm)	外径	螺纹小径
ϕ18	2.5	50	ϕ29	ϕ16.7
ϕ20	2.5	54	ϕ31	ϕ18.1
ϕ22	2.5	60	ϕ33	ϕ20.4
ϕ25	3	64	ϕ39	ϕ23.0
ϕ28	3	70	ϕ44	ϕ26.1
ϕ32	3	82	ϕ49	ϕ29.8

连接所用的钢筋应先调直再下料，切口端面应与钢筋轴成垂直，不得有马蹄形或挠曲。采用无齿砂轮锯下料，不得采用气割及断钢机下料。

4. 钢筋滚丝：

（1）钢筋滚丝要预先在钢筋滚压直螺纹机床上加工，工人必须经培训，熟练掌握机床的使用方法。为确保质量，操作工人必须有上岗证。

（2）加工直径调定：根据所需加工的钢筋直径，把加工机床滚丝头的相应规格通过通止棒调整，然后锁紧，严禁一次调过，影响工件质量和造成机床事故。

（3）长度调整：根据所需滚压钢筋直径，（丝头长度根据钢筋直径而定）把行程调节板上相应规格的刻线对准护板上的“0”刻线，而后锁紧，即完成初步调整。

（4）直径、长度的调整：由于各部误差积累影响刻线的准确性，所以刻线均为初步指示线，最终应以实际加工的直径和长度进行微调，直至合格，调整时必须直径由大到小，长度由短到长，循序渐进。

（5）钢筋装卡：把床头置于停车极限位置，将待加工钢筋卡在夹钳上，钢筋伸出长度以其端面与滚丝头钢丝轮外端面对齐为准，然后夹紧。

（6）开启套丝机，当完成丝头滚压长度后，机床会自动倒车回返。松开夹嵌，取下钢筋，完成一个丝头的加工。

5. 丝头加工的质量检查：

（1）加工丝头的牙形，螺纹必须与连接套的牙形螺距一致，有效丝扣段内的秃牙部分累计长度小于一扣周长的 1/2，并用相应的环规和丝头卡板检测合格。

（2）滚扎钢筋直螺纹时，应采用水溶性切削润滑液，当气温低于 0℃时，应掺 15%～20%的亚硝酸钠，不得用机油作切削润滑液或不加润滑液滚扎丝头。

6. 质量检查（图 4.5.5）：

（1）钢筋丝头螺纹中径尺寸的检验应符合通环规能顺利旋入整个有效扣长度，而止环规旋入丝头深度≤$3P$（P 为螺距）。

（2）钢筋丝头螺纹的有效旋合长度用专用丝头卡板检测，允许不大于 $1P$。

（3）连接套螺纹中径尺寸的检验用止、通塞规。止塞规旋入深度≤$3P$，通塞规应全部旋入。

（4）将自检合格的丝头，按以上要求对每种规格加工批量随机抽检 10%，且不得少于 10 个，并按表 4.5.7。

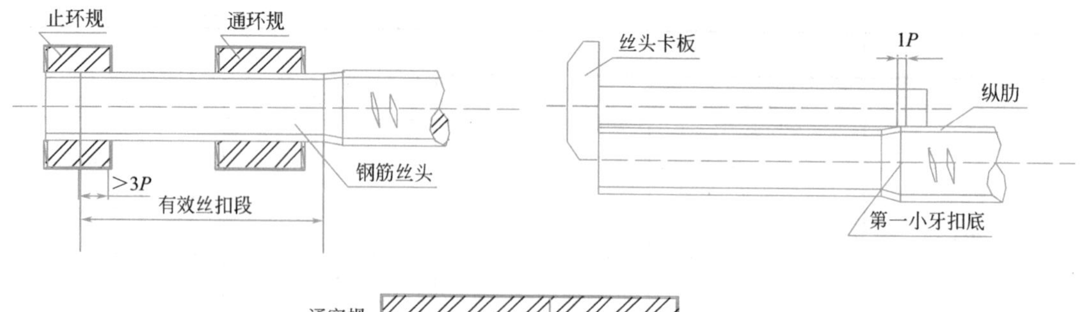

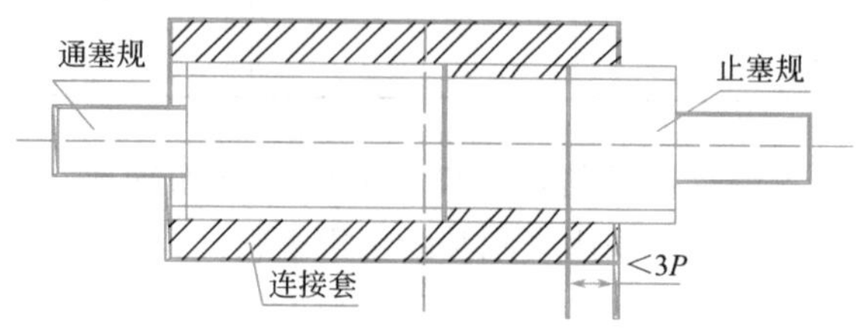

图 4.5.5 质量检查

钢筋滚扎直螺纹加工检验记录 表 4.5.7

工程名称			结构所在层数		
接头数量		抽检数量		构件种类	
序号	钢筋规格	螺纹长度检验	螺纹中径检验	秃牙状况	检验结论

注：1. 按每批加工钢筋直螺纹丝头数的10%检验；
2. 牙形合格、螺纹中径合格的打“√”否则打“×”。

（5）如有一个丝头不合格，即应对该批全数检查，不合格的丝头应重新加工，经再次检验合格方可使用。

（6）已检验合格的丝头应加以保护，钢筋一端丝头应戴上保护帽，另一端拧上连接套，并按规格分类堆放整齐待用。

（7）钢筋连接：

1）钢筋连接时，钢筋的规格和连接套的规格应一致，并确保丝头和连接套的丝扣干净、无损。

2）常用接头的连接方法：

标准型和异径型接头：先用工作扳手将连接套与一端钢筋拧到位，再将另一端钢筋拧到位。

活连接型接头：先对两端钢筋向连接套方向加力，使连接套与两端钢筋线头挂上扣，然后旋转连接套，并到位拧紧。

采用预埋接头时，连接套的位置、规格和数量应符合设计要求，带连接套的钢筋应固牢，连接套的外露端应有密封盖。

3）被连接的两钢筋端面及应处于连接套的中间位置偏差不大于 1P（P 为螺距），并用工作扳手拧紧，使两钢筋端面顶紧。

4）连接套的混凝土保护层厚度应满足《混凝土结构设计规范》GB 50010—2010 中受力钢筋混凝土保护层最小厚度的要求，且不得小于 15mm，接头间的横向净距不宜小于 25mm。

5）受力钢筋接头的位置应相互错开。钢筋机械连接接头连接区段的长度应不小于 35d（d 为纵向钢筋的较大直径）。位于同一连接区段范围内的有接头的受力钢筋截面面积占受力钢筋总截面面积的百分率，根据接头等级、接头设置部位应符合表 4.5.8 的规定：

接头拧紧力矩值　　表 4.5.8

钢筋直径 mm	16～18	20～22	25	28	32	36～40
力矩 N·m	100	200	250	280	320	350

6）受拉区的受力钢筋接头百分率不宜超过 50%。接头避开有抗震设防要求的框架的梁端和箍筋的加密区；当无法避开时，接头百分率不宜超过 50%。

（8）接头施工现场检验与验收：

厂方负责提供有效的型式检验报告。连接钢筋时，应检查连接套的出厂合格证，钢筋丝头加工检验记录。

1）钢筋连接工程开始前和长期施工过程中，应对每批进场钢筋和接头进行工艺检验。

2）每种规格钢筋母材进行抗拉强度试验。

3）每种规格钢筋接头的试件不应少于三根。

4）接头试件应达到《钢筋机械连接通用技术规程》JGJ 107—2016 表 3.0.5 中 A 级的强度要求。计算实际抗拉强度时，应采用钢筋的实际横截面积计算。

5）随机抽取同规格接头数的 10%进行外观检查，钢筋与连接套规格一致，接头外露完整丝扣不大于 1 扣。

6）基础、梁、柱按各自的接头数，每 500 个接头作为一个验收批，不足 500 个也作为一个验收批，抽检的接头要全部合格，如有一个不合格，则对该验收批进行全部检查，对查出不合格的接头用 E50 型焊条焊接补强，将钢筋与连接套焊在一起，焊缝高度不小于 5mm。

7）对接头的每一验收批，应在工程结构中随机截取 3 个试件作拉伸试验，按 A 级接头性能等级进行检验与评定。按设计要求的接头性能等级进行检验与评定，并填写接头拉伸试验报告。

8）在现场连续检验 10 个验收批，全部单向拉伸试件一次抽样均合格时，验收批接头数量可扩大一倍。

4.5.6　基础钢筋绑扎

1. 作业条件

（1）按施工现场平面图规定的位置，将钢筋堆放场地进行清理、平整。将钢筋堆放台清理干净，按钢筋绑扎顺序分类堆放，并标识清楚，内容包括使用部位、数量、钢筋直径、钢筋长度等，并将锈蚀清理干净。

（2）核对钢筋的级别，型号、形状、尺寸及数量是否与设计图纸及钢筋加工配料单相同；

（3）项目测量工在施工过程中加强边坡位移的监测，发现问题及时与项目总工汇报。

（4）熟悉图纸，确定钢筋穿插就位顺序，并与有关工种作好配合工作，如预埋管线与绑扎钢筋的关系，确定施工方法，做好技术交底。

2. 工艺流程（图 4.5.6）

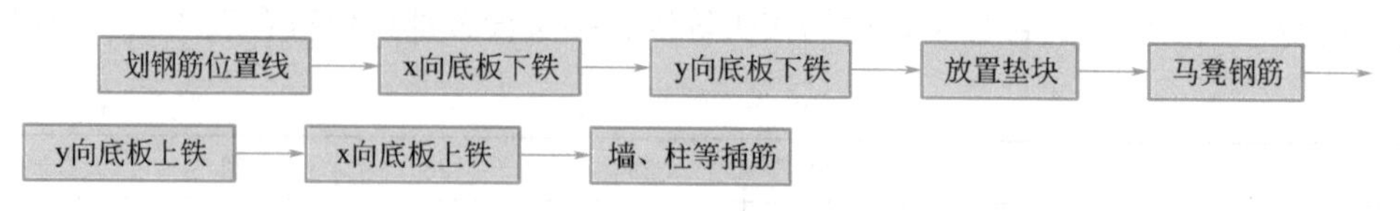

图 4.5.6　钢筋绑扎工艺流程

（1）因本工程独立基础，先用黑墨弹出轴线、墙柱边线、集水坑位置线，再用红墨弹出底板下部钢筋位置线。

弹轴线时，每隔 5m 左右，用红油漆做三角标记，并注明轴线号，如 1—B 轴，如图 4.5.7 所示。

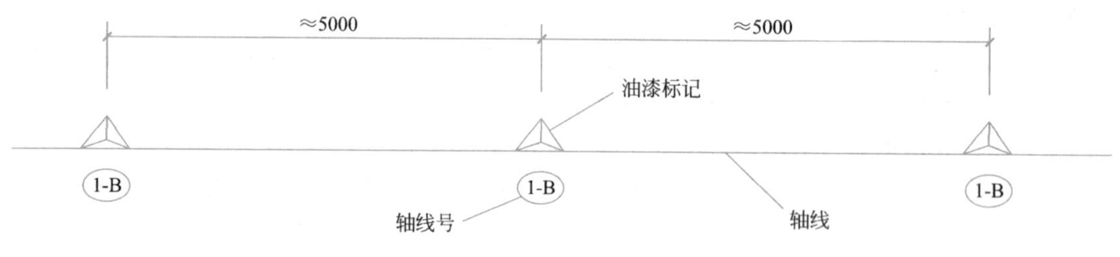

图 4.5.7　油漆标记

图 4.5.8　阳角做三角标记

墙边线阳角处，用红油漆做三角标记，如图 4.5.8 所示。

（2）x 向底板下铁应满铺，东西向底板下铁的第一根筋距基础梁角筋垂直面为 1/2 板筋间距，并算出底板实际需用的钢筋根数（查钢筋料单），钢筋就位时，按照钢筋位置线摆放钢筋。

（3）集水坑下铁，待防水保护层做完，根据坑的实际尺寸加工，实测时，应注意坑的阴角处的尺寸必须认真准确。

（4）板上下铁钢筋绑扎：梁、板钢筋采用满绑，“八字扣”绑扎，以保证钢筋不移位。

1）放置基础底板垫块，间距 600mm，梅花形布置。

2）底板钢筋马凳采用 $\phi25$ 钢筋制作，马凳应放在下网下铁之上。马凳脚下铁长 300mm，马凳脚间距 1500mm 左右，马凳摆放间距 1200mm。马凳加工及摆放如图 4.5.9 所示。

3）底板上铁开始绑扎前应在钢筋马凳上（或上网下铁上）用粉笔划出钢筋位置线，严格按所划钢筋位置线绑扎底板上铁，必要时还应拉麻线找直。底板钢筋按短向包住长向的原则进行绑扎，即短向筋在外，长向筋在内，如图 4.5.10 所示。

（5）绑扎墙柱插筋时，用吊线的方法把墙柱位置弹在底板上网筋上，并用红油漆做标记。不便于吊线或地梁较高时，必须二次弹线，即用经纬仪或全站仪把墙柱位置弹在底板上网筋上，再依此绑扎墙柱插筋、定位。

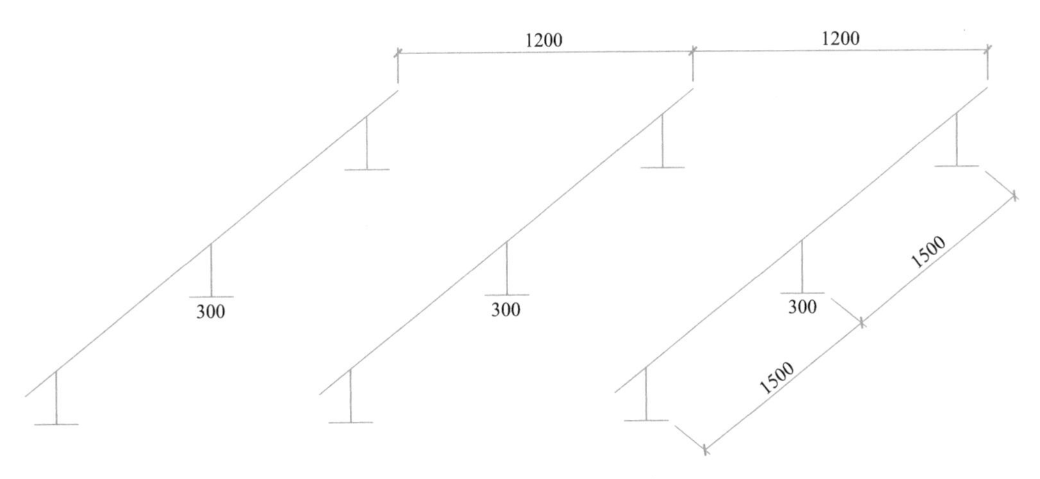

图 4.5.9　马凳加工及摆放

图 4.5.10　底板钢筋绑扎

（6）基础底板墙柱插筋（图 4.5.11～图 4.5.15）。

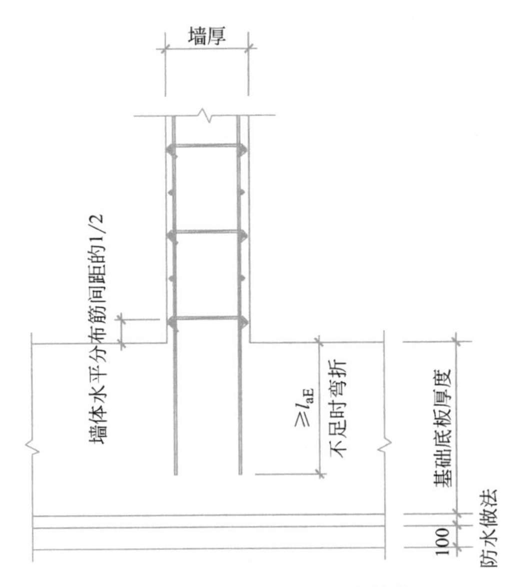

图 4.5.11　剪力墙竖向分布筋锚入基础板底示意图

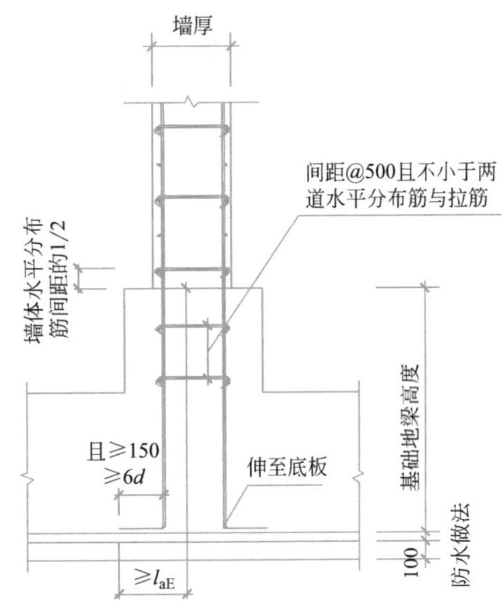

图 4.5.12　剪力墙边缘构件主筋锚入基础地梁示意图

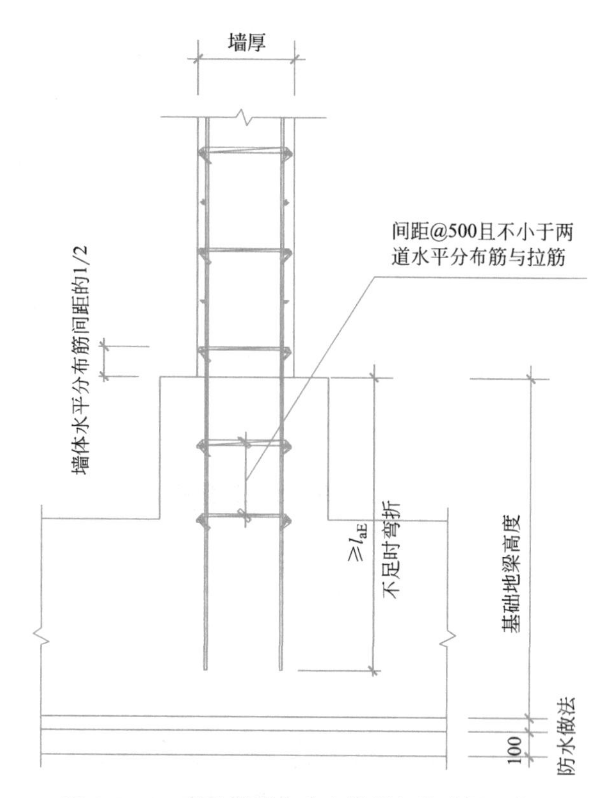

图 4.5.13　剪力墙竖向分布筋锚入基础梁示意图

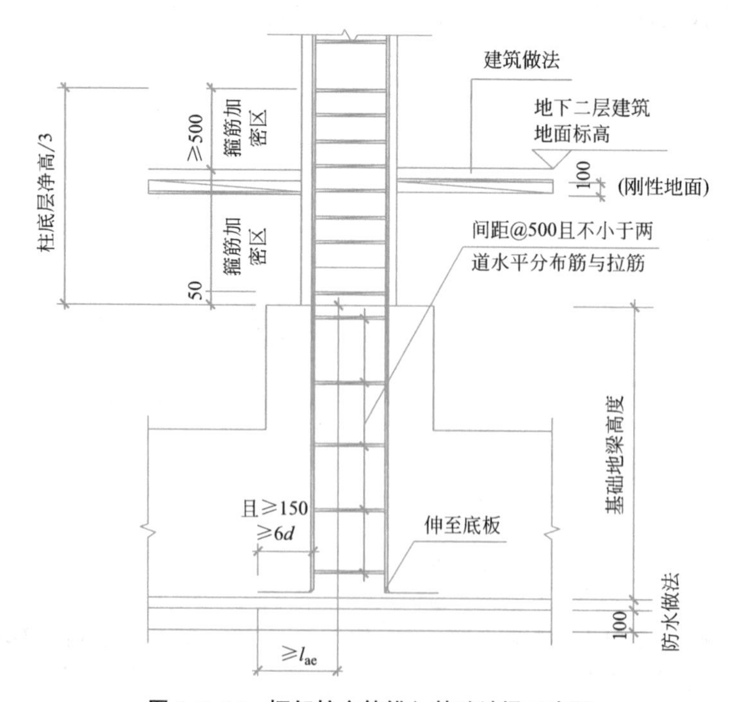

图 4.5.14　框架柱主筋锚入基础地梁示意图

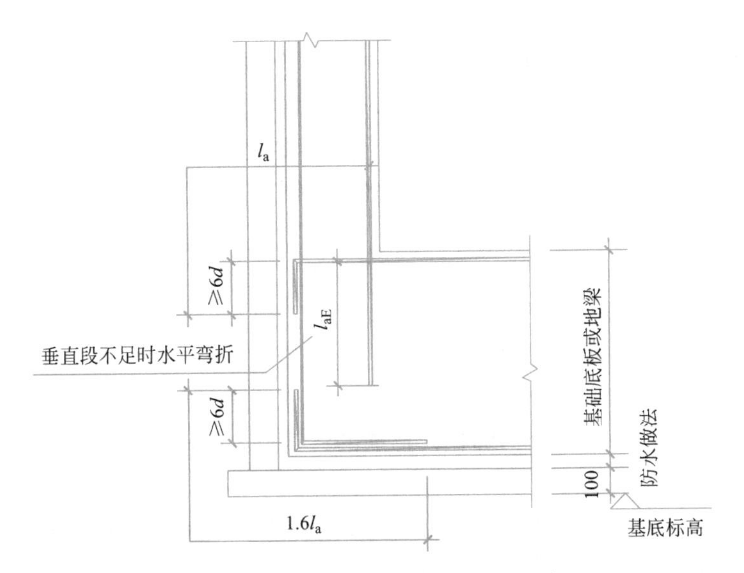

图 4.5.15　地下室外墙钢筋锚固示意

4.5.7　墙体及暗柱钢筋绑扎

1. 作业条件

（1）完成钢筋加工工作，核对钢筋的级别、型号、形状、尺寸及数量是否与设计图纸及加工配料单相同，做好预检记录。

（2）根据弹好的外皮尺寸线，检查下层预留搭接钢筋的位置、数量、长度，如不符合要求，进行处理，绑扎前先整理调直下层伸出的搭接筋，并将锈、砂浆、污垢清理干净。

（3）根据标高检查下层伸出搭接筋处混凝土表面标高（柱顶、墙顶）是否符合图纸要求，如有松散不实之处，应剔除并清理干净。

（4）钢筋机械连接型式检验及现场工艺检验合格。

（5）各种定位筋根据现场实际需要加工成型。

（6）按需要搭好操作脚手架。

2. 墙体及暗柱钢筋绑扎

钢筋绑扎顺序如图 4.5.16 所示：

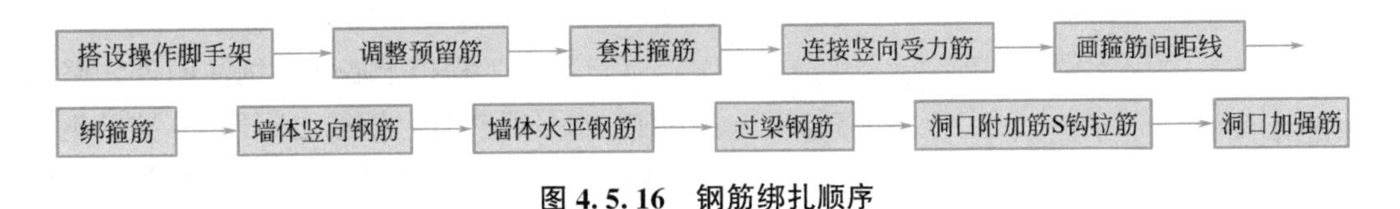

图 4.5.16　钢筋绑扎顺序

（1）操作架搭设详见墙、柱脚手架搭设方案。

（2）调整预留筋，根据弹好的外皮尺寸线，检查预留钢筋的位置、数量、长度。绑扎前先整理调直预留筋，并将其上的砂浆等清除干净。

（3）套柱箍筋：按图纸要求间距，计算好每根柱箍筋数量，先将箍筋套在下层伸出的预留钢筋上。箍筋端头弯成135°，弯钩平直段长度满足10d（ϕ10为100mm；ϕ12为120mm；ϕ14为140mm；ϕ16为160mm），对于不合格的箍筋严禁使用。

（4）连接竖向受力筋：钢筋丝扣加工后，随即加护套。直螺纹套筒连接时，首先两端画上标记检查线，丝扣是否有破坏，如丝扣有破坏要及时通知项目部技术人员进行处理。连接钢筋按标记拧入套筒，保证接头中间无缝隙；钢筋接头两端外露螺纹长度相等，且丝扣外露部分不超过一个完整丝扣。

（5）画箍筋间距线：在立好的柱竖向受力筋上，按图纸要求用粉笔画好箍筋间距线，第一道箍筋距板面为50mm。

（6）柱箍筋绑扎：按画好的箍筋位置线，将已套好的箍筋向上移动，由上向下绑扎，采用缠口扣绑扎；箍筋与主筋要垂直，箍筋转角处与主筋交点采用兜扣绑扎，箍筋与主筋非转角部分的相交点成梅花形交错绑扎；箍筋的弯钩叠合处沿柱子竖筋交错布置，并绑扎牢固。

（7）先立墙梯子筋，间距1.2m，然后在梯子筋下部处绑两根水平钢筋，并在水平筋上画好分格线，最后绑竖向钢筋及其余水平钢筋。

（8）墙钢筋逐点绑扎，两侧和上下应对称进行，钢筋的搭接长度及位置应符合钢筋连接要求。第一个水平筋接头距暗柱边≥150mm。

（9）绑扎过梁，先在门窗洞口的两侧暗柱上画好梁的上皮和下皮标高线，根据洞口宽度将所需要的箍筋数量套入过梁上部钢筋，将过梁上部筋绑牢在暗柱主筋上，再将过梁的下部钢筋插入箍筋内绑在暗柱上，然后在过梁横筋上画分档线，根据分档线绑好过梁箍筋，过梁箍筋的高度应为过梁高度减去50mm的保护层，第一个箍筋距暗柱边50mm。过梁主筋、洞口附加筋的锚固长度必须符合设计要求和施工规范。

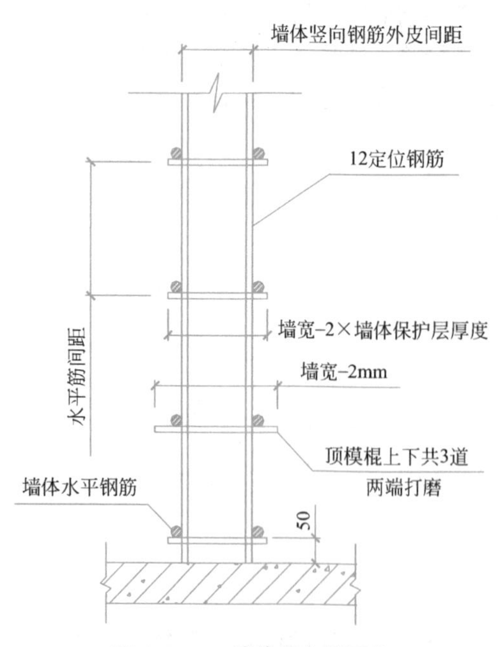

图4.5.17　墙体竖向梯子筋

（10）为确保混凝土构件的几何尺寸和混凝土保护层的准确，本工程在墙柱的上、中、下部位及梁侧采用钢筋顶棍与墙柱的上口采用钢筋定距框固定。钢筋顶棍的长度比所顶断面小2mm，切断钢筋应用无齿锯下料，端部必须垂直，无飞边，端头涂刷防锈漆。钢筋顶棍安装时用22号扎丝绑扎固定。竖向梯子筋规格比墙体主筋大一规格（代替原主筋），间距1.2m，同时距暗柱边不大于1.2m（图4.5.17和图4.5.18）。

（11）本工程挡土墙除图纸注明外，坚筋在内，水平筋在外，钢筋之间用ϕ6拉结钢筋连接，间距详见施工图，梅花状布置，拉筋与外皮钢筋钩牢。内墙剪力墙坚筋在内，水平筋在外，钢筋之间设ϕ6拉筋，间距详见施工图，梅花状布置（图4.5.19）。在钢筋外侧垫塑料垫块，以控制保护层厚度。

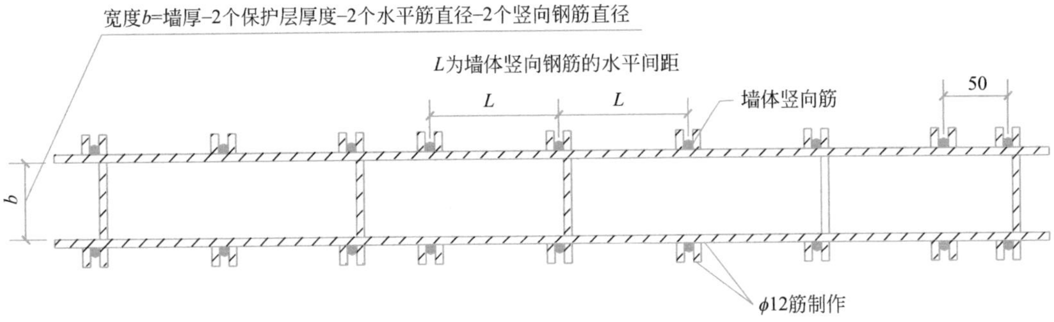

宽度b=墙厚-2个保护层厚度-2个水平筋直径-2个竖向钢筋直径
L为墙体竖向钢筋的水平间距
L
L
墙体竖向筋
50
b
φ12筋制作

图 4.5.18 墙体水平梯子筋

拉筋
1.5laE
1.5la
φ6@450/600
(呈梅花状布置)
135°
10d

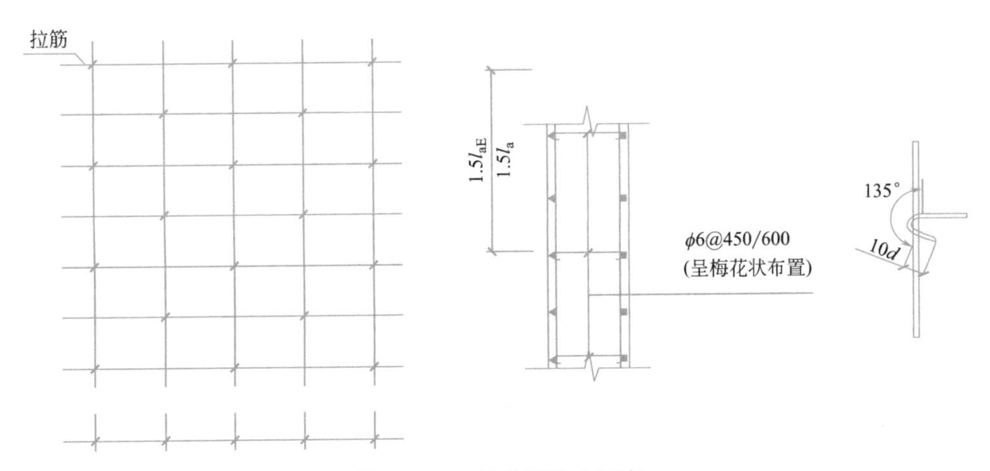

图 4.5.19 墙拉筋分布示意

（12）剪力墙水平钢筋构造（图 4.5.20）。

（13）剪力墙竖向钢筋构造（图 4.5.21）。

（14）墙上有洞时，在洞口竖筋上划好标高线，洞口按设计要求加附加钢筋，洞口上下梁两端锚入墙内长度符合钢筋锚固要求。

（15）剪力墙及连梁洞边加筋详见结构构造做法。

3. 绑扎时的主要操作要点

（1）暗柱第一道箍筋距板面 50mm，墙体第一道水平筋距板面为 50mm，箍筋水平开口方向沿暗柱四角交错放置，连梁箍筋竖直，箍筋距暗柱主筋两侧 50mm，箍筋开口向上交错布置，箍筋的双肢平行，弯钩的弯曲直径大于主筋直径。

（2）暗柱柱筋要用线坠吊垂直，吊好后用钢管或钢筋临时定位，保证垂直度。

（3）所有的墙体水平钢筋在绑扎时必须拉线，保证钢筋横平竖直。

（4）暗柱主筋与箍筋绑扎采用缠扣，梁主筋与箍筋采用套扣，墙体钢筋绑扎均采用八字扣逐个绑扎牢固，并隔行换向；钢筋搭接处在搭接头中心和两端均绑牢，绑丝要量好尺寸，绑好后的绑丝外露长度不超过 20mm，绑丝圆头朝向墙中，并将绑丝尾拨入。

（5）钢筋绑扎过程中要使用各种定位卡具，以保证钢筋的间距、排距。顶模棍两端刷防锈漆。顶板内的水平钢筋和箍筋浇筑完墙体混凝土再绑，防止混凝土污染，暗柱绑扎时

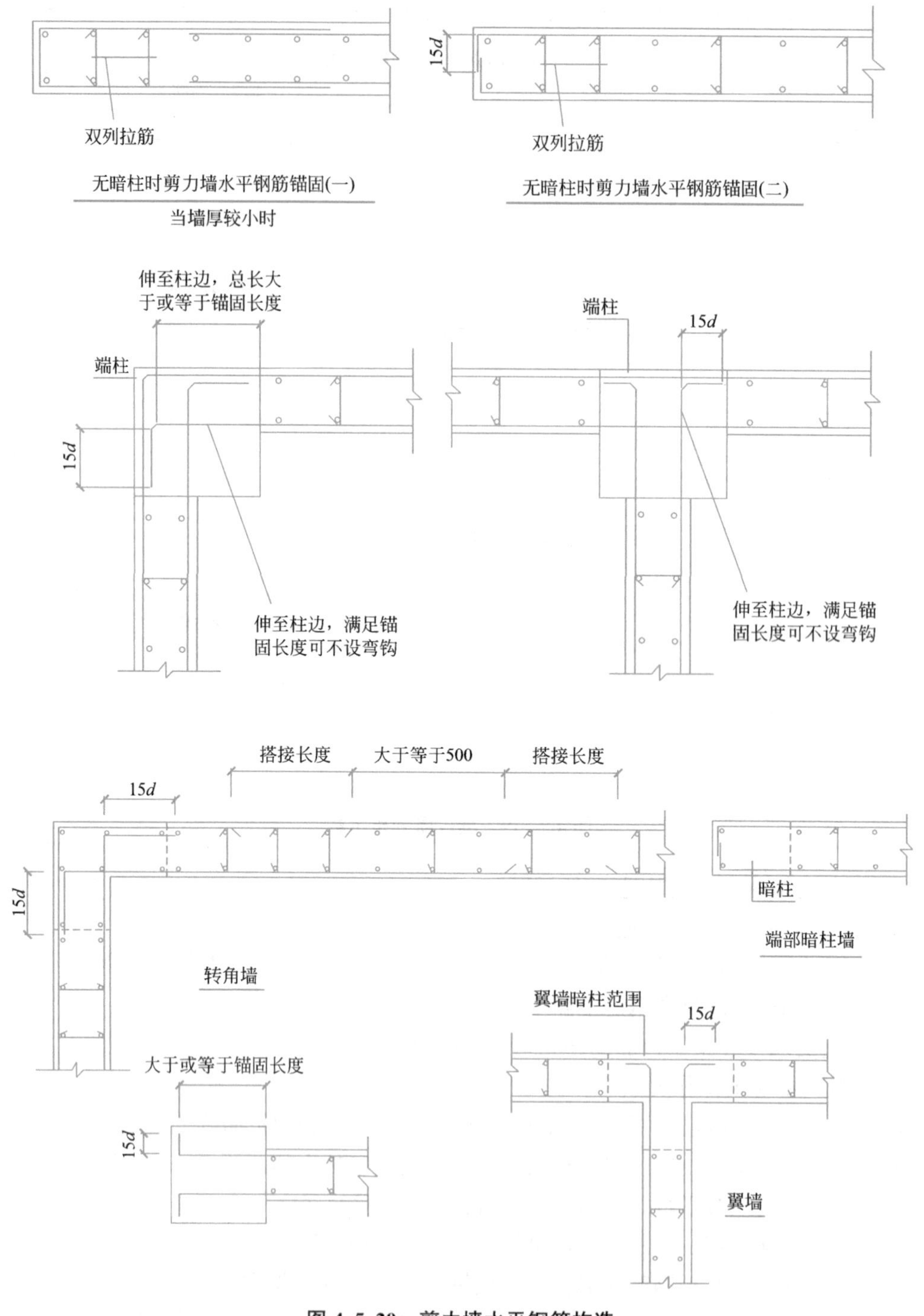

图 4.5.20　剪力墙水平钢筋构造

箍筋距梁下 50mm，梁内箍筋绑扎梁时再绑扎。

（6）水电通风各专业需在剪力墙体和连梁上开洞，必须有钢筋工配合，洞口四周加筋或加梁，加筋的钢筋规格必须符合设计和规范要求。

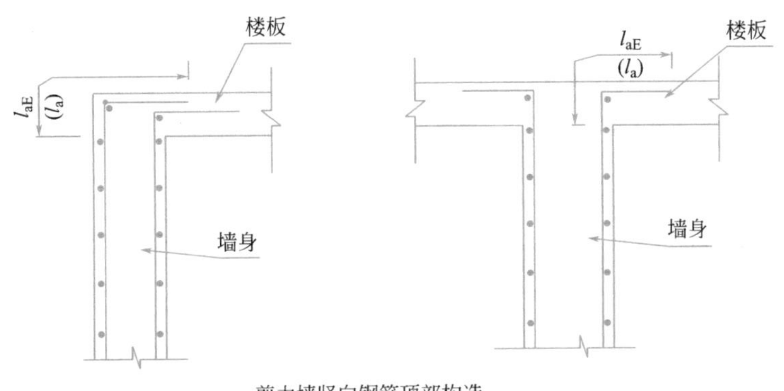

剪力墙竖向钢筋顶部构造

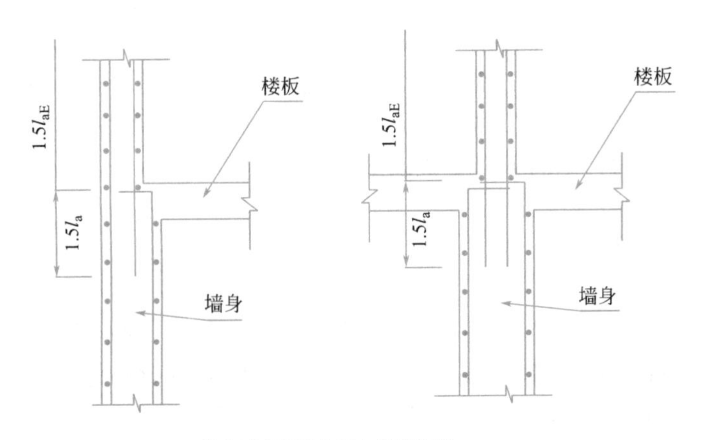

剪力墙变截面处竖向钢筋构造

图 4.5.21 剪力墙竖向钢筋构造

4.5.8 楼梯

1. 在楼梯支好的底模上，弹上主筋和分布筋的位置线。按设计图纸中主筋和分布筋的排列，先绑扎主筋，后绑扎分筋，每个交点均应绑扎。如有楼梯梁时，则先绑扎梁，后绑扎板钢筋，板筋要锚固到梁内。

2. 底板钢筋绑扎完，待踏步模板支好后，再绑扎踏步钢筋，并垫好垫块。

3. 楼梯平台及平台梁在墙体混凝土浇筑完毕后再施工，楼梯梁在墙体内预埋聚苯留洞，聚苯用宽胶带包裹，防止聚苯颗粒吊入墙内，楼梯平台钢筋预埋在墙体内，钢筋沿平台板方向横向布置，待墙体混凝土浇筑完毕后剔出调直。

4.5.9 二次结构

构造柱、抱框柱、框架填充墙过梁、墙体拉结筋等在主体结构施工时应首先考虑预埋。钢筋绑扎及连接详装修施工方案。

4.6 质量保证措施及质量要求

4.6.1 施工过程质量控制及要求

1. 钢筋原材质量控制

(1) 钢筋原材要求

1) 进场热轧圆盘条钢筋必须符合《钢筋混凝土用钢 第1部分：热扎光圆钢筋》GB/T 1499.1—2017、《低碳钢热轧圆盘条》GB/T 701—2008的要求；进场热轧带肋钢筋必须符合GB/T 1499.1—2017的规定。每次进场钢筋必须具有原材质量证明书。

2) 进场钢筋表面必须清洁无损伤，不得带有颗粒状或片状铁锈、裂纹、结疤、折叠、油渍和漆污等。堆放时，钢筋下面要垫以垫木，离地面不得少于20cm，以防钢筋锈蚀和污染。

(2) 钢筋原材复试

1) 热轧带肋钢筋：

取样：同一牌号、同一罐号、同一规格、同一交货状态，同冶炼方法的钢筋每不大于60t为一验收批。同一牌号、同一规格、同一冶炼方法而不同炉号组成的混合批的钢筋不大于30t可作为一批，但每批不大于6个炉号，每炉号含碳量之差应不大于0.02%，含锰量之差应不大于0.15%，否则应按炉号分别取样。每一验收批取一组试件（拉伸、弯曲各两个）。

必试项目：拉伸试验（δ_s、δ_b、δ_5）、弯曲试验。

2) 热轧圆盘条：

取样：在上述条件下取一组试件（拉伸一个、弯曲两个、取自不同盘）。

必试项目：拉伸试验（δ_s、δ_b、δ_{10}）、弯曲试验。

原材复试中见证取样数必须≥总试验数的30%。

(3) 钢筋接头试验

1) 班前焊（可焊性能试验）：在工程开工或每批钢筋正式焊接前，应进行现场条件下的焊接性能试验。合格后，方可正式生产。试件数量与要求，应与质量检查与验收时相同。

2) 直螺纹连接：接头的现场检验按验收批进行。同一施工条件下采用同一批材料的同等级、同形式、同规格的接头每500个为一验收批，不足500个接头也按一批计，每一验收批必须在工程结构中随机截取3个试件做单向拉伸试验。在现场连续检验10个验收批，其全部单向拉伸试件一次抽样均合格时，验收批接头数量可扩大一倍。

(4) 配料加工方面

1) 配料时在满足设计及相关规范、本方案的前提下要有利于保证加工安装质量，要考虑附加筋。配料相关参数选择必须符合相关规范的规定。

2）成型钢筋形状、尺寸准确，平面上没有翘曲不平。弯曲点处不得有裂纹和回弯现象。

2. 钢筋绑扎安装质量标准

（1）钢筋绑扎安装必须符合相关钢筋混凝土验收规范以及钢筋焊接及验收相关要求。

（2）主控项目和一般项目：

钢筋品种、质量、机械性能必须符合设计、施工规范、有关标准规定；钢筋表面必须清洁，带有颗粒状或片状老锈，经除锈后仍留有麻点的钢筋严禁按原规格使用；钢筋规格、形状、尺寸、数量、间距、锚固长度、接头位置必须符合设计及施工规范规定。

（3）允许偏差项目（表4.6.1）

钢筋绑扎允许偏差　　表4.6.1

序号	项目		允许偏差(mm)	检查方法
1	绑扎骨架	宽、高	±5	尺量
		长	±10	
2	受力主筋	间距	±10	尺量
		排距	±5	
		弯起点位置	±15	
3	箍筋，横向钢筋网片	间距	±10	尺量 连续5个间距
		网格尺寸	±10	
4	保护层厚度	基础	±5	尺量
		柱、梁	±3	
		板、墙	±3	
5	直螺纹接头外露丝扣	套筒外露整扣	≤1扣	目测
		套筒外露半扣	≤3扣	
6	梁、板受力钢筋搭接锚固长度	入支座、节点搭接	±10、−5	尺量
		入支座、节点锚固	±5	
7	预埋件	中心线位置	5	尺量
		水平高差	+3,0	尺量和塞尺

4.6.2 质量控制要点

1. 认真、细致审图，特别是梁柱节点；墙洞口加强筋、暗柱等部位，如钢筋过密，振捣棒无法插入时。提前放样，与设计单位协商解决。

2. 弹线，以保证钢筋位置准确。

3. 检查钢筋甩头、错开距离是否符合设计要求、规范规定。

4. 检查垫块是否有足够强度，厚度是否准确。不同厚度的垫块是否分类保管。

5. 制作钢筋定位框，以保证钢筋位置准确。

6. 检查钢筋是否锈蚀、污染，锈蚀、污染钢筋经除锈、清理合格才能用于绑扎。

7. 加工成型的钢筋尺寸、角度是否正确，弯曲、变形钢筋要调直。

8. 检查主梁与次梁钢筋，梁柱节点钢筋关系是否正确。

9. 检查钢筋锚固长度是否符合设计及规范要求。

10. 检查钢筋接头是否按设计、规范错开；检查钢筋弯勾朝向是否正确。

11. 检查箍筋加密区是否符合设计要求。

12. 绑扎铁丝扣尾部是否朝向梁、墙、柱、板内，是否有缺扣、松扣。

13. 检查箍筋是否垂直主筋，箍筋间距均匀。

14. 检查双层底板钢筋，根据不同的厚度，上筋有无保护不被踩坏。上下筋的弯钩朝向。

15. 对混凝土工进行教育，使其充分重视对钢筋工程的保护。在混凝土浇筑时设置看筋人员，随时拉线调整被碰移位的钢筋。

16. 雨期施工钢筋堆场设防护棚，防止雨水淋湿钢筋使钢筋表面锈蚀。

4.6.3 质量管理措施

1. 工程部根据实际进度计划牵头，提出合理的钢筋进场计划，尽可能做到进场钢筋及时加工安装，减少现场钢筋堆放量、生锈量和占用场地量。

2. 较为复杂的墙、柱、梁节点由现场技术人员按图纸要求和有关规范进行钢筋摆放放样，并对操作工人进行详细的交底。

3. 对钢筋连接接头的检查，项目经理部专职质检员、监理公司验收后分别分区打上不同颜色的标记（标记所用的印记不得过大，以免影响混凝土与钢筋的包裹力），确保每一个接头都为合格品。

4. 墙板上的预留洞位置要准确，预留刚、柔性套管时，要与洞边附加筋焊牢。

4.6.4 质量管理流程

质量管理流程如图 4.6.1 所示。

4.6.5 质量保证措施

1. 人员素质保证

施工前技术人员、工长、班组长必须认真熟悉、消化图纸，图纸中有疑问的地方，必须在施工前明确；必须对作业人员进行详细的技术交底；特殊工种，如钢筋的焊接等作业人员必须持证上岗；加强对作业人员的工程质量意识教育，实行岗位责任制，认真执行质量奖罚制度。

2. 材料质量控制

材料质量必须符合设计要求及国家标准，进场材料必须有质量保证书、合格证、复试报告，不合格的材料不得用于本工程。

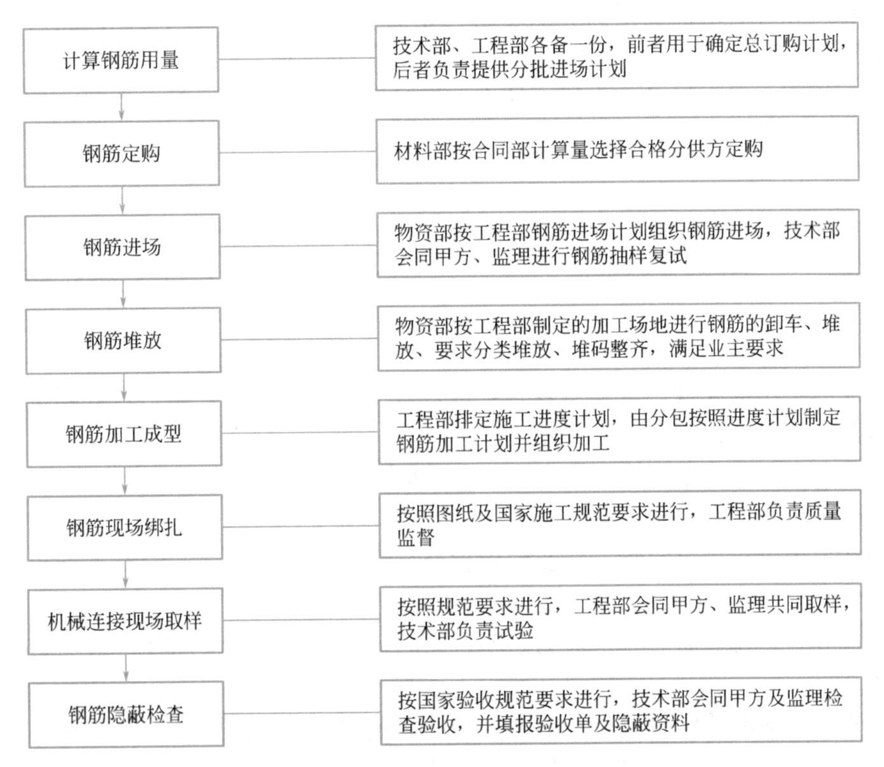

图 4.6.1　质量管理流程

3. 机具质量控制

钢筋连接所用机具经检测合格后方可使用，并安排专人作周检、维修、保养，保证机具的工作质量。

4.7 成品保护

1. 浇筑混凝土时泵管布置不得直接放在钢筋上面，要用钢管搭架支撑。

2. 要保证钢筋和垫块的位置正确，不得踩楼梯的弯起筋，不准碰动埋件和插筋。

3. 对采用直螺纹钢筋连接时，注意对连接套和已套丝钢筋丝扣的保护，不得损坏丝扣，丝扣上不得粘有水泥砂浆等污物，套筒内不得有砂浆等杂物，在地面预制好的接头要用垫木垫好，分规格码放整齐。

4. 加工成型的钢筋运至现场，分别按工号、结构部位、钢筋编号和规格等整齐堆放，保持钢筋表面清洁，防止被油渍、泥土污染或压弯变形。

5. 在运输和安装钢筋时，轻装轻卸，不得随意抛掷和碰撞，防止钢筋变形。

6. 在钢筋绑扎过程中和钢筋绑扎好后，不得在已绑好的钢筋上行人、堆放物料。

7. 在浇筑混凝土前设专人检查、整修，保持不变形，在浇筑混凝土时设专人负责整修。

8. 应保证预埋管线位置正确，如管线与钢筋冲突时，可将水平筋沿竖直方向弯曲，竖筋沿水平方向弯曲，确保保护层厚度，严禁任意切断钢筋。

9. 浇注混凝土时现场备有水桶、抹布、钢丝刷等工具，在混凝土初凝前清理钢筋上的污染混凝土。

4.8 安全文明施工

1. 施工人员均需经过三级安全教育，进入现场必须戴好安全帽，系好帽带，佩戴胸卡，穿具有安全性的电工专用鞋。

2. 所有临电必须由电工接至作业面，其他人员禁止乱接电线。机电人员应持证上岗，并按规定使用好个人防护用品。

3. 电焊之前进行用火审批，作业前应检查周围的作业环境，并设专人看火。灭火器材配备齐全后，方可进行作业。

4. 夜间作业，作业面应有足够的照明；同时，灯光不得照向场外，影响马路交通及居民休息。

5. 钢材、半成品等应按规格、品种分别堆放整齐，码放高度必须符合规定，制作场地要平整，工作台要稳固，照明灯具必须加网罩。

6. 拉直钢筋，卡头要牢固，地锚要结实牢固，拉筋沿线 2m 区域内禁止行人，人工绞磨拉直，不准用胸、肚接触推杆，并缓慢松卸，不得一次松开。操作人员必须持证上岗。

7. 展开盘圆钢筋时要一头卡牢，防止回弹，切断时要先用脚踩紧。

8. 人工断料，工具必须牢固。掌克子和打锤要站成斜角，注意扔锤区域内的人和物体。切断小于 30cm 的短钢筋，应用夹子夹牢，禁止用手把扶，并在外侧设置防护箱笼罩。

9. 多人合运钢筋，起、落、转、停动作要一致，人工上下传送不得在同一垂直线上。钢筋堆放要分散，稳定，防止倾倒和塌落。

10. 在高空、深坑绑扎钢筋和安装骨架时，必须搭设脚手架或马道。

11. 绑扎立柱、墙体钢筋时，不得站在钢筋骨架上和攀登骨架上下。柱筋在 4m 以内重量不大，可在地面或楼面上绑扎，整体竖起。柱筋在 4m 以上，应搭设工作台。柱梁骨架，应用临时支撑牢固，以防倾倒。

12. 绑扎基础钢筋时，应按施工设计规定摆放钢筋，钢筋支架或马登架起上部钢筋，不得任意减少支架或马登。

13. 绑扎高层建筑的圈梁、挑檐、外墙、边柱钢筋时，应搭设外挂架或安全网。绑扎时要挂好安全带。

14. 进入施工现场要真确戴好安全帽，同时施工时应注意轻拿轻放。

15. 柱、墙钢筋绑扎时，临时脚手架的搭设必须符合安全要求，脚手板上 2m 以上做到一板三寸量，严禁使用探头板、飞板。使用时必须执行高挂低用的规定。

16. 对于电动机具，使用前必须报项目部批准，经审核验收合格后方能投入使用，机械在使用过程中要注意机械的维修和保养，杜绝机械伤人。2m 以上高空作业必须正确使用安全带。

17. 严禁私自移动安全防护设施，需要移动时必须经项目部安全部门批准，移动后应有相应的防护措施，施工完毕后应恢复原有的标准。

18. 作业人员要做到文明施工，施工场地划分环卫包干区，指定专人负责，做到及时清理场地。

19. 施工中要做到“安全第一，预防为主，综合治理”，生产必须安全，安全为了生产，在结构阶段，安全难点集中在：

（1）施工防止坠落，主体交叉作业防止物体打击；

（2）基坑周边的防护，预留孔洞口，竖井处防坠落；

（3）脚手架安全措施；

（4）各种电动工具施工用电安全；

（5）现场使用安全；

（6）塔式起重机使用安全。

4.9 成本控制措施

1. 根据设计图纸由钢筋专业技术人员进行钢筋放样，认真计划，经过计算和分析比较，合理选择钢筋进料长度，以利长短搭配，减少废料，达到节约钢筋用量的目的。

2. 钢筋马凳加工原则上利用废料。钢筋下料队严格按料单进行加工，数量要严格控制，未经专业技术人员审核签订的料单不得进行加工。

3. 钢筋加工完毕按施工每个部位，挂牌分类堆放码齐，由项目人员统一管理，统一发放。

4. 未经项目主管领导和技术负责人同意，严禁私自偷运、加工下料和钢筋代换。

4.10 钢筋支架计算书

4.10.1 参数信息

钢筋支架（马凳）应用于高层建筑中的大体积混凝土基础底板或者一些大型设备基础和高厚混凝土板等的上下层钢筋之间。钢筋支架采用钢筋焊接制的支架来支承上层钢筋的重量，控制钢筋的标高和上部操作平台的全部施工荷载。

大体积混凝土钢筋支架示意图如图4.10.1所示。

型钢支架一般按排布置，立柱和上层一般采用型钢，斜杆可采用钢筋和型钢，焊接成一片进行布置。对水平杆，进行强度和刚度验算，对立柱进行强度和稳定验算。作用的荷

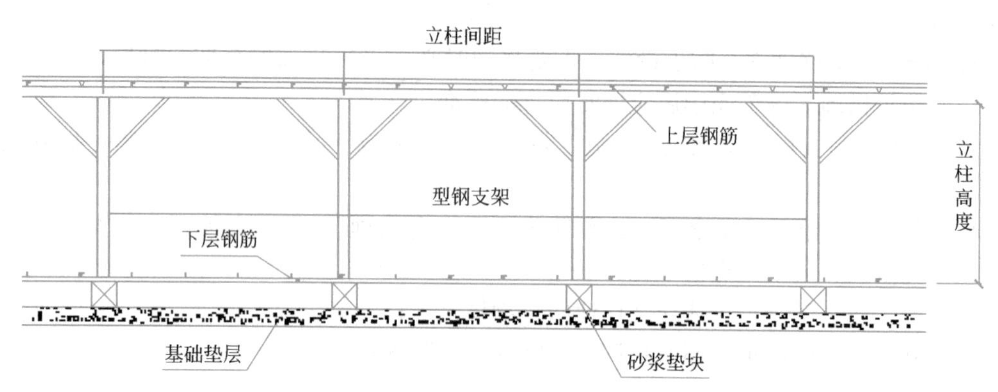

图 4.10.1　大体积混凝土钢筋支架示意图

载包括自重和施工荷载。钢筋支架所承受的荷载包括上层钢筋的自重、施工人员及施工设备荷载。钢筋支架的材料根据上下层钢筋间距的大小以及荷载的大小来确定，可采用钢筋或者型钢。

上层钢筋的自重荷载标准值为 0.600kN/m^2；

施工设备荷载标准值为 0.120kN/m^2；

施工人员荷载标准值为 0.120kN/m^2；

横梁采用直径为 25mm 钢筋；

横梁的截面抵抗矩 W=1.5336cm^3；

横梁钢筋的弹性模量 E=2.05×105N/mm^2；

横梁钢筋截面惯性矩 l=1.917cm^4；

立柱采用直径为 25mm 钢筋；

立柱的高度 h=2m；

立柱的间距 l=1.5m；

钢材强度设计值 f=205N/mm^2；

立柱的截面抵抗矩 W=1.5336cm^3。

4.10.2　支架横梁的计算

支架横梁按照三跨连续梁进行强度和挠度计算，支架横梁在小横杆的上面。

按照支架横梁上面的脚手板和活荷载作为均布荷载计算支架横梁的最大弯矩和变形。

1. 均布荷载值计算

静荷载的计算值 q_1=1.2×0.600=0.720kN/m；

活荷载的计算值 q_2=1.4×0.120+1.4×0.120=0.336kN/m。

支架横梁计算荷载组合简图如图 4.10.2 所示。

2. 强度计算

最大弯矩考虑为三跨连续梁均布荷载作用下的弯矩：

跨中最大弯矩计算公式如下：

$$M_{1\max}=0.08q_1l^2+0.10q_2l^2;$$

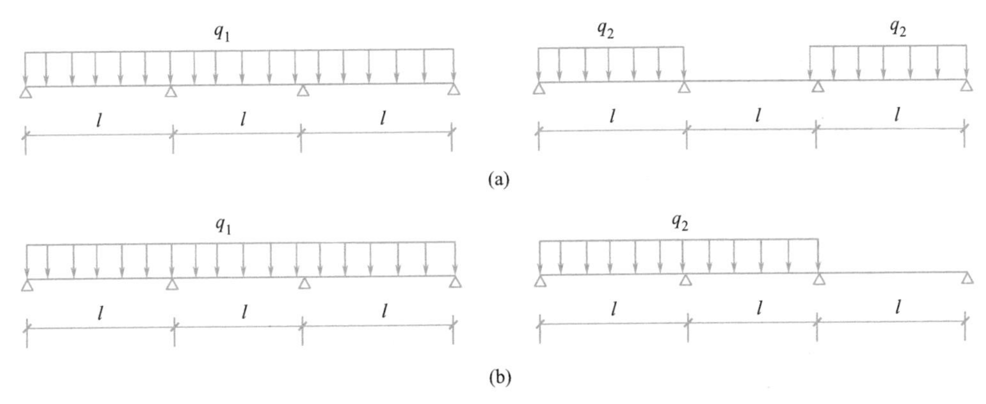

图 4.10.2　支架横梁计算荷载组合简图

（a）跨中最大弯矩和跨中最大挠度；（b）支座最大弯矩

跨中最大弯矩为：

$$M_1=(0.08\times0.720+0.10\times0.336)\times1.50^2=0.205\text{kN}\cdot\text{m};$$

支座最大弯矩计算公式如下：

$$M_{2\max}=-0.10q_1l^2+0.117q_2l^2;$$

支座最大弯矩为：

$$M_2=-(0.10\times0.720+0.117\times0.336)\times1.50^2=-0.250\text{kN}\cdot\text{m};$$

我们选择支座弯矩和跨中弯矩的最大值进行强度验算：

$$\sigma=0.250\times10^6/1533.6=163\text{N/mm}^2;$$

支架横梁的计算强度小于 205N/mm²，满足要求！

3. 挠度计算

最大挠度考虑为三跨连续梁均布荷载作用下的挠度：

计算公式如下：

$$V_{\max}=0.677\frac{q_1l^4}{100EI}+0.990\frac{q_2l^4}{100EI};$$

静荷载标准值 $q_1=0.600+0.120=0.720\text{kN/m}$；

活荷载标准值 $q_2=0.120\text{kN/m}$。

三跨连续梁均布荷载作用下的最大挠度：

$V=(0.677\times0.720+0.990\times0.120)\times1500.0^4/(100\times2.05\times105\times19170)=0.52\text{mm}$。

支架横梁的最大挠度小于 1500.0/150 与 10mm，满足要求！

4.10.3　支架立柱的计算

支架立柱的截面积 $A=4.91\text{cm}^2$；

截面回转半径 $i=0.624\text{cm}$；

立柱的截面抵抗矩 $W=1.5336\text{cm}^3$。

支架立柱作为轴心受压构件进行稳定验算，计算长度按上下层钢筋间距确定：

$$\sigma=\frac{N}{\phi A}+\frac{M_{\mathrm{N}}}{W}\leqslant[f];$$

式中 σ——立柱的压应力；

N——轴向压力设计值；

ϕ——轴心受压杆件稳定系数，根据立杆的长细比 $\lambda=h/i$，ϕ 取 0.1；

A——立杆的截面面积，$A=4.91\mathrm{cm}^2$；

$[f]$——立杆的抗压强度设计值，$[f]=205\mathrm{N/mm}^2$。

采用第二步的荷载组合计算方法，可得到支架立柱对支架横梁的最大支座反力为：

$$N_{\max}=0.617q_1l+0.6q_2l;$$

经计算得到 $N=0.97\mathrm{kN}$，

$$\sigma=\frac{0.97\times10^3}{0.1\times49}+\frac{250\times10^3}{1533.6}=182.8\mathrm{N/mm}^2;$$

立杆的稳定性验算 $\sigma<=[f]$，满足要求！

附录5 Appendix 05

混凝土工程施工方案一

目　录

5.1 编制依据

5.1.1 施工图纸（表 5.1.1）

施工图纸 表 5.1.1

图纸名称	图纸	出图日期
建筑施工图	建施	—
结构施工图	结施	—

5.1.2 主要施工规程、规范（表 5.1.2）

主要施工规程、规范 表 5.1.2

类别	名称	编号
国家	《混凝土结构工程施工质量验收规范》	GB 50204—2015
国家	《地下防水工程质量验收规范》	GB 50208—2011
行业	《普通混凝土配合比设计规程》	JGJ 55—2011
行业	《混凝土泵送施工技术规程》	JGJ/T 10—2011

5.1.3 主要标准（表 5.1.3）

主要标准 表 5.1.3

类别	名称	编号
国家	《混凝土质量控制标准》	GB 50164—2011
国家	《混凝土强度检验评定标准》	GB/T 50107—2010
国家	《建筑工程施工质量验收统一标准》	GB 50300—2013

5.1.4 其他（表 6.1.4）

其他 表 5.1.4

序号	名称	备注
1	施工组织设计	项目部编制

5.2 工程概况

本工程由10、11、12、13、15、16栋、幼儿园、养老服务用房及地下室组成，其中10栋31层、11栋29层、12栋32层、13栋31层、15栋32层、16栋31层、幼儿园3层、养老服务用房1层；10栋地下一层高为5.5m，一层层高4.5m，标准层层高3.0m，房屋总高度103m；11栋地下一层高5.25m，一层层高3m，标准层层高3.0m，房屋总高度92.5m；12栋地下一层高5.5m，一层层高4.5m，标准层层高3.0m，房屋总高度103m；13栋地下一层高5.25m，一层层高3m，标准层层高3.0m，房屋总高度98.5m；15栋地下一层高5.25m，一层层高4.5m，标准层层高3.0m，房屋总高度101.7m；16栋地下一层高5.25m，一层层高3m，标准层层高3.0m，房屋总高度98.5m；幼儿园层高3.6m，房屋总高度11.8m；养老服务用房层高4.6m，房屋总高度4.6m。本工程为剪力墙结构、抗震等级为三级，结构安全等级为二级、地基基础设计等级为甲级、抗震设防烈度为6度、建筑抗震设防类别为标准设防类、建筑场地类别为Ⅱ类。

混凝土强度等级见表5.2.1。

混凝土强度等级　　表5.2.1

部位 栋号	地下车库	10栋	11栋	12栋	13栋	15栋	16栋	幼儿园	养老服务用房
基础底板	C35P6	C35P6	C35P6	C35P6	C35P6	C35P6	C35P6	C35P6	C35P6
墙柱	挡土墙C35P6，柱为C35	−1～4F：C50； 5～8F：C45； 9～12F：C40； 13～16F：C35； 17F～顶：C30	−1～4F：C45； 5～8F：C40； 9～12F：C35； 13F～顶：C30	−1～4F：C50； 5～8F：C45； 9～12F：C40； 13～16F：C35； 17F～顶：C30	−1～4F：C50； 5～9F：C45； 10～13F：C40； 14～17F：C35； 18F～顶：C30	−1～5F：C50； 6～9F：C45； 10～13F：C40； 14～17F：C35； 18F～顶：C30	−1～5F：C50； 6～9F：C45； 10～13F：C40； 14～17F：C35； 18F～顶：C30	−1～1F：C35； 2F～顶：C30	−1～1F：C35
梁板	C35P6	1F：C35； 2F～顶：C30	1F：C35； 2F～顶：C30	1F：C35； 2F～顶：C30	1F：C35； 2F～顶：C30	1F：C35； 2F～顶：C30	1F：C35； 2F～顶：C30	1F：C35； 2F～顶：C30	1F：C35； 2F～顶：C30
垫层	C15	C15	C15	C15	C15	C15	C15	C15	C15

现场概况：本工程结构全部采用预拌混凝土，由于现场场地狭窄，在浇筑过程中，合理安排、疏导车辆进出，加强与搅拌站的联系，保证混凝土的供应速度，确保混凝土浇筑的连续性。

5.3 施工准备

5.3.1 技术准备

为保证预拌混凝土质量，在正式开始施工前与预拌混凝土搅拌站签订正式合同并附加技术条款，并在每次浇筑混凝土施工前一天填写“预拌混凝土浇灌申请”，根据每次混凝土施工的不同情况，天气、环境条件以及规定混凝土罐车单车运送时间做出相应的规定和要求。

1. 材料要求

水泥：采用普通硅酸盐水泥，并经建委认证的水泥产品。地下室混凝土预防碱集料反应，混凝土的碱含量应小于3kg/m^3。

粗骨料：粒径为5～40mm，针片状颗粒含量小于10%，含泥量小于1%。抗渗混凝土：含泥量小于1%，泥块含量小于0.5%。

细骨料：采用中粗砂，细度模数2.4～3.1，含泥量小于3%，泥块含量不大于0.5%。

普通混凝土水灰比不大于0.65，抗渗混凝土水灰比不大于0.5。

混凝土初凝和终凝时间：混凝土初凝时间不小于4～6h，终凝时间均不大于12h。混凝土从出机到现场的时间不超过1h。

混凝土运到工地的坍落度控制：底板为160±20mm，柱、墙体为180±20mm，标准层顶板为160±20mm。

外加剂：所有的外加剂必须满足混凝土坍落度、初凝时间的要求。同时，所有的外加剂均不得对钢筋有腐蚀性，且地下室部分所有外加剂均为低碱外加剂。

搅拌站必须按要求提供相应的技术资料。

2. 技术交底准备

认真核实现场实际情况，依据本施工方案制订出适宜操作的施工技术措施，并向施工队提出、落实各项有关的技术要求。

按照施工进度，提前准备好所需机械、器具，组织、安排好现场管理人员和具体操作人员。

3. 试验工作准备

（1）在施工现场建立养护室，主要负责标准混凝土试块制作及养护。

（2）试验室设标养室，配备自动喷淋保湿系统和温度湿度显示仪、100mm×100mm标准试模、抗渗试模、坍落度筒等试验设备。

（3）试块制作数量：每盘、每工作班、每楼层、每100m^3的同配比混凝土，取样次数不得少于一次；每次浇筑数量不足100m^3时，也应取样一次。防水混凝土每500m^3制作2组抗渗试块。

（4）每次取样数量：

常温下，标养每 100m³ 制作 1 组试块。

顶板另留 4 组同条件养护试块，以检验其强度是否达到设计强度的 100%，确定能否拆除顶板模板。

5.3.2 生产准备

本工程地下室结构阶段主要使用汽车泵输送，地上结构阶段使用地泵。地泵布置在施工现场东侧大门口处，地泵旁设沉淀池一个，洗泵污水先经沉淀池沉淀后，再经排水沟排入场地内污水井。现场设 P370BLE 型混凝土地泵，布料杆采用 HG-12 型，作用半径为 12m，泵管直径为 125mm。

地泵主要参数如下：

混凝土输送量：低压：$68m^3/h$，高压：$42m^3/h$；

最大输送高度：低压：160m，高压：275m；

最大输送距离：低压：800m，高压：1375m；

主体阶段，泵管由建筑物的南侧进入建筑物，引至电梯间沿电梯间楼板预留洞垂直向上布管，至作业层后水平引向施工部位，所有机具见表 5.3.1。

机具准备一览表　　表 5.3.1

序号	机具名称	数量	备注
1	混凝土地泵	1 台	
2	汽车泵	1 台	
3	泵管	根据实际情况而定	根据工程进度进料
4	人工布料杆	2 台	臂长 12m
5	振捣棒	ϕ50,6m 长 15 根;ϕ30,6m 长 15 根	
6	振捣器	4 台	
7	平板振捣器	2 台	楼板混凝土浇筑用
8	铁锹	25 把	
9	4m 刮杠	10 把	
10	塑料布	$500m^2$	混凝土养护及雨期备用
11	标尺杆	10 把	墙柱混凝土浇筑分层用

5.3.3 劳动力组织

本工程所有的结构混凝土浇筑由混凝土专业浇捣班组负责，要求施工队混凝土工长 1 人，班组长 2 人，工人 30 人，根据混凝土浇筑量的多少，随机安排，负责对进入现场的混凝土的放卸、出机、浇筑、振捣、收面等。各施工对工种人员分配情况见表 5.3.2。

工种人员分配情况　　表 5.3.2

序号	工种	人数
1	振捣手	8
2	收面工	10
3	其他工人	12

5.4 主要施工方法

5.4.1 混凝土拌制

为确保商品混凝土的质量，本工程将选用具有二级资质且具有相应生产规模、技术实力和具有可靠质量保证能力且能提供良好服务的混凝土供应商两家（选一备一），以保证混凝土的质量稳定、供货及时，满足现场混凝土连续浇筑的要求，确保浇筑过程中不出现冷缝。

施工过程中应严格控制其坍落度、配合比水灰比以及相关资料，施工前与搅拌站办理好合同，提出相关的技术要求，并应考虑预防混凝土碱集料反应的技术措施。

5.4.2 混凝土运输

1. 泵管与布料杆的布置

根据现场实际情况，为尽量减少弯管，同时保证在作业面上的临时水平管最短，考虑到主楼板采用叠合板新工艺，标准层立管的位置设于消防连廊区域。

水平泵管的固定，采用钢管架柔性支撑，弯管处设固定支撑。

垂直管采用井字架加固，在楼板位置用木楔与楼板加固，首层弯管与竖直管交接处采用刚性支架直接与楼面支撑，使上部的泵管重量直接传到楼面，不能把弯管当作下部支架（图 5.4.1）。

泵管的支撑加固在每个管卡处设立，井字架在每个管卡下部加固，加固时，在钢管与泵管之间垫放木条或旧车胎，避免泵管与钢管直接接触，详见图 5.4.2 和图 5.4.3。

为了减少混凝土浇筑时临时水平管的铺设，充分利用布料杆的旋转半径，布置布料杆时，本着“稳固、方便、就近”的原则布置。

布料杆不能放置正在浇筑混凝土的顶板模上，应放置在相邻的施工段下层顶板上，以防破坏顶板模板和钢筋，影响结构质量。

2. 现场混凝土的接收

在混凝土到达现场后，现场派专人负责混凝土的接收工作，检查预拌混凝土小票上的各项内容是否符合现场技术要求，避免误用，造成质量事故；检查罐车在路上的行走时

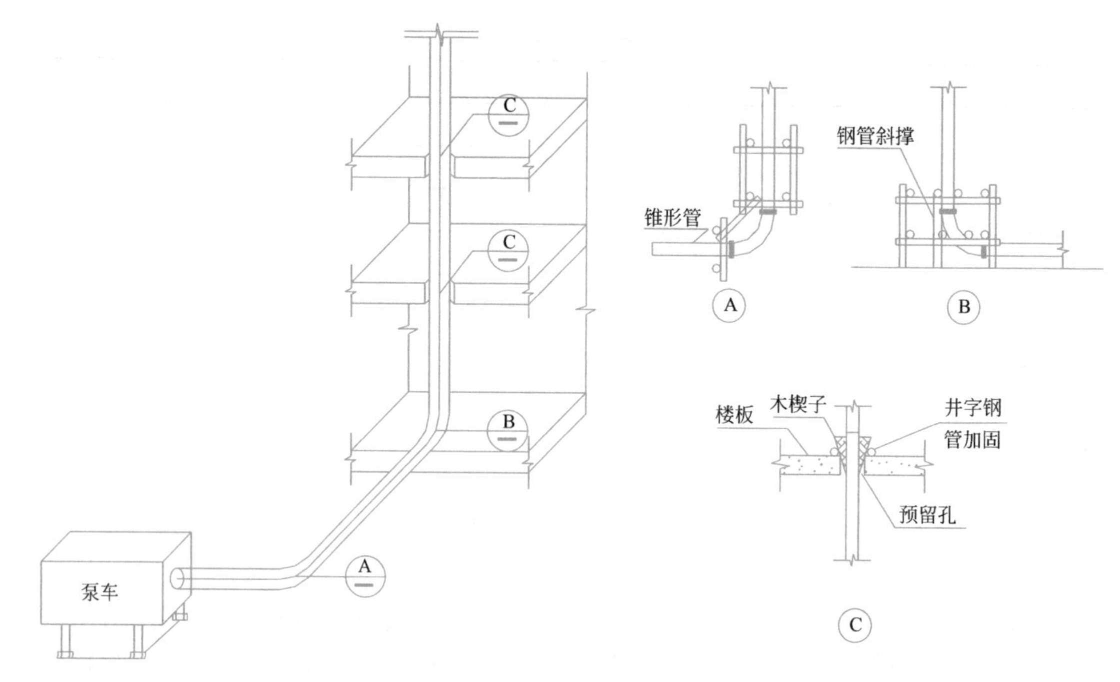

图 5.4.1 标准层泵管加固示意图

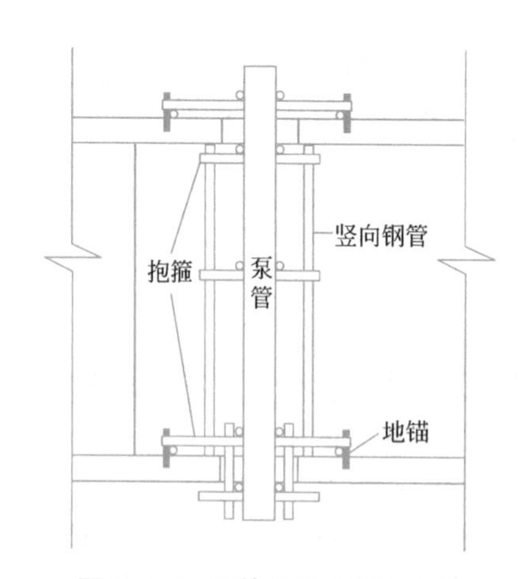

图 5.4.2 泵管加固立面示意图

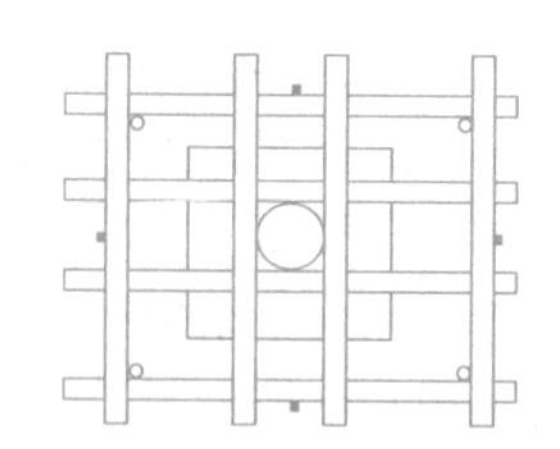

图 5.4.3 楼板位置泵管加固平面示意图

间，控制好混凝土的初凝时间，确保混凝土的浇筑质量，同时，现场派专职试验人员负责检查混凝土的坍落度，制作试块。

3. 混凝土的泵送操作要求

混凝土的泵送是一项专业性技术工作，混凝土泵司机必须经过专业培训并持证上岗。混凝土泵安装处的路面必须硬化，同时在混凝土泵附近设沉淀池，以便于混凝土泵的清洗。泵送时，必须严格按照混凝土泵使用说明进行操作，同时必须做到以下几点：

混凝土泵与泵管连接好后，先进行全面检查，确定接口、机械设备正常后方可开机。

混凝土泵启动后，先喂适量的水，以湿润料斗、活塞、管壁等，经检查混凝土泵及泵管内没有异物并且没有渗漏后，采用同配比的减石子砂浆润管。

开始泵送时，混凝土泵必须处于慢速、匀速并随时可能反泵的状态，然后逐渐加速，同时观察混凝土泵的压力和各系统的工作情况，待确认系统正常后再开始正式泵送。

泵送时，活塞的行程尽可能保持最大，以提高输出效率，也有利于机械的保护，混凝土泵的水箱或活塞清洗室必须保持盛满水。

当需要接管时，必须对新接管内壁进行湿润。

浇筑时，必须由远及近，连续施工。

当用布料杆布料时，管口应距模板 50mm 左右，将混凝土卸在卸料平台上，用铁锹间接下料，不得直接冲击模板和钢筋，在浇筑顶板混凝土时，不得在同一处连续布料，要在 2～3m 范围内水平移动布料，管口垂直于模板。

5.4.3　基础底板混凝土施工

车库底板厚度为 350mm，承台厚度为 700mm。

主楼筏板厚度为 300mm，承台厚度为 1000mm，独立基础厚度为 1200～2200mm。

5.4.4　框架柱混凝土施工

1. 特点及难点对策

钢筋较密，部分截面尺寸较小浇筑和振捣困难。

混凝土初凝时间短，必须及时浇筑和振捣，否则易出现冷缝。

因层高较高，浇筑高度较高，必须分层浇筑，否则极易发生蜂窝孔洞。

混凝土水化热大，内部温度高，必须及时养护，防止混凝土强度增长受影响和形成贯通温度裂缝。

2. 施工工艺

（1）工艺流程：

模板、钢筋验收→混凝土泵、管布置→混凝土浇筑、振捣→混凝土养护→拆模后检查验收

（2）混凝土浇筑前应对模板进行检查，做好预检手续。浇筑前 15min 由专人负责放同配比减石子砂浆 3～5cm 厚，避免石子过多造成烂根、蜂窝。

（3）混凝土的浇筑：

采用分层浇筑法，每层浇筑高度不得超过 500mm，用标尺干和手电筒进行控制。上下层混凝土浇筑间隔时间应控制在混凝土初凝时间内，以免出现冷缝。

柱子混凝土浇筑高度应比楼板、梁、柱帽底面标高高出 3cm，拆模后，由板底向上 5mm 弹线，剔除上部 2.5cm 厚浮浆。

（4）柱子混凝土的振捣

选用 ϕ50、ϕ30 振捣棒，采用垂直振捣，随浇筑随振捣，振捣棒要求快速插至底部，稍作停留，慢慢向上拔起，上下略微抽动，至表面泛浆无气泡时移至下一点，间距不得超过 400mm。浇筑上一层混凝土时，振捣棒要插入下一层 5cm。

独立柱振捣时，严格执行分层浇筑，分层振捣，根据标志杆测出的浇筑高度，分层振

捣，并采取振捣棒插入下一层混凝土 5～10cm 的做法，保证两层混凝土之间接茬的密实（图 5.4.4）。

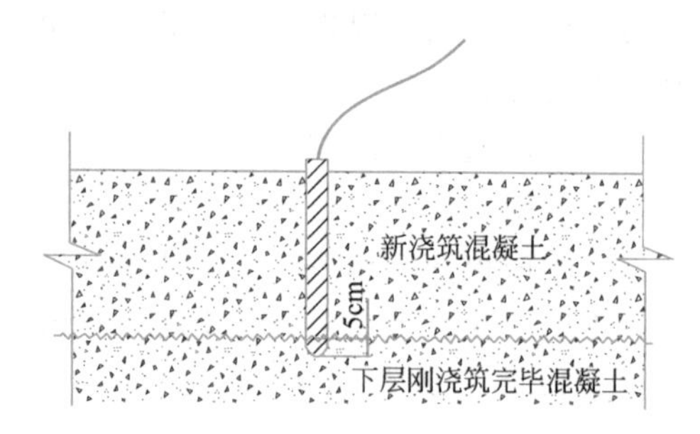

图 5.4.4　新旧混凝土交界处混凝土振捣示意图

（5）柱子施工缝的留置及处理

柱子顶部水平施工缝处理：在柱子混凝土浇筑时，浇筑高度高于楼板（梁）底标高 50mm，待柱子混凝土浇筑完拆除模板后，弹出楼板（梁）底线，在墨线上 5mm 处用云石机切割一道深 5mm 的水平直缝，将直缝以上的混凝土软弱层剔掉至露石子，清理干净。

柱顶施工缝示意如图 5.4.5 所示。

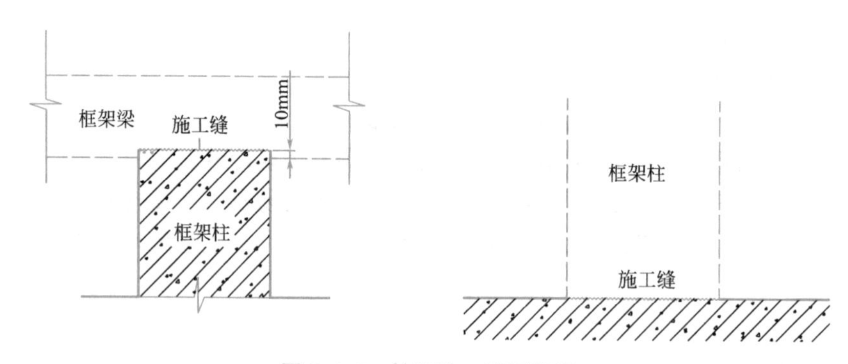

图 5.4.5　柱顶施工缝示意图

柱子底部水平施工缝处理：首先弹出柱边位置线，沿位置线墙内 5mm，用砂轮切割机（换金刚片）切齐，深度视浮浆厚度而定，一般为 10mm。剔凿至露石子，清理干净。

5.4.5　墙体混凝土施工

1. 特点及难点对策

（1）墙体钢筋较密，部分墙体截面尺寸较小，门窗洞口及预留套管较多。

（2）地下室外墙留有竖向和水平施工缝，混凝土的浇筑和振捣十分关键，否则容易发生渗漏。

2. 施工工艺

（1）工艺流程

模板、钢筋验收→混凝土泵、管布置→混凝土浇筑、振捣→混凝土养护→拆模后检查验收。

（2）混凝土浇筑前应对模板进行检查，做好预检手续。浇筑前 15min 由专人负责放同配合比减石子砂浆 3～5cm 厚，避免石子过多造成烂根、蜂窝。

（3）墙体混凝土的浇筑

采用分层浇筑法，每层浇筑高度不得超过 500mm，用标尺干和手电筒进行控制。上下层混凝土浇筑间隔时间应控制在混凝土初凝时间内，以免出现冷缝。混凝土下料点应选在一道墙体的中部，避免在墙拐角处下料，以使混凝土向两侧流淌。对于门窗洞口及一些较大的（500mm 以上）的预留预埋洞（套管）的部位，必须保证两侧同时下料，使两侧混凝土下料高度基本保持一致，避免洞口位移。为保证窗下口混凝土流满密实，除两侧同时下料外，需在窗口模板下部开 2～3 个 ϕ20～ϕ30 排气溢浆孔，并在模板相应位置开观察孔，以便随时观察混凝土是否已满，掌握控制振捣时间。墙体混凝土浇筑高度应比楼板底面高出 3cm，拆模后，由板底向上 5mm 弹线，剔除上部 2.5cm 厚浮浆。

（4）墙体混凝土的振捣

选用 ϕ50、ϕ30 振捣棒及附着式振捣器，采用垂直拖振，随浇筑随振捣，振捣棒要求快速插至底部，稍作停留，慢慢向上拔起，上下略微抽动，至表面泛浆无气泡时移至下一点，间距不得超过 400mm。浇筑上一层混凝土时，振捣棒要插入下一层 5cm。

墙体混凝土振捣如图 5.4.6 所示。

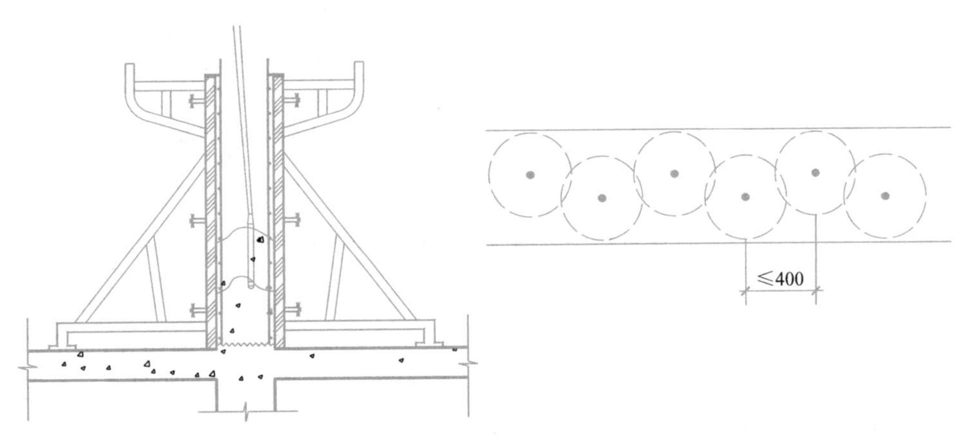

图 5.4.6 墙体振捣示意图

（5）施工缝的留置及处理

墙体竖向施工缝的处理：墙体竖向施工缝可用 15×15 目的双层钢丝网绑扎在墙体钢筋上，外用 15mm 厚竹胶板封挡混凝土。当墙模拆除后，在距施工缝 50mm 处的墙面上两侧均匀弹线，用云石机沿墨线切一道深 5mm 的直缝，然后用钢钎将直缝以外的混凝土软弱层剔掉至露石子，清理干净。

墙体顶部水平施工缝处理：在墙体混凝土浇筑时，墙体混凝土表面两侧高于顶板底 30mm 处留平缝。拆除墙体模板后，弹出顶板底线，在墨线上 5mm 处用云石机切割一道深 5mm 的水平直缝，将直缝以上的混凝土软弱层剔掉至露石子，清理干净。

墙体底部施工缝处理：首先弹出墙体位置线，沿位置线墙内 5mm，用砂轮切割机（换金刚片）切齐，深度视浮浆厚度而定，一般为 10mm。剔凿至露石子，清理干净。

3. 地下室外墙防水构造和节点处理

(1) 防水要求：

本工程的地下室防水等级为二级，混凝土的抗渗等级为P6，所有地下室外墙均为抗渗混凝土。其中所有施工缝、外墙穿墙套管、模板的对拉螺栓、后浇带等节点部位均要做防水处理。

(2) 施工缝的处理：

因外墙施工缝属于极易发生渗漏的部位，此处的处理对于地下室外墙的防水质量尤为重要。

(3) 对拉螺栓的节点处理：

因外墙墙体模板的对拉螺栓需穿过外墙墙体，为了防止发生墙体对拉螺栓处发生渗漏，本工程地下室外墙墙体的对拉螺栓采用新型加工的对拉螺栓，详见图5.4.7。

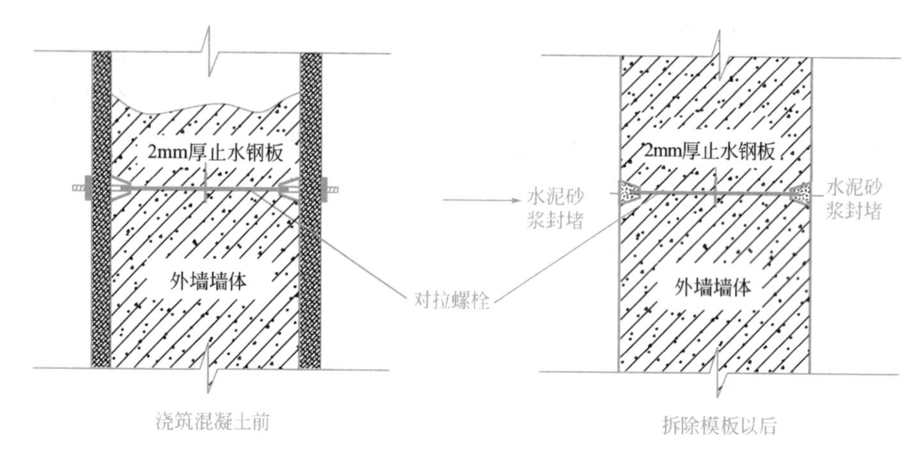

图5.4.7 外墙墙体对拉螺栓示意图

(4) 外墙穿墙套管的防水构造：

对于必须穿过外墙墙体的所有套管，在混凝土浇筑前，按照图5.4.8进行留设，防止发生渗漏。

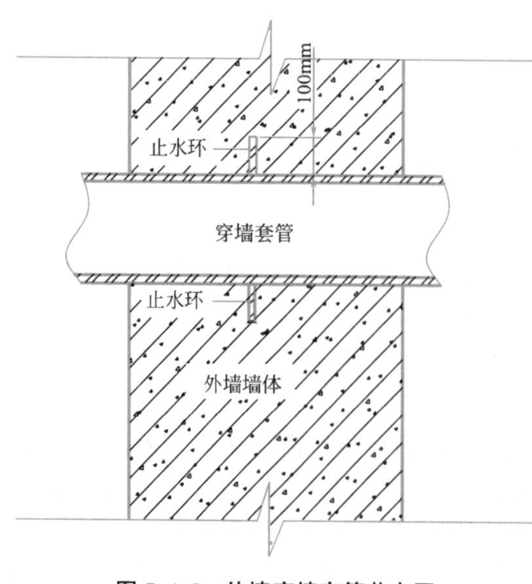

图5.4.8 外墙穿墙套管节点图

4. 墙体混凝土的养护

墙体混凝土的养护对于墙体的增长十分重要，故对于墙体的养护采取以下措施：

(1) 地下室墙体施工期间，采取不间断的浇水养护，保持墙体湿润，养护期为14d。

(2) 标准层施工阶段，正好处于冬季，为了保证混凝土强度的增长，需做好混凝土保温。

5.4.6　楼板混凝土施工

1. 楼板混凝土的浇筑：

（1）在浇筑以前，将楼板与墙体、柱子的施工缝剔凿完毕，清理干净，并用水润湿，保证接茬处的质量。在混凝土浇筑前，提前铺设脚手板，防止踩乱钢筋，并设专人看筋。

（2）根据浇筑方量，提前确定浇筑顺序和混凝土的进场顺序，保护钢筋，保证混凝土初凝以前浇筑完毕。

（3）楼板内有梁的部位混凝土浇筑时，首先保证梁内混凝土浇筑到板底位置，随即进行振捣，然后再浇筑楼板混凝土，保证梁内混凝土的密实。

（4）标准层楼板的厚度较薄，统一为 C30 混凝土。楼板混凝土沿结构短边浇筑（即沿南北方向浇筑），往复推进，保证初凝以前的混凝土浇筑完毕。

（5）梁板混凝土与墙柱混凝土相差 2 个强度等级，核心区按图 5.4.9 浇筑。

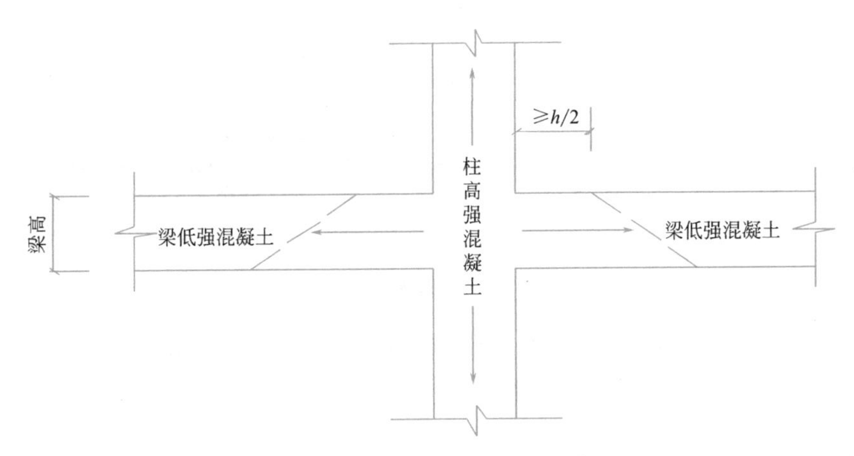

图 5.4.9　梁、柱节点混凝土示意图

2. 楼板混凝土的振捣

（1）现浇楼板施工面积较大，容易漏振，振捣手应站位均匀，避免造成混乱而发生漏振。双层筋部位采用插振，每次移动位置的距离不应大于 400mm，单层筋采用振捣棒拖振间距 300mm。

（2）楼板混凝土振捣除采用振捣棒振捣外，还用平板振动器满振一遍，平板振动器移动时应成排依次振捣前进，前后位置和排与排间相互搭接应有 3～5cm，防止漏振，保证混凝土的绝对密实。

（3）对于有下沉梁的部位加强振捣，避免漏振，振捣时按下图所示，将振捣棒插入梁内振捣（图 5.4.10）。

（4）混凝土收面时，用 4m 以上刮杠刮平，特别是墙体大模板的位置由专人做专项控制，一定要保证标高准确、平整。整个楼板面的收面按楼地面一样三遍成活，最后一遍应将表面浮浆搓掉，注意要顺着同一方向，使混凝土表面平整无裂缝，纹路通顺美观。

3. 楼板施工缝的处理

（1）施工缝处顶板下铁垫 15mm 厚木条，以保证钢筋保护层厚度，上下铁间用木模板

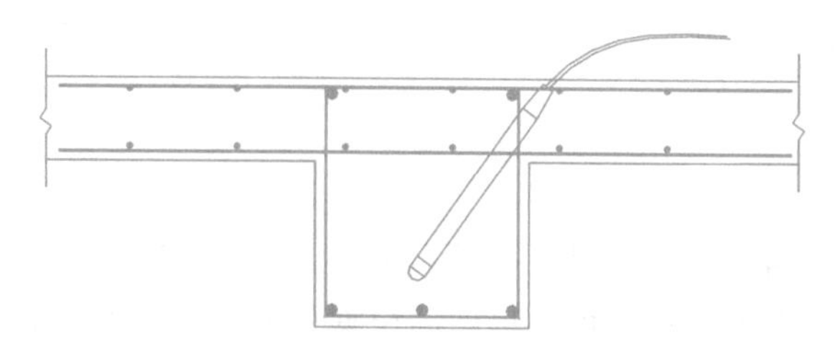

图 5.4.10　板下有梁处的振捣

封堵混凝土料，木模板上按钢筋间距做豁口，以卡住钢筋，控制顶板钢筋净距，最上层用15mm 厚木条封堵严。木条间加垫 1cm 厚海绵条，避免漏浆（图 5.4.11）。

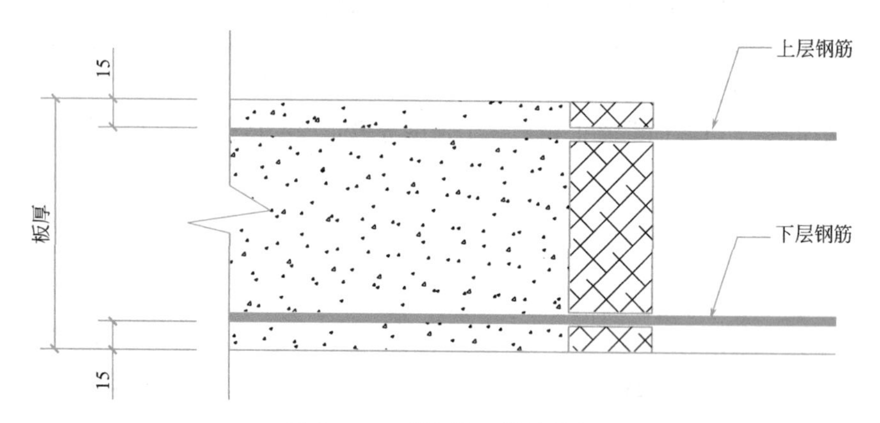

图 5.4.11　楼板施工缝的处理

（2）顶板混凝土强度达到 1.2MPa 后，拆除施工缝处模板，剔除表面松软层，露出石子至坚硬处。下次混凝土浇筑前，洒水湿润。

5.4.7　楼梯混凝土施工

楼梯段混凝土自下而上浇筑，先将平台处混凝土振实，达到踏步位置时再与踏步混凝土一次浇筑成型，不断连续向上进行，并随时用木抹子将踏步面抹平，楼梯段的施工缝留置在与楼板同平面的休息平台的梯段梁内。

5.4.8　女儿墙混凝土施工

（1）裙房屋面女儿墙包括墙体和附墙，上部有压梁，故女儿墙的混凝土分为三次浇筑，即：先浇筑附墙柱，然后浇筑墙体，最后浇筑压顶。

（2）浇筑附墙柱时，浇筑要点同框架柱，并将竖向施工缝留在柱子两侧，水平施工缝留于压顶梁底部；浇筑完后施工缝进行清理和剔凿，保证混凝土的结合密实。

（3）将附墙柱模板拆除以后，二次支设女儿墙模板，浇筑墙体混凝土至压顶梁底部。

（4）墙体浇筑完毕以后，支设压顶梁的模板，绑扎钢筋，浇筑压顶梁的混凝土，在表面进行拉毛，及时养护。

（5）混凝土浇筑完毕以后，及时进行浇水养护，并在附壁柱的阳角和压顶梁的阳角及时用竹胶板做阳角保护。

5.4.9 出现应急情况时施工缝的预留及处理

如在施工过程中，遇有现场施工过程中混凝土堵管、供应不及时及停电等不利因素现象发生，则必要时在结构剪力较小且便于施工的部位设置施工缝。

1. 当混凝土泵送管堵塞使，可采用下述方法进行排出

（1）遇有混凝土泵堵塞现象，首先项目部土建工长第一时间要求混凝土搅拌站暂停混凝土的发送，立即调度另一台备用混凝土泵，等混凝土泵车到场就位后再发混凝土。此时间不得超过混凝土初凝时间。然后立即了解堵管原因，按照以往经验重点会在哪些部位容易出现堵管现象，要求工人及时查找堵泵位置，及时疏通。

（2）使混凝土输送泵反复进行反泵和正泵，逐步吸出堵塞处的混凝土拌合物至料斗中，重新加以搅拌后再进行正常泵送。

（3）用木锤敲击输送管，查明堵塞部位，将堵塞处混凝土拌合物击松后，再通过混凝土泵的反泵和正泵排除堵塞。

（4）当采用上述两种方法都不能排除混凝土堵塞物时，可在混凝土泵泄压后拆除堵塞部位的输送管，排除混凝土堵塞物后，再重新泵送。

（5）泵送过程中的废弃的和泵送终止时，多余的混凝土拌合物，应按预先确定的场所和处理方法及时进行妥善处理。

2. 如遇混凝土浇筑中停电，应采用如下措施

（1）立即向监理公司及建设单位汇报停电的施工部位。

（2）已浇筑混凝土的部位留好施工缝。

（3）查明停电原因，如停电时间过长应暂停混凝土的浇筑。

3. 施工缝设置位置留置及处理方法

梁、板施工缝位置的留设，楼梯部位施工缝留置在休息平台支座三分之一范围之内，施工缝的表面应与梁轴线或板面垂直，不得留斜槎。

施工缝处须待已浇筑混凝土抗压强度达到 1.2MPa 以上时，才允许继续浇筑。在浇筑前应将施工缝混凝土表面凿毛，清除松动石子，用水冲洗干净，继续浇筑混凝土前，先浇一层水泥浆，然后正常浇筑混凝土，仔细振捣密实，使结合良好。

5.4.10 成品保护

（1）楼板浇筑后，必须在混凝土强度达到 1.2MPa 后方可上人；为防止现浇板受集中荷载过早而产生变形裂缝，钢筋焊接用电焊机、钢筋不得直接放于现浇板上。

（2）墙体拆除模板时，严禁乱砸硬撬，模板拆除后立即进行阳角的保护，防止破坏混凝土棱角。

（3）混凝土浇筑时，应派专人检查钢筋，保证完工时钢筋的正确位置。

（4）模板拆除后，使用废旧的多层板对楼梯踏步进行保护；门窗洞口、预留洞口、墙

体阳角在表面养护剂干后用废旧的多层板作护角保护（图 5.4.12）。

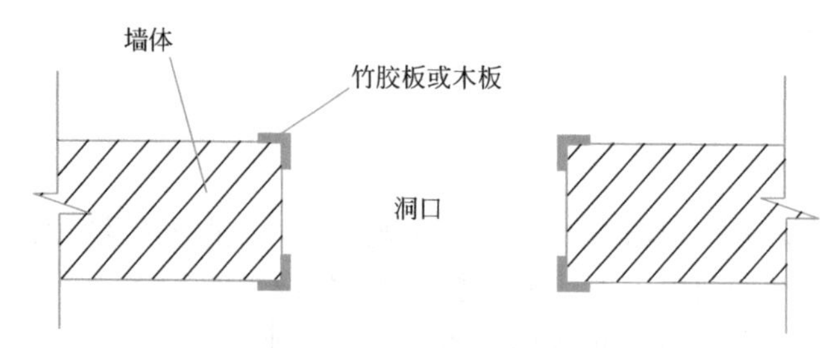

图 5.4.12　墙体、洞口阳角保护示意图

（5）支设脚手架时，立杆底部应垫脚手板和木方。

（6）浇筑混凝土过程中，应对预埋件、预留洞做好保护，严禁乱拆，乱挪。

（7）浇筑混凝土时，严禁硬扳、硬撬钢筋，并应在墙柱钢筋上部包裹塑料布，以防污染钢筋。

5.5　质量保证措施和质量要求

5.5.1　质量保证管理体系

质量保证管理体系　　表 5.5.1

序号	管理职责	姓名	职务
1	项目经理	×××	组长
2	执行经理	×××	副组长
3	生产经理	×××	副组长
4	技术负责人	×××	副组长
5	质量负责人	×××	组员
6	安全负责人	×××	组员
7	资料负责人	×××	组员
8	试验负责人	×××	组员
9	标高、轴线测量	×××	组员
10	土建专业工长	×××	组员
11	现场临电	×××	电工

5.5.2　过程控制的具体要求（图 5.5.1）

（1）建立混凝土施工前各专业会签制度，填写混凝土浇筑申请单。

图5.5.1　过程控制

(2) 做好混凝土小票的签收整理工作：每次混凝土施工记录好每车混凝土进场时间→核对与上一车间隔时间→核对小票与配合比通知单内容是否相符→实测塌落度→测温（冬期施工）→使用混凝土→记录浇完时间→签收小票。混凝土完毕将小票收集齐全，填写混凝土小票记录，整理成册。

(3) 浇筑前的验收工作：钢筋工程要有隐检，模板工程要有预检，地下室部分的施工缝处理要有隐检，地上部分施工缝要有预检。

(4) 浇筑过程中对混凝土塌落度的测试：做到每车必测。由试验员负责对当天施工的混凝土塌落度进行测试，主管技术员进行抽测，检查是否符合本次混凝土的技术要求，并做好塌落度测试记录

(5) 混凝土的现场调度：由项目部调度员负责调度混凝土罐车的进场时间、发车时间、现场罐车的行走路线等，保证供应及时，不等车、不压车。

(6) 在混凝土浇筑过程中应派专人看护模板，发现模板有变形、位移时立即停止浇

筑，并在已浇筑的混凝土凝结前修正完好。

（7）混凝土浇筑完毕后凝固前，及时用湿布将墙上局部流浆和落在钢筋上的水泥浆擦干净，掉在模板和地面上的混凝土清除干净。

（8）拆模申请制度：为保证混凝土强度和养护质量，拆模前必须填写拆模申请书，经批准后方可拆模。能否拆模必须依据同条件试块试压后的强度报告，冬期施工时墙模拆模的强度必须达到4.0MPa以上，常温施工时必须达到1.2MPa以上。顶板的拆模视板的跨度：跨度在2～8m时，同条件试块强度值必须在75%以上；跨度在8m以上时，必须在100%以上。

5.5.3 混凝土施工中质量通病的预防

（1）蜂窝、麻面：施工中，振捣时间应充分且不得有过振和漏振。拆模时间应严格控制，防止拆模过早，造成粘模。

（2）龟裂：浇筑时混凝土上下层接槎应振捣均匀，并控制好混凝土坍落度，避免因坍落度过大，混凝土产生收缩裂缝，施工中有专人负责看管钢筋和模板。

（3）施工缝夹渣：在混凝土浇筑前认真清理施工缝，清除已硬化的混凝土面上的松散骨料，并冲洗干净，浇筑时要振捣密实。

5.5.4 质量标准

1. 保证项目（表5.5.2）

保证项目　　表5.5.2

序号	项目	检查数量	检验方法
1	混凝土所用原材及外加剂	全部	商用混凝土站提供检测报告
2	混凝土配合比、施工缝处理		检查施工记录
3	混凝土试块的取样制作、养护、试验		检查标准养护龄期28d试块抗压强度的试验报告
4	结构裂缝		观察和用刻度放大镜检查

2. 基本项目（表5.5.3）

基本项目　　表5.5.3

序号	项目	检查数量	检验方法	标准
1	蜂窝	按有代表性的自然间抽查10%	尺量外露石子面积及深度	一处不大于200cm^2，累计不大于400cm^2
2	孔洞		凿去孔洞周围松动石子，尺量孔洞面积及深度	无
3	主筋露筋		尺量钢筋外露长度	无
4	缝隙夹渣层		凿去夹渣层，尺量缝隙长度和深度	无

3. 允许偏差项目（表5.5.4）

允许偏差项目　表5.5.4

序号	项目		允许偏差(mm)	检查数量	检验方法
1	轴线位移	基础	10	测量两点	用尺量检查
		柱、墙、梁	3	全查	用尺量检查
2	标高	层高	5	测量两点	用水准仪
		全高	15	测量两点	用水准仪
3	截面尺寸	基础	+10 −5	测量两点	用尺量检查
		柱、墙、梁	+3 −2	全查	用尺量检查
4	柱及墙垂直度	每层	2	全查	2m托线板
		全高	H/2000且不大于15	全查	J_2经纬仪
5	表面平整度		2	全查	2m靠尺和楔形塞尺
6	预埋钢板中心线位置偏移		10	测量两点	用尺量检查
7	预埋管、预留孔中心线位置偏移		5	测量两点	用尺量检查
8	预埋螺栓中心线位置偏移		5	测量两点	用尺量检查
9	预留洞中心线位置偏移		10	测量两点	用尺量检查
10	电梯井	井筒长宽对中心线	+15 −0	全查	用尺量检查
		井筒全高垂直度	H/2000且不大于15	测量两点	用尺量检查

5.5.5 质量保证措施

（1）施工员要根据施工方案，向作业队技术交底，提出质量要求。

（2）混凝土浇筑前质量检查员与钢筋、木工、混凝土工长共同检查、验收钢筋、模板。

（3）开盘前要先取得配合比，并请搅拌站提供与配合比一样的同品种减水剂，以供因坍落度损失过大而泵送困难，在现场添加减水剂，严禁向罐车内加水。

（4）在浇筑混凝土时如果出现其他特殊意外情况，混凝土浇筑突然停止有可能在混凝土初凝前无法正常施工，如必须停止施工。混凝土采用超长时间缓凝剂（缓凝12h），必须立刻在操作面上进行插筋处理，并在下次浇筑混凝土前将表面100mm厚的混凝土凿掉，表面做凿毛处理，保证混凝土接搓处强度和抗渗指标。

（5）在混凝土浇筑后，做好混凝土的保温养护，缓缓降温，充分发挥徐变性，减低温度应力，夏季应注意避免曝晒，注意保湿，冬季应采取措施保温覆盖，以免发生急剧的温度梯度发生。

（6）加强测温和温度监测与管理，实行信息化控制，随时控制混凝土内的温度变化、内外温差控制在25℃以内，及时调整保温及养护措施，使混凝土的温度梯度和温度不至过大，以有效控制有害裂缝的出现。

（7）合理安排施工程序，控制混凝土在浇筑过程中均匀上升，避免混凝土拌合物堆积过大高差。在结构完成后及时回填，避免其侧面长期暴露。

5.6 混凝土的拆模

拆除时不得使用大锤或硬撬乱捣，如果拆除困难，可用撬杠轻微撬动，保证混凝土表面及棱角不因拆除受损坏。

混凝土试块留置以及拆模时间见表 5.6.1。

混凝土试块留置以及拆模时间　　表 5.6.1

结构类型	拆模要求	试块留置	组数
悬臂梁板	强度达 100%	留置同条件试块	根据浇筑方量确定
竖向结构	强度达 100%	—	根据浇筑方量确定
楼板(跨度<8m)	强度达 75%	按 75%强度留置	根据浇筑方量确定
楼板(跨度>8m)	强度达 100%	按 100%强度留置	根据浇筑方量确定

具体试块留置制作计划表详见《检验试验专项施工方案》(略)。

5.7 质量通病及防治措施（表 5.7.1）

质量通病及防治措施　　表 5.7.1

序号	名称、现象	产生原因	防治措施及处理方法
1	蜂窝(混凝土结构局部出现酥松、砂浆少、石多、石子之间形成空隙类似蜂窝状的窟窿)	(1)混凝土配合比不当，或砂、石子水泥材料加水量不准，造成砂浆少、石子多。 (2)混凝土搅拌时间不够，未拌合均匀，和易性差，振捣不密实。 (3)下料不当或下料过高未设串筒使石集中，造成石子砂浆离析。 (4)混凝土未分层下料，振捣不实、漏振或振捣时间不够。 (5)模析缝隙未堵严，水泥浆流失。 (6)钢筋较密，使用的石子粒径过大或坍落度过小。 (7)基础、柱、墙根部未稍加间歇就继续浇灌上层混凝土，造成水泥浆流失	防治措施： 认真设计、严格控制混凝土配合比，经常检查，做到计量准确；混凝土拌合均匀，坍落度适合；混凝土下料高度超过 2m 时设串筒或溜槽；浇灌分层下料，分层捣固，防止漏振；模板缝堵塞严密，浇灌中，随时检查模板支撑情况防止漏浆；基础、柱、墙根部在下部浇完间歇 1～1.5h，沉实后再浇上部混凝土，避免出现“烂脖子”。 处理方法： 小蜂窝：洗刷干净后，用 1∶2 或 1∶2.5 水泥砂浆抹平压实；较大蜂窝：凿去蜂窝处薄弱松散颗粒，洗刷干净后，支模用高一级细石混凝土仔细填塞捣实；较深蜂窝：如清除困难，可埋压浆管、排气管、表面抹砂浆或浇灌混凝土封闭后，进行水泥压浆处理
2	麻面(混凝土局部表面出现缺浆和许多小凹坑、麻点)	(1)模板表面粘附水泥浆渣等杂物未清理干净，拆模时混凝土表面被粘坏。 (2)模板拼缝不严，局部漏浆。 (3)模板隔离剂涂刷不匀，或局部漏刷或失效，混凝土表面与模板粘结造成麻面。 (4)混凝土振捣不实，气泡未排出，停在模板表面形成麻点	防治措施： 模板表面清理干净，不得粘有硬水泥砂浆等杂物；选用长效的模板隔离剂；涂刷均匀，不得漏浆；混凝土分层均匀振捣密实，至排出气泡为止。 处理方法： 表面作粉刷的，可不处理，表面无粉刷的，在麻面部位浇水充分湿润后，用原混凝土配合比去石子砂浆，将麻面抹平压光

续表

序号	名称、现象	产生原因	防治措施及处理方法
3	孔洞(混凝土结构内部有尺寸较大的空隙,局部没有混凝土或蜂窝特别大,钢筋局部或全部裸露)	(1)在钢筋较密的部位或预留孔洞和埋设析处,混凝土下料被搁住,未振捣应继续浇筑下层混凝土。 (2)混凝土离析,砂浆分离,石子成堆,严重跑浆又未进行振捣。 (3)混凝土一次下料过多过厚、下料守高,振动器振动不到,形成松散孔洞。 (4)混凝土内掉入工具、木块、泥块等杂物,混凝土被止住	防治措施: 在钢筋密集处及复杂部位,采用高一强度等级的细石子混凝土浇灌,在模板内充满,认真分层振捣密实或配人工捣固;预留孔洞,两侧同时下料,严防漏振;砂石子混有黏土块等杂物掉入混凝土内,及时清除干净。 处理方法: 将孔洞周围的松散混凝土和软弱膜凿除,用压力水冲洗,洒水充分湿润后用高强度等级细石混凝土仔细浇灌、捣实
4	露筋(混凝土内部主筋、副筋或箍筋局部裸露在结构构件表面)	(1)浇灌混凝土时,钢筋保护层垫块位移,或垫块太少或漏放,致使钢筋紧贴模板外露。 (2)结构构件截面小,钢筋过密,石子卡在钢筋上,使水泥砂浆不能充满钢筋周围,造成露筋。 (3)混凝土配合比不当,产生离析,靠模板部位缺浆或模板漏浆。 (4)混凝土保护层太小或保护层处混凝土漏振或振捣不实;或振捣棒撞击钢筋或踩踏钢筋,使钢筋位移,造成露筋。 (5)拆模时缺棱、掉角,导致露筋	防治措施: 浇灌混凝土,保证钢筋位置和保护层厚度正确,并加强检查;钢筋密集时,选用适当粒径的石,保证混凝土配合比准确并有良好的和易性;浇灌高度超过 2m,用串筒或溜槽进行下料,以防止离析;模板充分湿润进行振捣;操作时,避免踩踏钢筋,如有踩弯或脱扣等及时调直修正;保护层混凝土要振捣密实;正确掌握脱模时间,防止过早拆模,碰坏棱角。 处理方法: 表面露筋:刷洗干净后,在表面抹 1∶2 或 1∶2.5 水泥砂浆,将充满露筋部位抹平;露筋较深:凿去薄弱混凝土和突出颗粒,洗刷干净后,用比原来高一强度等级的细石混凝土填塞压实
5	缝隙、夹层(混凝土内成层存在水平或垂直的松散混凝土)	(1)施工缝或变形缝未经拉缝处理、清除表面水泥薄膜和松动石子或未除去软弱混凝土层并充分湿润,就灌筑混凝土。 (2)施工缝处锯屑、泥土、砖块等杂物未清除或未清除干净。 (3)混凝土浇灌高度过大,未设串筒、溜槽、造成混凝土离析。 (4)底层交接处未灌拉缝砂浆层,接缝处混凝土未很好振捣	防治措施: 认真按有关要求处理施工缝及变形缝表面;接缝处锯屑、泥土砖块等杂物清理干净并洗净;混凝土浇灌高度大于 2m 设串筒或溜槽;接缝处浇灌前先浇 50～100mm 厚原配合比无石子砂浆,或 100～150mm 厚减半石子混凝土,以利结合良好,并加强接缝处混凝土的振捣密实。 处理方法: 缝隙夹层不深时,可将松散混凝土凿去,洗刷干净后,用 1∶2 或 1∶2.5 水泥砂浆强力填嵌密实;缝隙夹层较深时,清除松散部分和内部夹杂物,用压力水冲洗干净后支模,强力灌细石混凝土或将表面封闭后进行压浆处理
6	缺棱、掉角(结构或构件边角处混凝土局部掉落不规则,棱角有缺陷)	(1)混凝土浇筑后养护不好,造成脱水,强度低;或模板吸水膨胀将边角拉裂,拆模时棱角被粘掉。 (2)施工时气温低且过早拆除侧面非承重模板。 (3)拆模时,边角受外力、重物撞击或保护不好,棱角被碰掉。 (4)模板未涂刷隔离剂,或隔离剂涂刷不均	防治措施: 混凝土浇筑后认真浇水养护;拆除侧面非承重模板时,混凝土具有 1.2MPa 以上强度;拆模时注意保护棱角,避免用力过猛过急;吊运模板,防止撞击棱角;运输时,将成品阳角用草袋等材料保护好,以免碰损。 处理方法: 缺棱掉角,可将该处松散颗粒凿除,冲洗充分湿润后,视破损程度用 1∶2 或 1∶2.5 水泥砂浆抹补齐整,可支模用比原来高一强度等级混凝土捣实补好,认真养护

续表

序号	名称、现象	产生原因	防治措施及处理方法
7	表面不平整（混凝土表面凸凹不平或板厚薄不一、表面不平）	(1)混凝土浇筑后，表面仅用铁锹拍平，未用抹子找平压光，造成表面粗糙不平。 (2)模板未支承在坚硬土层上，支承面不足或支撑松动、泡水，致使新浇灌混凝土早期养护时发生不均匀下沉。 (3)混凝土未达到一定强度时，上人操作或运料，使表面出现凹陷不平或印痕	防治措施及处理方法： 严格按施工要求操作，灌筑混凝土后，根据水平控制标志或弹线用抹子找平、压光，终凝后浇水养护；模板有足够的强度、刚度和稳定性，支在坚实地基上，有足够的支承面积，并防浸水，以保证不发生下沉；在浇灌混凝土时，加强检查；混凝土强度达到 $1.2N/mm^2$ 以上，方可在已浇筑结构上走动
8	强度不够，均质性差（同批混凝土试块的抗压强度平均值低于设计要求强度等级）	(1)水泥过期或受潮，活性降低；砂、石集料级配不好，空隙大，含泥量大，杂物多；外加剂使用不当，掺量不准确。 (2)混凝土配合比不当，计量不准；施工中随意加水，使水灰比增大。 (3)混凝土加料顺序颠倒，搅拌时间不够，拌合不匀。 (4)冬期施工，拆模过早或早期受冻。 (5)混凝土试块制作未振捣密实，养护管理不善，或养护条件不符合要求，在同条件养护时，早期脱水或受外力砸坏	防治措施： 水泥有出厂合格证，新鲜无结块，过期水泥经试验合格后才可使用；砂、石子粒径，级配，含泥量等符合要求；严格控制混凝土配合比，保证计量准确；混凝土按顺序拌制，保证搅拌时间，并搅拌均匀；防止混凝土早期受冻，冬期施工用普通水泥配制混凝土，强度达到40%以上，可防止冻结，按施工规定要求认真制作混凝土试块，并加强对试块的管理和养护。 处理方法： 当混凝土强度偏低，可用非破损方法（如回弹仪法、超声波法）来测定结构混凝土实际强度，如仍不能满足要求，可按实际强度校核结构的安全度，研究处理方案，采取相加固或补强措施

5.8 混凝土养护措施

(1) 混凝土浇筑完后，顶部接好 *DN*20 塑料管浇水，养护 1～2d，松动模板的螺丝，让模板离混凝土墙体有 2～3mm 的间隙，浇水养护间隔时间为 2h。拆除模板后，继续淋水养护 14d。

(2) 混凝土表面要保持足够湿润。

(3) 覆盖浇水养护应在混凝土浇筑完毕后的 12h 以内进行。

(4) 混凝土的浇水养护时间不得少于 7d，掺外加剂时不少于 14d。

5.9 安全及环保注意事项

(1) 施工前对电闸箱、电缆及用电设备进行漏电检查；浇筑结构墙柱混凝土时，搭设脚手架，不得站在模板或支撑上操作，脚手架牢固可靠，作业面上满铺脚手板。

(2) 进入现场的所有人员必须佩戴安全帽，振捣手还应戴绝缘手套；在混凝土中作业的人员都应穿雨鞋。

（3）施工作业前禁止饮酒。

（4）施工现场，基坑上下禁止吸烟。

（5）禁止从上向下投掷物品，包括施工所用材料、工具。

（6）混凝土泵车等大型机具，距基槽边缘不得小于 3m。

（7）施工过程中，严禁吵闹、嬉戏或打架。

（8）高空作业时，必须戴安全带，且确保牢固可靠符合规定。

（9）浇水养护时应注意楼面上的障碍物和孔洞，拉移胶皮管线时不得倒退行走。

（10）输料管要支设牢固。混凝土浇筑时，泵管口不准对准人，严防混凝土崩出伤人。

（11）清洗混凝土泵时，不要将泵管对准人，以防皮球冲出后伤人。

（12）施工过程中各方人员必须分工明确，互相配合，统一指挥，采用对讲机进行协调。

（13）在拖动布料杆时，除操作人员注意脚下以免踏空外，还必须防止布料杆的摆动伤人。

（14）经常检查泵管和接头处，防止接头爆裂或泵管过度磨损爆裂伤人。

（15）非工作人员不得私自开动混凝土泵等，也不得随便打开、触动电气设备。

（16）现场安全员及混凝土工长经常检查混凝土泵送过程中可能会出现的安全隐患，并及时通知机械修理工及施工人员，力求预防安全问题。同时，混凝土工在浇筑混凝土时，应时刻注意异常情况，把安全意识记在心头。

（17）混凝土泵料斗上方的方格网在作业中不得随意撤去。

（18）泵机运转时，严禁将手伸入料斗、水箱，严禁登踏料斗。

（19）管路堵塞经处理后进行泵送时，软管末端会急速摆动，混凝土可能瞬间喷射，工作人员不得靠近软管。

（20）为减少对施工场地周围的影响，施工作业时间严格控制在早 6 点至晚 10 点间。

（21）混凝土浇筑过程中要对马路经常洒水，保持路面湿润。

（22）混凝土罐车在出场前应清洗干净，防止污染市政马路。

（23）如有剩余混凝土应妥善处理，禁止随便倾泻。

（24）施工完毕应将现场清理干净，做到“工完料净场地清”。

附录6

Appendix 06

砌筑工程施工方案（页岩烧结砖）

附录6　砌筑工程案例——墙面排版图

目 录

6.1 工程概况

6.1.1 基本概况

工程名称：×××项目

建设单位：×××房地产发展有限公司

勘察单位：×××勘察设计研究院

设计单位：×××工程设计有限公司

监理单位：×××咨询有限责任公司

施工单位：×××集团有限公司

本工程包括10、11、12、13、15、16、17、22号楼、商业区及地下室；层数分别为32层、29层、30层、30层、30层、31层、29层、4层、1层；建筑高度分别为98.5m、89.5m、92.5m、92.5m 92.5m、95.5m、89.5m、14.7m；总建筑面积约为117026.45m²，其中地下室建筑面积约为22088.21m²；主体结构为框架-剪力墙结构；建筑主体平面两向均大尺寸分别为36.9m和23.4m；地下室建筑高度3.3～3.4m；抗震设防烈度为6度；建筑工程等级为一级；建筑安全等级为一级；设计使用年限为50年；防火分类为Ⅰ类；耐火等级为一级；地下室防水等级为Ⅰ级；屋面防水等级为Ⅰ级。具体各建筑单体经济指标及特征见表6.1.1：

建筑单体特征表　　表6.1.1

楼号	层数	层高(m)	建筑高度(m)	建筑面积(m²)	±0.000对应的绝对标高
10号楼	32	3.0	98.5m	12856.17	62.70m
11号楼	29	3.0	89.5m	13310.23	61.90m
12号楼	30	3.0	92.5m	11944.53	64.00m
13号楼	30	3.0	92.5m	11649.27	63.30m
15号楼	30	3.0	92.5m	11528.57	62.80m
16号楼	31	3.0	95.5m	14296.76	62.80m
17号楼	29	3.0	89.5m	12791.64	61.90m
19号栋	1	4.85	5.40m	894.74	63.30m
20号栋	1	4.80	4.5～5.0m	990.89	62.40m
22号楼	4	3.6	14.7m	2976.24	58.50m
地下室	地下2层	3.3/3.4		22088.21	

6.1.2　墙体工程（表 6.1.2）

墙体工程用料清单　　表 6.1.2

<table>
<tr><th>栋号</th><th>部位</th><th>厚度(mm)</th><th>砌体类型</th><th>砂浆类型</th><th>砂浆种类</th></tr>
<tr><td rowspan="2">地下室</td><td>内墙、电梯井、管道井</td><td>200</td><td rowspan="2">页岩烧结多孔砖(设备用房页岩烧结实心砖)(MU10)</td><td rowspan="2">M5</td><td rowspan="2">水泥砂浆</td></tr>
<tr><td>防水保护层</td><td>50</td></tr>
<tr><td rowspan="4">10、11、17 号栋及商铺</td><td>±0.000 以下</td><td>200</td><td>页岩烧结实心砖(MU20)</td><td rowspan="2">M5</td><td>水泥砂浆</td></tr>
<tr><td>外墙、电梯井、管道井、屋面女儿墙</td><td>200(100)</td><td>页岩烧结多孔砖(MU10)</td><td rowspan="3">混合砂浆</td></tr>
<tr><td>户内隔墙</td><td>100</td><td>页岩烧结空心砖(MU5.0)</td><td rowspan="2">M5.0</td></tr>
<tr><td>卫生间墙</td><td>100</td><td>页岩烧结实心砖(MU5.0)</td></tr>
<tr><td rowspan="4">22 号栋(幼儿园)</td><td>±0.000 以下</td><td>240</td><td rowspan="2">页岩烧结多孔砖(MU10)</td><td>M7.5</td><td>水泥砂浆</td></tr>
<tr><td>外墙、厨房、卫生间</td><td>200</td><td rowspan="3">M5.0</td><td rowspan="3">混合砂浆</td></tr>
<tr><td rowspan="2">户内隔墙</td><td>200</td><td>页岩烧结空心砖(MU5.0)</td></tr>
<tr><td>200</td><td>页岩烧结多孔砖(MU10)</td></tr>
</table>

本工程采用的页岩烧结多孔砖型号为 240mm×190mm×90mm，页岩烧结空心砖型号为 240mm×90mm×90mm 或 190mm×90mm×90mm，页岩烧结实心砖 190mm×90mm×50mm 或 190mm×90mm×90mm。

6.2　编制依据

1. 本项目施工图、图纸会审纪要、户型图及设计变更联系单；
2. 《砌体结构工程施工质量验收规范》GB 50203—2011；
3. 《建筑工程施工质量验收统一标准》GB 50300—2013；
4. 《砌体工程现场检测技术标准》GB/T 50315—2011；
5. 《建筑工程冬期施工规程》JGJ/T 104—2011；
6. 本工程施工组织设计；
7. 本施工单位施工工艺标准。

6.3　施工部署

6.3.1　管理体系及项目部组成

本工程建立以施工现场项目经理为首的工程项目部，配备项目部专职施工管理人员，由项目经理统一指挥和调度。建立以班组为主的施工考核制度和奖罚制度，实施分项管理，落实生产岗位责任制，与经济密切挂钩。制定切实可行的施工方案和施工计划，加强原材料采购和保管工作，加强施工现场的设备管理。投入足够的劳动力，选择优秀的班组，实施动态管理。

项目部管理管理人员组成如图 6.3.1 所示：

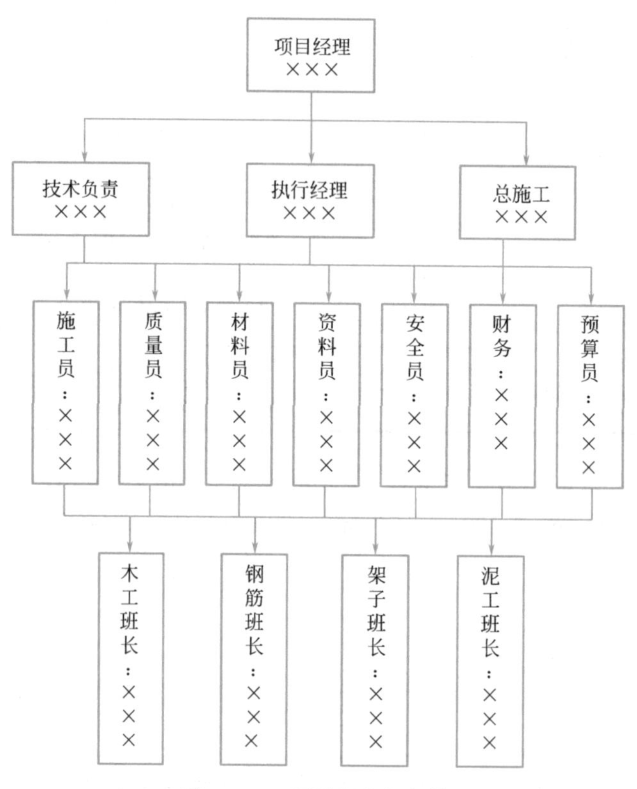

图 6.3.1　项目部组织架构

项目经理：全面负责整个工程总承包的日常事务；策划项目组织机构的构成并配备人员，制定规章制度，明确项目部有关人员和各分包商的职责，领导项目部开展工作；主持编制项目总承包管理方案，组织实施项目管理的目标与方针；主持制订本工程的工程预算、用款计划、工程进度款支付、竣工结算等；及时、适当地做出项目管理决策，其主要内容包括人事任免决策、重大技术方案决策、财务工作决策、资源调配决策、工期进度决策及变更决策等；批准各分包商的重大施工方案与管理方案，并监督协调其实施行为；与业主、监理保持经常联系，解决随机出现的各种问题，替业主、监理排忧解难，确保业主利益；及时协调总包与分包之间的关系，必要时组织召开总包与分包的各类协调会议，参加业主组织召开的协调会议；领导控制施工阶段工程造价和工程进度款的支付情况，确保工程投资控制目标的实现。

执行经理：全面组织管理施工现场的生产活动，合理调配劳动力资源；负责使项目的生产组织、生产管理和生产活动符合施工方案的实施要求；具体抓住项目的进度管理，从计划进度、实际进度和进度调整等多方面进行控制，确保项目如期施工；负责项目的安全生产活动，管理项目的安全管理组织体系；协调各分包商及作业队伍之间的进度矛盾及现场作业面冲突，使各分包商之间的现场施工有序合理地进行；进行施工现场的标准化管理，确保本工地达到市文明施工样板工地称号；督促现场管理人员进行环境保护，确保我局环境保护制度的落实。

技术负责人：组织编制专项施工方案，组织专项方案技术方案交底，并报公司技术发展处组织论证解决相关技术问题，组织模板支架验收。

施工员：按本方案的要求、结合实际情况，负责各项工作的实施组织工作。

质量员：负责对各环节的质量检查、纠正、复验等工作，把好质量关、提出质量控制及纠偏措施等。

安全员：落实安全交底工作，确保各施工因素处于安全受控状态，加强安全巡检，及时纠正或制止不安全行为。

材料员：负责施工周转材料的组织及进行检验验收。

6.3.2　设备、劳动力组织

1. 设备投入计划（表6.3.1）

主要施工机具计划表　　表6.3.1

序号	名称	数量	说明
1	施工电梯	7台	垂直运输设备
2	砂浆搅拌机	6台	拌制砌筑砂浆
3	磅秤	6台	配合比称量用
4	瓦刀	50把	铺灰用
5	手推车、吊篮、吊斗、砖笼	—	运输砖块、砂浆等材料
6	托线板、线锤、广线、钢尺、水平尺、皮数杆	—	砌筑找平及垂直用
7	灰桶、大铲	—	铲运及承放砂浆用
8	小撬棍、小木锤	—	调整砖块位置用
9	喷水壶、扫帚、梯子、平台板	—	其他辅助工具

2. 主要操作班组配置情况

工程对投入劳动力原则：素质好、安全意识强、有较高的技术素质，并有类似工程施工经验的人员。劳动力配置计划表见表6.3.2。

劳动力配置计划表　　表6.3.2

序号	工种	投入人数	班组长
1	砌体工	40	7
2	普工	12	1

6.4 砖砌体施工方法

6.4.1 施工准备

1. 技术准备

(1) 施工图纸已会审，下发销售户型图，编制完成的砖砌体施工方案需经批准通过。

(2) 黄砂、水泥送实验室检验，做好砌筑砂浆配合比；准备好砂浆试模（6块为一组）。

(3) 钢筋混凝土主体结构已经完成，楼面已经清理，二次结构已按要求完成。

(4) 楼面已放好轴线、砖砌体的外边线及控制线，弹出门窗洞口位置线，墙面上的水平标高已抄完成，并已经完成技术复核工作。

(5) 组织管理人员和班组所有作业人员进行技术、质量、安全交底。

(6) 放线尺寸的允许偏差值：见表6.4.1。

放线尺寸的允许偏差值　　表6.4.1

长度L、宽度B(m)	允许偏差(mm)
L(或B)≤30	±5
30<L(或B)≤60	±10
60<L(或B)≤90	±15
L(或B)>90	±20

2. 材料准备

(1) 砌筑砂浆

1) 水泥：采用42.5级硅酸盐水泥。

2) 砂：中细砂并不得含有有害物质。

3) 水：使用自来水。

(2) 砖的品种、强度等级必须符合设计要求，并应规格一致，有出厂合格证及复试报告单。

(3) 钢筋（拉结筋）必须具有出厂合格证，进场后要见证取样送检，经复试合格后方能使用。

3. 施工设施准备

(1) 施工机械

机械设备：砂浆搅拌机及垂直运输机械等。

(2) 工具用具

大铲（瓦傀）、铁锹、手锤、钢凿、勾缝傀、灰板、筛子、手推车、砖夹、砖笼等。

(3) 检测装置

水准仪、钢卷尺、线锤、水平尺、皮数杆、磅秤、砂浆试模。

4. 作业条件准备

（1）对外墙、厨房、卫生间、阳台、空调板位置的反坎混凝土已经浇筑完成。

（2）按设计标高要求制作皮数杆，皮数杆上标明门窗洞口位置，门窗过梁位置及斜砖高度。

（3）砂浆、混凝土级配应由试验室做好试配，准备好砂浆、混凝土试模，材料准备到位。

（4）施工现场安全防护措施已完成，并通过安全员的验收。

（5）脚手架应随砌随搭设，运输通道通畅，各类机具应准备就绪。

6.4.2　施工工艺

施工准备基层清理→找平→墙体放线→排砖撂底→砌筑（立皮数杆、挂垂直立线、盘角、挂线、砌砖及放置水平拉墙筋）→留槎→构造柱设置→斜顶砖施工。

6.4.3　操作要求

1. 基层清理

砖砌体在砌筑前应对墙基层进行清理，将地基垫层（或楼面）上的浮浆、灰尘清扫冲洗干净，并浇水使基层湿润。

2. 找平

砌筑前应在基础面或楼面上有高低之处进行找平，对砂浆厚度大于20mm时用C15级细石混凝土找平。

3. 墙体放线

根据楼层中的控制轴线，事先放出每一楼层墙体的轴线和门窗洞口的位置线。待施工放线完成后，经质量员验收合格后，方可进行墙体砌筑。

4. 排砖撂底（摆砖）

墙体在砌筑前必须按已放好的线进行砖块试排，根据弹好的门窗洞口位置线，认真核对窗间墙、垛尺寸。砌体宜采用一顺一丁、梅花丁砌法（图6.4.1）。

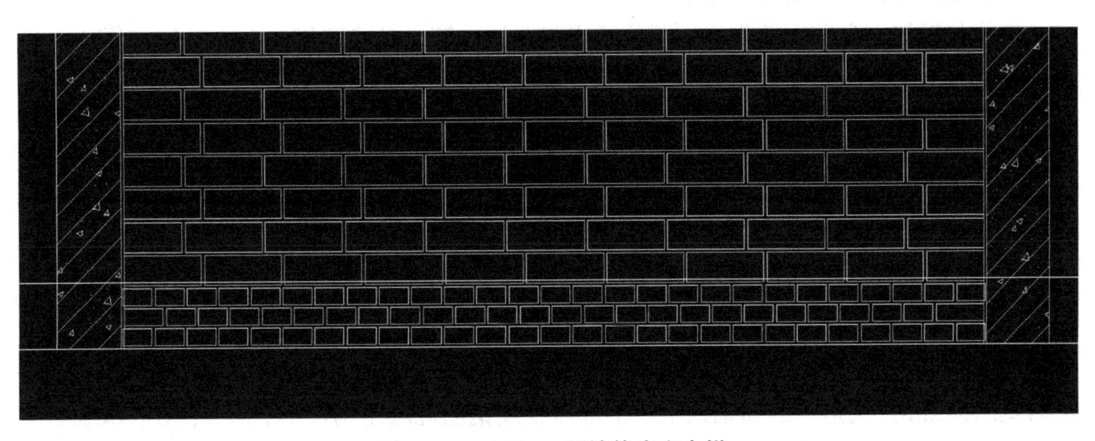

图6.4.1　200mm厚墙体底砌大样

5. 砌筑

(1) 立皮数杆：砌筑前先在砖砌体的两头立皮数杆。

(2) 挂垂直立线：在砖墙的两头，较长墙面的中间，及构造柱马牙槎的外角处等部位都应挂垂直立线，垂直立线必须要用线垂吊垂直，如果一道墙上有几根垂直立线时，这几根垂直立线都必须在同一垂直面上。

(3) 盘角：砌砖时要先在转角处及砖墙的两头根据垂直立线进行盘角，每次盘角不要超过五层，新盘的角，及时进行吊、靠。如有偏差要及时修整。盘角时要仔细对照皮数杆上的砖皮数和标高，控制好灰缝厚度，使水平灰缝均匀一致。角盘好后要再复查一次，待平整和垂直全部符合要求后，再挂线砌墙。

(4) 挂线：砌一砖厚混水墙时宜采用外手挂线；砌筑一砖半墙必须双面挂线。如果墙面较长几个人共使用一根通线，中间应设几个支点，挂线要拉紧，每层砖都要穿线看平，使水平缝均匀一致，平直通顺。

(5) 砌砖及放置水平拉墙筋：砌砖一定要跟线，做到“上跟线，下跟棱，左右相邻要对平”。水平灰缝厚度和竖向灰缝宽度一般为 10mm，但不应小于 8mm，也不应大于 12mm。

砌筑时每隔 500mm 要放拉结筋：墙体拉结筋的位置、数量、间距均应按设计要求留置，不得错放、漏放。一般是：120mm 墙放一根 $\phi6$ 钢筋，200～240mm 墙放 2 根 $\phi6$ 钢筋，370mm 墙放三根 $\phi6$ 钢筋。

墙体拉结筋应随砖墙通长布置，末端弯 90°弯钩，每层的拉结筋放置完成后要请监理工程师进行验收后方可上层砌砖。砌筑时要保证水平灰缝内拉结筋上下至少各有 2mm 的砂浆保护层厚度，为了保证墙面立缝垂直，当砌完一步架高时，宜每隔 2m 水平间距，在丁砖立楞位置弹两道垂直立线，可以分段控制游丁走缝。

(6) 留槎：该工程的墙砌体转角处应同时砌筑。内外墙交接处必须留斜槎，斜槎长度不应小于墙体高度的 2/3，斜槎必须平直、通顺。分段位置应在构造柱或门窗洞口处，隔墙与墙或柱不同，砌筑时，可留阳槎加预埋拉结筋。沿墙高按设计要求每 50cm 预埋 $\phi6$ 钢筋 2 根，其埋入长度从墙的留槎处算起，一般每边均不小于 70cm，末端应加 90°弯钩。

6. 构造要求

(1) 墙体拉结筋（图 6.4.2）

墙体与框架柱和剪力墙交接的部位，应留置拉结筋，沿墙高每 500mm 设 2 根 $\phi6.0$ 长度≥700mm，且≥1/5 墙长，末端设 90°弯钩。

(2) 构造柱

1) 构造柱截面尺寸为：200mm×墙厚，在主体结构上构造柱的柱脚准确部位插筋、柱顶准确部位预先植筋，上下钢筋采用绑扎连接，钢筋搭接长度为 $35d$（420mm），钢筋设置：纵筋设置 $4\phi10$，箍筋 $\phi6$@250，箍筋在楼层上下各 500mm 处和搭接范围内@125，配筋如图 6.4.3 所示。先砌墙，后浇柱，柱的混凝土强度等级采用 C25。

2) 构造柱设置原则：当墙长大于 5m 或层高的两倍时、单片墙的端部、内外墙相交处、楼梯间填充墙两端、女儿墙构造柱间距：抗震为 7 度及以下时≤3600mm；抗震为 8 度时≤2400mm。构造柱纵筋锚入上、下部压顶或钢筋混凝土构件中 l_{aE}，并在主体施工及隔墙砌筑完成后才可浇筑构造柱混凝土。

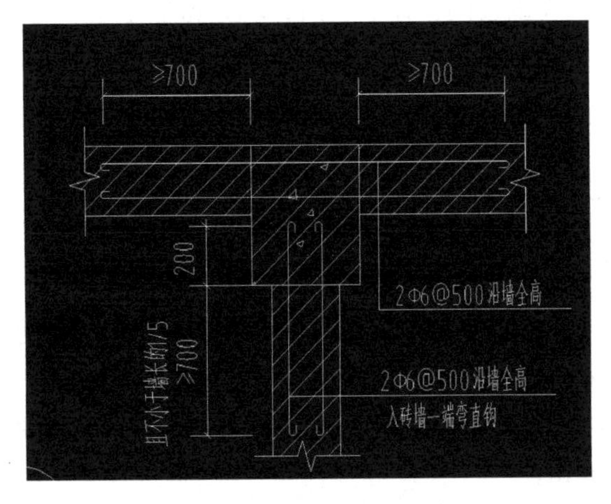

图 6.4.2　墙体拉筋连接详图

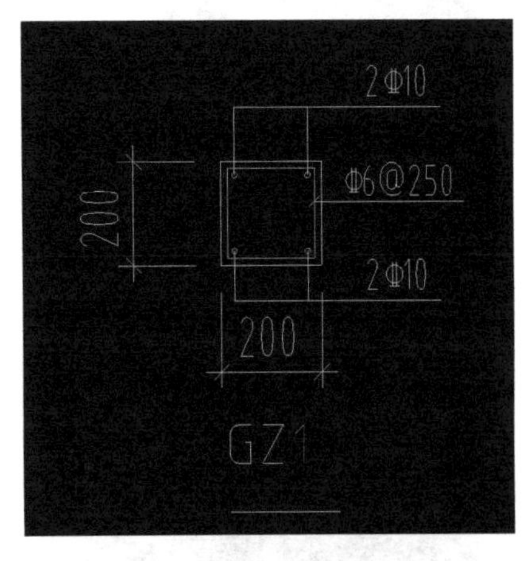

图 6.4.3　构造柱配筋大样图

3）构造柱的模板支设与浇筑。

a. 构造柱模板用对拉螺杆固定，对拉螺杆间距 500mm；现浇门窗过梁、女儿墙压顶等水平构件模板对拉螺杆固定，对拉螺杆间距 800mm，并在模板内下侧于墙体接触部位贴密封胶条。

b. 构造柱的浇筑应采取上下两层分部浇筑的方法，并采取可靠的振捣措施保证振捣密实，避免跑模漏浆。

（3）过梁

砌块内的施工洞口、门窗洞或设备留孔，其洞顶边须设过梁，嵌入式电表箱或消防箱上须放置过梁。除图上另有注明外，均按照下述处理：钢筋混凝土过梁均选用相应洞口的矩形断面过梁，荷载等级为一级，过梁为现浇或者预制。洞口尺寸大于 300mm 的上部过梁预制：过梁采用 C20 混凝土预制，长度为洞口跨度加过梁两端与砌体搭接长度（过梁两端与砌体搭接长度均≥200mm）。过梁安装时要做到两端水平。当过梁与砖块间灰缝厚度大于 20mm 时，应用细石混凝土铺垫，做到灰缝饱满、标高位置、型号准确。当过梁一端支撑在混凝土墙、柱上时，洞口过梁改为现浇，其配筋为 2ϕ10 钢筋且拉筋为 ϕ6@150mm，过梁底标高、位置、型号必须符合设计要求。

（4）水平系梁

当 200mm 砌体填充墙高大于 4m 或 120mm 砌体填充墙墙高大于 3m 时，应在墙高中部设置与柱连接的通长钢筋混凝土圈梁，圈梁同墙宽，梁高 120mm，纵筋 4ϕ10，箍筋 ϕ6@250，圈梁转角做法，圈梁混凝土强度等级为 C25。

水平系梁的设置位置：内墙如有门洞，门洞上设一道（兼作过梁），内墙上如无门洞，在墙高中部处设一道；外墙如有窗洞，在窗顶一道。

（5）门窗两侧砌筑

门窗洞口应采用隔三砌一方式进行页岩实心砖砌筑，其中上下及中间实心砖设置间距按不大于 300mm 设置。窗的两侧上下实心砖设置间距按不大于 100mm，其中间按实心砖设置间距按不大于 500mm 设置，并且与空心墙砖咬槎搭接好。做法详图如图 6.4.4 所示。

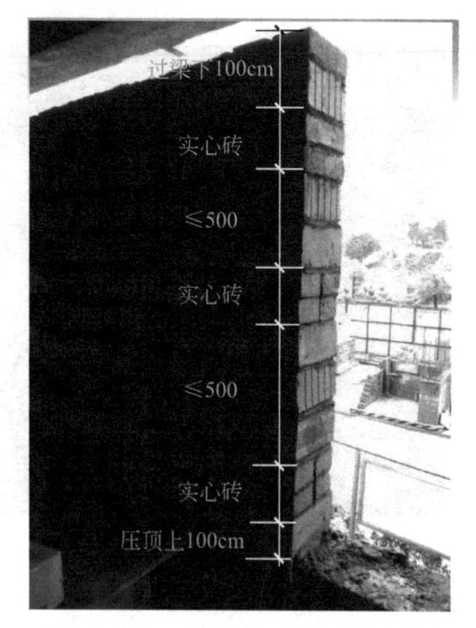

图 6.4.4　门窗实心块设置大样图

在砌筑门、窗洞口时，必须按照图纸上实际洞口尺寸进行控制，如 M1024，门洞口尺寸为 1000mm，实际砌筑尺寸为 1000mm。

(6) 墙体拉结筋植筋、构造柱植筋、构造柱绑扎：

1) 待植的钢筋规格、型号、数量及长度要认真核对，发现有误应及时调整。

2) 操作者应按项目部测量员核查确认标注的位置进行钻孔，钻孔机械为电锤，如遇混凝土中有钢筋，孔位可左右移动，但不得超过 20mm。

3) 钻孔的直径：圆钢大于钢筋直径 2mm，螺纹钢大于钢筋直径 4mm，钻孔深度应按表 6.4.2 中规定的要求施工。

植筋指标表　　表 6.4.2

钢筋规格	抗拔力(kN)	孔深(mm)	孔径(mm)
ϕ6.5	≥8	≥100	≥8.5
ϕ8	≥15	≥120	≥10
ϕ10	≥25	≥150	≥14
ϕ12	≥40	≥180	≥16

4) 钻孔：冲击式电锤，种植 ϕ6、ϕ8 钢筋的钻孔直径为 8mm、10mm 钻杆长度 150mm，钻孔深度大于 100mm、120mm；种植 ϕ12 钢筋的钻头直径为 16mm，钻杆长度为 300mm，钻孔深度大于 180mm。

5) 清孔：第一次用微型空气压缩机清理孔内钻屑；第二次用细钢钎清理孔壁，在孔壁周围往复刮三遍；第三次再用空气压缩机清孔，至孔内无粉尘时为止。

6) 注胶：向孔内注入植筋胶，达到二分之一孔深。

7) 植筋：把 ϕ6.5、ϕ8、ϕ12 钢筋，慢慢旋转插入到孔底部，植筋胶要溢出孔口，然后清除溢出的植筋胶。当在楼板上进行植筋时，楼板的厚度有时不够 15d，此时，构造柱在楼板上植筋可采用以下两种处理方式：

a. 当构造柱遇楼板上下贯通时：

钻通后灌注锚固胶如图 6.4.5 所示：

说明：当构造柱上下贯通时，可将楼板钻通后，灌入锚固胶，再将钢筋插入。

b. 当构造柱遇楼板上下不贯通时：

钻孔灌注锚固胶如图 6.4.6 所示：

说明：当构造柱上下不贯通时，可钻孔 d，灌入锚固胶，再将钢筋插入（经项目试验室做试验得出，钻孔深度 d 所植钢筋可满足拉拔强度要求）。

8) 承载使用：在种植钢筋 24h 以后，方可紧固加载。在 2h 内严禁触动，以避免降低粘接力质量。

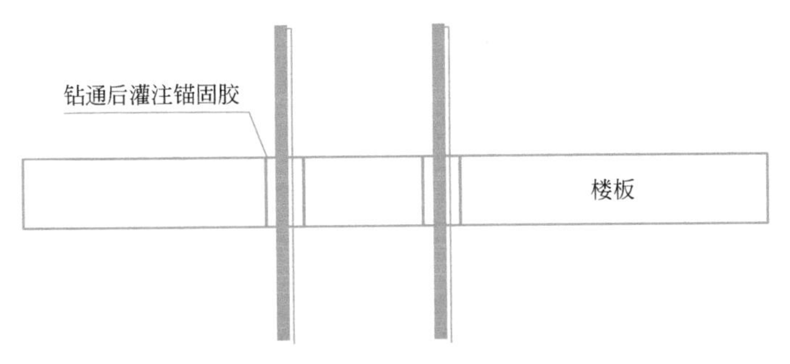

图 6.4.5　灌注锚固胶（一）

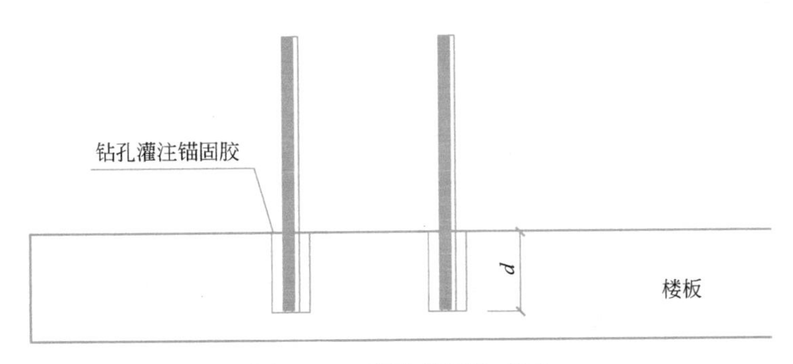

图 6.4.6　灌注锚固胶（二）

9）试验：种植钢筋 120h 后进行抗拔力试验。ϕ6.5 抗拔力试验值大于等于 8kN，ϕ8 抗拔力试验值大于等于 15kN；ϕ12 抗拔力试验值大于等于 40kN。

10）绑扎要求同一般钢筋绑扎要求。

7. 注意事项

（1）砌筑前应试摆，在不够整砖处，如无半砖规格，可用普通实心页岩砖补砌。

（2）所有砖墙纵横交接及转角处均应错缝搭接，无构造柱处应用钢筋拉结，拉结筋应沿墙全高设置。

（3）砌筑时，相邻砖块的灰口应同时挂灰。水平灰缝的砂浆饱满度应≥90％，竖直灰缝的砂浆饱满度应≥80％。

（4）每天砌筑高度不宜超过 1.5m。

（5）在墙体上留置临时施工洞口，其侧边离交接处墙面不应小于 500mm，洞口净宽度不应超过 1m，临时施工洞口应做好补砌。

（6）不得在下列墙体或部位设置脚手眼：

1）120mm 厚墙，宽度小于 1m 的窗间墙；

2）过梁上与过梁成 60°角的三角形范围及过梁净跨度 1/2 的高度范围内；

3）砌体门窗洞口两侧 200mm 和转角处 450mm 范围内；

4）设计不允许设置脚手眼的部位。

（7）施工脚手眼补砌时，灰缝应填满砂浆，不得用干砖填塞。

（8）设计要求的洞口、管道、沟槽应于砌筑时正确留出或预埋，未经设计同意，不得打凿墙体和在墙体上开凿水平沟槽。宽度超过 300mm 的洞口上部，应设置过梁，与柱、混凝土墙相碰时，采用现浇过梁。

6.5 空心砖、多孔砖砌筑方法

6.5.1 空心砖墙砌筑方法

1. 施工工艺（图 6.5.1）

图 6.5.1　空心砖墙砌筑施工工艺

2. 施工要点

（1）按砌块厚度制作皮数杆，并竖立于墙的两端，在两相对皮数杆之间拉准线。画皮数杆时要从上往下进行划线，先划 200mm 的斜砌砖，再是门窗过梁高度，然后是窗台高度，砖的厚度要根据现场实际砖的厚度加上灰缝厚度进行划线。

（2）在未设置素混凝土翻边的墙体底部应砌筑三皮页岩实心砖。

（3）灰缝应横平竖直，砂浆饱满，灰逢厚度按 8～12mm 控制，其厚度以 10mm 为最佳。

（4）砌块墙的转角处，应内外交叉，相互搭砌。

（5）墙体砌筑过程外墙内外侧及斜顶砖两侧全部进行二次勾缝，其余墙体在砌筑时要进行随手勾缝并用扫把扫一遍。

（6）砌块墙砌到梁底、板底时，宜用实心砖进行斜砌，斜砌砖高度为 180～200mm，倾斜度为 45°～60°，斜砌砖要与板底、梁底顶紧，砂浆应饱满，梁板底的缝隙要用砂浆填嵌密实，中间及两边的收头应用预制混凝土三角块，并两侧均进行二次勾缝。

（7）砌块墙与承重墙的交接处，应在承重墙的水平灰逢内预埋拉结钢筋，拉结筋应沿墙高每 500mm 设一道，每道为 2 根直径 ϕ6mm 的钢筋（带弯钩），伸出墙外长度不小于

700mm，在砌筑砌块时，将此拉结钢筋伸出部分埋置于砌块墙的水平灰缝。

(8) 窗台下要现浇100mm厚的钢筋混凝土压顶，当墙体砌筑至窗台压顶位置时应先进行窗台压顶现浇，严禁先进行上部墙体砌筑而预留窗台压顶伸入墙体长度，窗台压顶应放坡处理确保内高外低高差控制在10mm，伸入墙体的长度不得小于150mm。

(9) 构造柱做法：在构造柱连接处必须砌成马牙槎。马牙槎的做法为先退后进，伸出长度按60mm设置，高度为三皮砖，马牙槎的凹面与凸面都要在一条直线上，拉结筋设置按间距不大于500mm设置。

6.5.2 多孔砖墙砌筑方法

1. 施工工艺（图6.5.2）

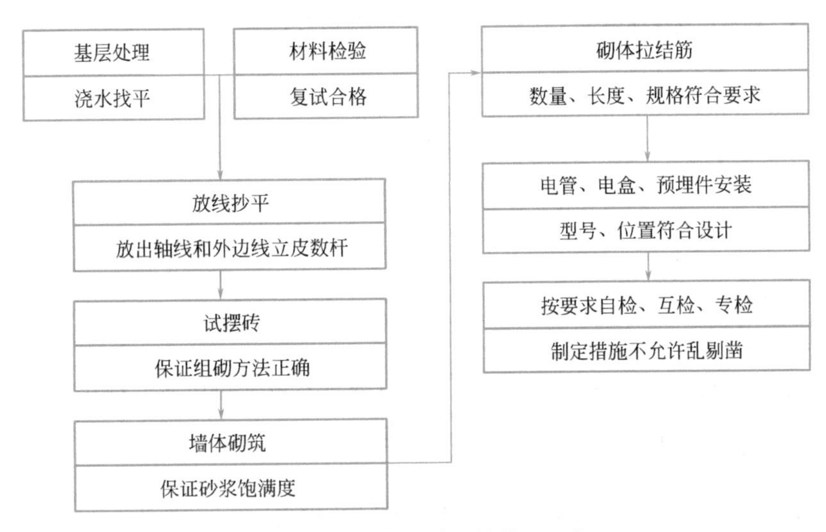

图6.5.2 多孔砖墙砌筑施工工艺

2. 施工要点

(1) 按多孔砖厚度制作皮数杆，并竖立于墙的两端，在两相对皮数杆之间拉准线。在砌筑位置放出墙身边线。

(2) 在多孔砖墙底部三皮砖应用烧结普通砖进行砌筑。

(3) 灰缝应横平竖直，砂浆饱满。水平灰逢厚度不得大于15mm。

(4) 多孔砖墙的转角处，应相互搭砌，内外交叉。

(5) 多孔砖墙砌到梁底、板底时，宜用页岩实心砖斜砌挤紧，砖倾斜度为45°～60°，砂浆应饱满。

(6) 多孔砖墙与承重墙或柱交接处，应在承重墙或柱的水平灰逢内预埋拉结钢筋，拉结钢筋沿墙或柱高每500mm设一道，每道为2根直径ϕ6mm的钢筋（带弯钩），伸出墙或柱不小于700mm，在砌筑多孔砖墙时，将此拉结钢筋伸出部分埋置于砌块墙的水平灰缝。

在构造柱连接处必须砌成马牙槎。马牙槎的做法为先退后进，伸出长度按60mm设置，高度为三皮砖，马牙槎的凹面与凸面都要在一条直线上，拉结筋设置按间距不大于

图 6.5.3　构造柱马牙槎做法

500mm 设置，如图 6.5.3 所示。

3. 与水电等专业配合

（1）根据施工总进度计划的安排，各专业以土建为主线，对各工种中的工序交接出现矛盾时，由各专业负责人应协调解决。

（2）各设备专业在施工时，将洞口可封闭的时间及时地通知土建栋号长，以备土建施工时合理安排施工进度与施工现场，各专业的配合应在具体施工过程中协商。

（3）在土建施工时，各设备专业的技术负责人，应进行详细的技术交底，并在施工时，派专人将有关尺寸位置在现场标注。

6.6 质量控制标准

6.6.1　主控项目

1. 砖和砌块进场时必须有产品合格证，并经复试合格方可以进行使用。

检验方法：检查砖和砌块的合格证书、性能试验报告。

2. 砌块和砂浆的强度等级应符合设计要求。

检验方法：检查砖、砌块及砂浆试块的强度试验报告。

3. 砌体、构造柱所用钢筋的品种、规格和数量应符合设计要求。

检验方法：检查钢筋的合格证书、钢筋性能试验报告、隐蔽工程记录。

4. 构造柱的混凝土或砂浆的强度等级应符合设计要求。

抽检数量：各类构件每一检验批砌体至少应做一组试块。

检验方法：检查混凝土或砂浆试块试验报告。

5. 构造柱与墙体的连接处应砌成马牙槎，马牙槎应先退后进，预留的拉结钢筋位置应正确，施工中不得任意弯折。

抽检数量：每检验批抽 20%构造柱，且不少于 3 处。

检验方法：观察检查。

合格标准：钢筋竖向移位不应超过 100mm，每一马牙槎沿高度方向尺寸不应超过 300mm。钢筋竖向和马牙槎尺寸偏差每一构造柱不应超过 2 处。

6. 构造柱位置及垂直度的允许偏差应符合相关规定。

抽查数量：每检验批抽 10%，且不应少于 5 处。

7. 砌体水平灰缝的砂浆饱满度不得小于 80%。

检验方法：用百格网检查砖底面与砂浆的粘结痕迹面积。每处检测 3 块砖，取其平均值。

8. 砖砌体的转角处和交接处应同时砌筑，严禁无可靠措施的内外墙分砌施工，对不能同时砌筑而又必须留置的临时间断处应砌成斜槎，斜槎水平投影长度不应小于高度的 2/3。

检验方法：观察检查。

6.6.2　一般项目

1. 设置在砌体水平灰缝内的钢筋，应居中置于灰缝中。水平灰缝厚度应大于钢筋直径 4mm 以上，砌体外露面砂浆保护层的厚度不应小于 15mm。

抽检数量：每检验批抽检 3 个构件，每个构件检查 3 处。

检验方法：观察检查，辅以钢尺检测。

2. 砖砌体的灰缝应横平竖直，厚薄均匀。水平灰缝厚度宜为 10mm，但不应小于 8mm，也不应大于 12mm。

检验方法：用尺量 10 皮砖砌体高度折算。

6.6.3　其他质量控制要求

1. 普通砖在气温高于 0℃条件下砌筑时，应浇水湿润，确保适宜含水率。在气温低于、等于 0℃条件下砌筑时，可不浇水，但必须增大砂浆稠度。

2. 配筋砌体不得采用掺盐砂浆法施工。

3. 砖砌体施工临时间断处补砌时，必须将接槎处表面清理干净，浇水湿润，并填实砂浆，保持灰缝平直。

6.7　实测实量控制

在墙体砌筑前对所有控制线进行复核、验收，方可进行上部墙体砌筑，墙体在砌筑过程中安排实测专人跟踪实测，对实测过程控制标准应提高，若发生超出实测提高标准后的误差应当时就通知工人第一时间进行整改，必须确保砌体工程的各项实测。

6.7.1　表面平整度

指标说明：反映层高范围内砌体墙体表面平整程度。

合格标准：（0，8）mm；

测量工具：2m 靠尺、楔形塞尺。

测量方法和数据记录：

1. 每一面墙都可以作为 1 个实测区，优先选用有门窗、过道洞口的墙面。测量部位选择正手墙面，每套房 5 个测区累计实测实量 10 个实测区。

2. 当墙面长度小于 3m，各墙面顶部和根部 4 个角中，取左上及右下 2 个角。按 45°角斜放靠尺分别测量 2 次，其实测值作为判断该实测指标合格率的 2 个计算点。

3. 当墙面长度大于 3m 时，还需在墙长度中间位置增加 1 次水平测量，3 次测量值均作为判断该实测指标合格率的 3 个计算点。

4. 墙面有门窗、过道洞口的，在各洞口 45°斜交测一次，作为新增实测指标合格率的 1 个计算点。

示例如图 6.7.1 所示。

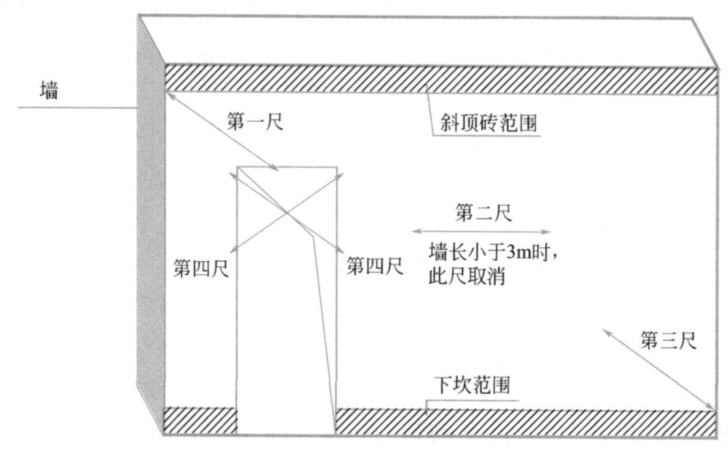

图 6.7.1　平整度测量示意

（注：第四尺仅用于有门洞墙体）

6.7.2　表面垂直度

指标说明：反映层高范围砌体墙体垂直的程度。

合格标准：（0，5）mm。

测量工具：2m 靠尺。

测量方法和数据记录：

1. 每一面墙都可以作为 1 个实测区，优先选用有门窗、过道洞口的墙面。测量部位选择正手墙面。如砌筑墙体达不到 2m 可使用 1m 靠尺实测。每套房 5 个测区累计实测实量 10 个实测区。

2. 实测值主要反映砌体墙体垂直度，应避开墙顶梁、墙底灰砂砖或混凝土反坎、墙体斜顶砖，消除其测量值的影响，如 2m 靠尺过高不易定位，可采用 1m 靠尺。

3. 当墙长度小于 3m 时，同一面墙距两侧阴阳角约 30cm 位置，分别按以下原则实测 2 次：一是靠尺顶端接触到上部砌体位置时测 1 次垂直度，二是靠尺底端距离下部地面位置约 30cm 时测 1 次垂直度。墙体洞口一侧为垂直度必测部位。这 2 个实测值分别作为判断该实测指标合格率的 2 个计算点。

4. 当墙长度大于 3m 时，同一面墙距两端头竖向阴阳角约 30cm 和墙体中间位置，分别按以下原则实测 3 次：一是靠尺顶端接触到上部砌体位置时测 1 次垂直度，二是靠尺底端距离下部地面位置约 30cm 时测 1 次垂直度，三是在墙长度中间位置靠尺基本在高度方向居中时测 1 次垂直度。这 3 个测量值分别作为判断该实测指标合格率的 3 个计算点。

5. 当实测墙体高度不足 2m 时，采用 1m 靠尺进行实测。

示例如图 6.7.2 所示。

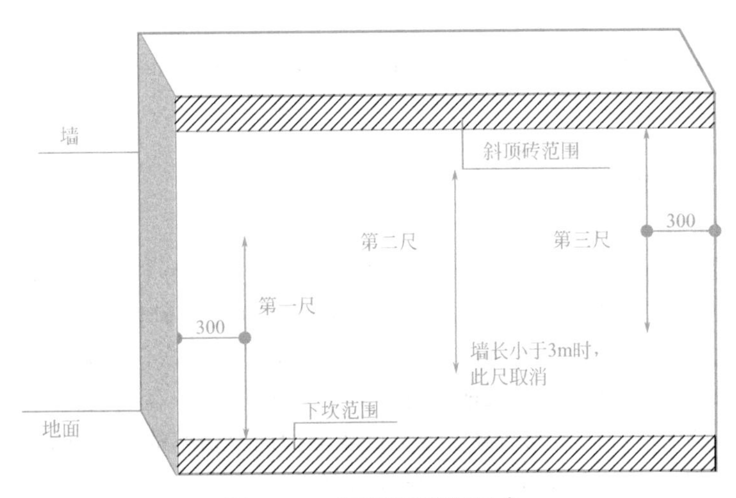

图 6.7.2 墙垂直度测量示意

6.7.3 方正度

指标说明：考虑实测的可操作性，选用同一房间内同一垂直面的砌体墙面与房间方正度控制线之间距离的偏差，作为实测指标，以综合反映同一房间方正程度。

合格标准：（0，10）mm；

测量工具：5m 钢卷尺、吊线或激光扫平仪。

测量方法和数据记录：

1. 每套房同层内必须设置一条方正控制基准线（尽量通长设置，降低引测误差），且同一套房同层内的各测区（即各房间）必须采用此方正控制基准线，然后以此为基准，引测至各测区（即各房间）。

2. 砌筑前距墙体 30～60cm 范围内弹出方正度控制线，并做明显标识和保护。

3. 同一面墙作为 1 个实测区，累计实测实量 10 个实测区。

4. 在同一测区内，实测前需用 5m 卷尺或激光扫平仪对弹出的两条方正度控制线，以短边墙为基准进行校核，无误后采用激光扫平仪打出十字线或吊线方式，沿长边墙方向分别测量 3 个位置（两端和中间）与控制线之间的距离。选取 3 个实测值之间的极差，作为判断该实测指标合格率的 1 个计算点。如该套房无方正基准线或偏差超过 10mm/2m，则该套房内所有测区的实测值均按不合格计，并统一记录为“50mm”。

示例如图 6.7.3 所示。

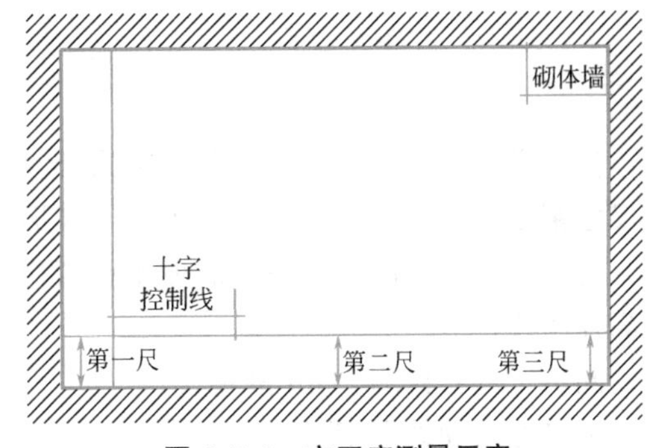

图 6.7.3 方正度测量示意

6.7.4 外门窗洞口尺寸偏差

指标说明：反映洞口施工与图纸的尺寸偏差，以及外门窗框塞缝宽度，间接反映窗框渗漏风险。

合格标准：（−15，15）mm；

测量工具：激光测距仪。

测量方法和数据记录：

1. 对于外墙面的门窗洞口：同一外门或外窗洞口均可作为1个实测区，累计实测实量20个实测区。测量时不包括抹灰收口厚度，以砌体对砌体或砌体对混凝土体（如洞口四周是混凝土墙或后浇窗台板，此项同样作实测），各测量2次门洞口宽度及高度净尺寸（对于落地外门窗，在未做水泥砂浆地面时，高度可不测），取高度或宽度的2个实测值与设计值间的偏差最大值，作为判断高度或宽度实测指标合格率的1个计算点。

2. 洞口允许打磨，但不允许采用砂浆进行修补，一旦出现修补现象，则按不合格点处理。

示例如图6.7.4所示。

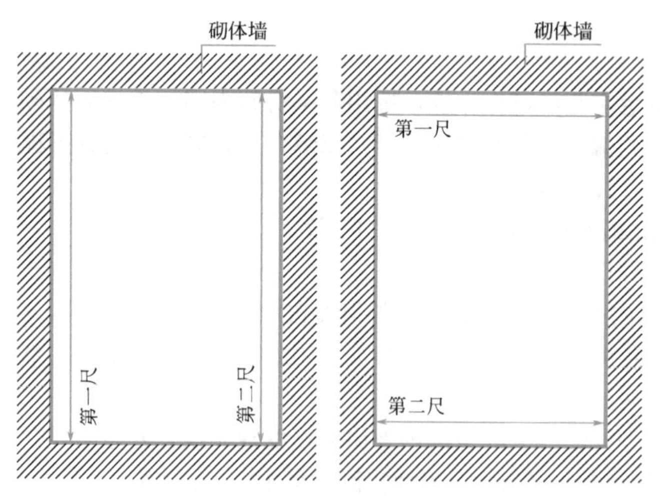

图6.7.4 门窗洞口测量示意（高、宽）

6.7.5 施工控制线设置

指标说明：反映砌筑、抹灰、装修尺寸前期控制的偏差，以便控制砌筑、抹灰和装修的尺寸精度，为砌筑、装修房集中加工等提供控制条件。

合格标准：每面砌体正手墙要求设置砌筑控制线（对剪力墙则为抹灰控制线）、水平标高控制线。

测量工具：目测、5m钢卷尺。

测量方法和数据记录：

1. 砌筑前距墙体 20～60cm 范围内弹出控制线，并做明显标识和保护。

2. 每一面墙作为一个实测区，测量部位选择正手墙面。累计实测实量 20 个实测区。所选 2 套房中砌筑节点的实测区不满足 20 个时，需增加实测套房数。

3. 采用目测、尺量方法，检查同一个实测区是否设置二线，其尺寸是否符合设计要求。

4. 数据记录：每一实测区未设置二线，则该实测点不合格；反之，则该实测点合格。不合格点均按“1”记录，合格点均按“0”记录。

6.8 安全文明施工

1. 进入工地现场必须戴好安全帽，并系好帽带，施工操作人员穿戴好必要的劳动防护用品。在操作之前应检查操作环境是否符合安全要求，机具是否完好牢固，安全设施和防护用品是否齐全，经检查符合要求后进行施工。

2. 墙身砌块高度超过地坪 1.2m 以上时，应搭设脚手架。每次脚手架的搭设高度一般以 1.2m 较为合适，称为“一步高”，也叫砖墙的可砌高度。在一层以上或高度超过 4m 时，采用里脚手架必须支设安全网；采用外脚手架应设防护栏杆和挡脚板方可砌筑。

3. 以下墙体严禁搭设脚手架：

（1）半砖厚墙、独立柱；

（2）宽度小于 1000mm 的窗间墙（空心砌块墙为 800mm）；

（3）门窗洞口两侧 200mm 和墙体交接处、转角处 450mm 的范围内；

（4）过梁上部与过梁成 60°的三角形范围内以及过梁净跨 1/2 的高度范围内；

（5）梁或梁垫下部以及其左右各 500mm 的范围内；

（6）设计不允许设置脚手眼的位置（加气混凝土块墙体）。

4. 脚手架上堆料量不得超过规定荷载，堆砖高度不得超过 3 皮侧砖（标准混凝土砌块），砌块不得超过一层，同一脚手板上的操作人员不应超过两人。

5. 在楼层施工时，堆放机具、砖块等物品不得超过使用荷载。当超过使用荷载时，应采取有效的加固措施后，方可进行堆放和施工。

6. 不准用不稳定的工具或物体在脚手板上垫高操作，更不准在未经过加固的情况下，在一层脚手架随意再叠加一层。

7. 不准站在墙顶上作划线、刮缝及清扫墙面或者检查大角垂直等工作。

8. 砍砖时应面向内打，防止碎砖跳出伤人。

9. 装砖时应先去高处后取低处，防止砖垛倒塌砸伤人。

10. 如遇雨天及每天下班时，要做好防雨措施，以防雨水冲走砂浆，致使砌块倒塌。

11. 在同一垂直面上上下交叉作业时，必须设置安全隔板，下方人员必须佩戴安全帽并系好帽带。

12. 人工垂直上下转递砖块时，要搭设递砖梯子，架子的站人宽度应不小于 60cm。不准勉强在超过胸部以上的墙体进行砌筑，以免将墙体碰撞倒塌或上砖失手掉下造成安全事故。

13. 已经就位的砌块，必须立即进行灌浆；对稳定性较差的窗间墙、独立柱和挑出墙面较多的部位，应加设临时支撑，以保证其安全性。

14. 大风、大雨等异常天气后，应检查墙体是否有垂直度的变化，是否产生了裂缝，是否有不均匀沉降等现象。

15. 现场临时用电、动力、照明一律采用橡皮电缆软线，并由维修电工接线，其他人员严禁乱拉电线，用电配箱一律采用安全配电箱统一管理。使用电动机具一定要有漏电保护装置和良好的接地。

16. 砂浆搅拌机及配套机械作业前，应进行无负荷试运转，运转后再开机工作。

17. 搅拌机应有专用开关箱，并装有漏电保护器，停机时应拉断电闸，下班时应上锁。

18. 对每天砌墙时多余的碎砖块和落地灰应清扫干净，做到落地灰二次利用，碎石指定地点堆放。

19. 抓好文明施工的宣传和落实工作，教育职工自觉遵守文明施工守则，开展群众性的建设文明工地活动。

20. 遵守本地有关环卫、市容场容管理的规定，加强现场文明施工管理。

6.9 冬期施工

1. 普通砖、空心砖、灰砂砖、混凝土小型空心砌块、加气混凝土砌块和石材在砌筑前，应清除表面污物、冰雪等，不得使用遭水浸和受冻后的砖或砌块。

2. 砌筑砂浆宜采用普通硅酸盐水泥配制，不得使用无水泥拌制的砂浆。

3. 采用外加剂法配制砂浆时，可采用氯盐或亚硝酸盐等外加剂。氯盐应以氯化钠为主，当气温低于−15℃时，可与氯化钙复合使用。

4. 当设计无要求，且最低气温等于或低于−15℃时，砌体砂浆强度等级应较常温施工提高一级。

6.10 成品保护

1. 墙体拉结筋、抗震构造柱钢筋、大模板混凝土墙体钢筋及各种预埋件，暖卫、电气管线等，均应注意保护，不得任意拆改或损坏。

2. 砂浆稠度应适宜，砌墙时应防止砂浆溅脏墙面。

3. 在高层平台进料口周围，应用塑料薄膜或木板等遮盖，保持墙面洁净。

4. 各类混凝土浇筑完毕后，要加强养护，一般不少于7d，保持混凝土表面湿润即可。

5. 加工好的钢筋要标识清楚，并堆放整齐，不能浸在水中，以免生锈。

6. 绑扎好的构造柱、圈梁钢筋不要踩踏，以免变形。

7. 砌筑砂浆必须及时使用，不准使用超过规定时间的砂浆。

8. 柱子预埋墙体拉结筋一旦发现遗漏时，可采用植筋技术补上，用电钻钻孔深度见施工工艺要求，用吹风机将孔中粉吸干净，然后将环氧树脂灌入孔中，拉结钢筋直接插入孔中旋转 2～3 圈即可。

参考文献

[1] 郁超．施工组织设计、施工方案及技术交底三者的关系［J］．建筑工人．2006，(3).
[2] 刘建航，侯学渊，刘国彬，等．基坑工程手册（第二版）［M］．北京：中国建筑工业出版社，2009.
[3] 余宗明．建筑施工架结构设计方法［M］北京：中国建筑工业出版社，2013.
[4] 吴远东，郭正兴，包伟．扣件式钢管高大模板支撑结构坍塌事故分析及预防措施［J］．江苏建筑 2011（144）：11-15.
[5] 张飞燕．建筑施工工艺（第二版）［M］．杭州：浙江大学出版社，2022.
[6] 张汉华，董伟．建筑工程施工工艺（第三版）［M］．重庆：重庆大学出版社，2015.
[7] 宋亦工．装配整体式混凝土结构工程施工组织管理［M］．北京：中国建筑工业出版社，2017.
[8] 张金树，王春长．装配式建筑混凝土预制构件生产与管理（第二版）［M］．北京：中国建筑工业出版社，2022.